Kohlhammer | *Pflegepraxis*

Die Autorin:

Andrea Besendorfer, BScN, MScN; Fachkrankenschwester für Intensivpflege und Anästhesie, Lehrerin für Pflegeberufe, Pflegewissenschaftlerin. Sie arbeitet als Pflegewissenschaftlerin an der Klinikum Dortmund gGmbH.
Autor des 6. Kapitels: Priv. Doz. Dr. med. Josef F. Zander, Facharzt für Anästhesiologie und Intensivmedizin, Direktor der Abteilung für Anästhesie, Operative Intensivmedizin und Schmerztherapie an der Klinikum Dortmund gGmbH.

Andrea Besendorfer

Interdisziplinäres Schmerzmanagement

Praxisleitfaden zum Expertenstandard „Schmerzmanagement in der Pflege"

Verlag W. Kohlhammer

„Nicht Kunst und Wissenschaft allein, Geduld will bei dem Werke sein"
(J. W. v. Goethe)

Die Abbildungen 5, 6, 8 und das Coverbild wurden uns mit freundlicher Genehmigung der Druckerei Schmidt, Lünen, zur Verfügung gestellt.

1. Auflage 2009

Gesamtherstellung:
W. Kohlhammer
Druckerei GmbH + Co. KG, Stuttgart
Printed in Germany

ISBN 978-3-17-020336-5

Geleitwort

Mehr als 800.000 Pflegende sind in die gesundheitliche Versorgung der Bevölkerung in Deutschland eingebunden. Viele von ihnen arbeiten seit mehr als zehn oder zwanzig Jahren in diesem Beruf. Einem Beruf, der bis vor 25 Jahren sein Wissen aus dem Wissen anderer Disziplinen bezog und daher auf viele Fragen, die die direkte pflegerische Arbeit betreffen, keine gesicherte Antwort erhalten konnte. Während Ärzte über ca. 15–20 % evident gesicherten Wissens verfügen, ist die Datenlage im Pflegeberuf noch völlig unzureichend. Es wird geschätzt, dass nur 0,005 % gesicherten Wissens in der Pflege existiert – dieses ist besonders der späten Öffnung der Hochschulen geschuldet.

Das Deutsche Netzwerk für Qualität in der Pflege (DNQP) hat früh erkannt, dass Pflegende in der Praxis dringend gesicherten Wissens bedürfen, damit der Patient/die pflegebedürftigen Menschen die Pflege auf dem aktuellsten Stand erhalten. Der im Jahr 2000 erste Nationale Expertenstandard eröffnete den Praktikern erstmals die Möglichkeit, auf Erkenntnisse zurückzugreifen, welche durch Wissenschaftler auf Verlässlichkeit und Gültigkeit und von Praktikern auf ihre Praxistauglichkeit überprüft worden waren. Er brachte Ordnung in einen Wust von verschiedenen Pflegestrategien und machte die weißen Flecken des Nichtwissens deutlich.

Das DNQP entschied sich, „Pflegestandards" zu entwickeln, keine Leit- oder Richtlinien. Die ersten Standards waren monoprofessionell. Diese Entscheidung stellte sich als wesentlich heraus. Standards geben Grundlagen vor, sie überlassen nicht der einzelnen Pflegenden grundlegende Interpretationen. Wie sollte auch die einzelne Pflegende sich selbst gesichertes Wissen verschaffen, waren ihr in der Ausbildung doch keine wissenschaftlichen Analysestrategien vermittelt worden, woher sollte sie wissen, welche Studie gesicherte und nachvollziehbare Erkenntnisse abbildete und ob die Studie über die aktuellsten Erkenntnisse Auskunft gab. Weiterhin erschien es erforderlich, sich an erster Stelle auf die Aufgaben der Pflegenden zu konzentrieren, bevor sich der Blick auch auf die Aufgaben anderer Gesundheitsberufe richtete.

Inzwischen sind die Standards weit verbreitet – wie eine Fangemeinde warten Pflegende jährlich auf den neu zu verabschiedenden Standard. Die gewählten Themen sind zuvor im Lenkungsausschuss sorgfältig diskutiert worden, eine Einschätzung auf Relevanz des gewählten Themas so weit wie möglich mit Daten untermauert worden. Hier liegt noch eine große Aufgabe vor den Pflegewissenschaftler/innen. Es existiert bis heute keine nationale Übersicht über die relevanten Themen, die der dringenden Bearbeitung bedürfen.

Umso mehr liegt viel Verantwortung auf den Personen, die die Themen des nächsten Expertenstandards festlegen.
Mit der Wahl, sich des Themas Schmerz anzunehmen, hat das DNQP eine wichtige und dringend erforderliche Entscheidung getroffen. Bis heute gehen noch viele Pflegende davon aus, dass sie in der Lage sind, den Schmerz der Patienten einschätzen zu können. Inzwischen wissen wir, dass nur der Patient dazu in der Lage ist. McCaffey (1997, S. 12) drückt dieses unmissverständlich aus, indem er sagt: „Schmerz ist das, was der Betroffene über die Schmerzen mitteilt, sie sind vorhanden, wenn der Patient sagt, dass er Schmerzen hat."
Immer noch werden Schmerzen unterschätzt und Mythen hochgehalten. Pflegende sind entscheidend mitverantwortlich, dass Schmerzen erkannt werden und ein Schmerzmanagement eingeleitet wird, welches greift. Sie müssen mit dem Patienten frühzeitig ins Gespräch kommen, um die Art und das Ausmaß der Schmerzen von ihm zu erfahren, dieses Wissen systematisch weiterzuleiten und es eindeutig zu dokumentieren. Sie sind es auch, die eine Einschätzung vornehmen können, ob die eingeleitete Therapie greift oder nicht ausreichend ist.
Allerdings ist nicht jeder Patient in der Lage, seinen Schmerz mitteilen zu können. Umso genauer müssen gerade diese Patienten beobachtet werden, um evtl. vorhandene Schmerzen zu erfassen. Mimik, Gestik, mangelnder Appetit, Körperhaltung, Veränderungen der Vitalparameter etc. können Hinweise auf das Vorhandensein von Schmerzen geben.
Weiterhin sind es die Pflegenden, die frühzeitig Nebenwirkungen medikamentöser Therapien erfassen müssen, um diesen rasch und gezielt zu begegnen. Übelkeit, Mobilitätseinschränkungen, Müdigkeit und Ausscheidungsproblematiken sind nur einige der vielen unerwünschten Ereignisse, die zu einer verlängerten Aufenthaltsdauer in Krankenhäusern führen oder schwere gesundheitliche Risiken nach sich ziehen können.
Menschen mit Schmerzen bedürfen der gezielten Information, Beratung und Anleitung. Gerade bei der deutlichen Zunahme chronischer Schmerzen müssen die Betroffenen und ihre Angehörigen über das Wissen und Handeln verfügen, welches hilft, Schmerzen frühzeitig einzudämmen und Nebenwirkungen der Schmerztherapie zu erkennen. Die Verantwortung hierzu liegt in den Händen der Pflegenden.
Noch ist nicht immer sichergestellt, dass die vorhandenen Erkenntnisse in die Praxis gelangen. Es ist eine der wichtigsten Aufgaben, dafür Sorge zu tragen, dass das vorhandene Wissen dort ankommt, wo es benötigt wird. Aus diesem Grund ist es sehr zu begrüßen, dass sich das vorliegende Buch besonders der Integration neuen Wissens in die Praxis widmet. Allen Lesern wünsche ich viele gute Erfahrungen mit den Menschen, die von diesem Wissen profitieren und dankbar sind, dass Pflegende sich so kompetent und umfänglich des Themas Schmerz annehmen.

Schermbeck, August 2008 Christel Bienstein

Inhalt

Vorwort

Schmerzen müssen doch nun wirklich nicht sein!
Dennoch haben viele Menschen Schmerzen. Menschen haben unterschiedliche Arten von Schmerzen. Manche haben akute Schmerzen, die sie warnen: „Achtung! Der Zahn ist entzündet." Meist wissen die Menschen, diese Schmerzen vergehen wieder, wenn sie z. B. den Zahn behandeln lassen. Andere Menschen haben chronische Schmerzen, die ihre Warnfunktion längst verloren haben. Chronische Schmerzen halten mindestens drei bis sechs Monate an, werden manchmal zu einer eigenen Krankheit, der Schmerzkrankheit. Menschen mit chronischen Schmerzen „haben" nicht nur Schmerzen, meist „leiden" sie daran. Menschen leiden auch an psychischen Schmerzen, manchmal sprechen sie selbst von „Seelenschmerzen". Die seelische Komponente ist insbesondere auch dann von Bedeutung, wenn Menschen chronische Schmerzen erleiden. Das Zusammenspiel von Körper, Geist und Seele hat einen zentralen Stellenwert. Schmerzen zu haben und an ihnen zu leiden ist ein multifaktorielles, komplexes Geschehen, das nicht mal eben mit einer „Pille" oder einer Spritze zu bekämpfen ist. Manchmal – insbesondere bei akuten Schmerzen – ist die somatische Ursache des Schmerzes aber auch schnell auszuschalten, ein Zahnarztbesuch wirkt manchmal Wunder.
Menschen haben „überall" Schmerzen, nicht nur zu Hause, in ihren Familien oder allein lebend, sondern auch in Krankenhäusern, Pflegeheimen.
Viele Berufsgruppen sind an der Therapie und Betreuung der Menschen mit Schmerzen beteiligt, um ihnen möglichst das Leid der Schmerzen zu ersparen. Pflegende, Mediziner, Physiotherapeuten, Psychologen, Seelsorger, Wundmanager usw. können dazu beitragen, Menschen ihre Schmerzen zu nehmen bzw. sie auf ein erträgliches Maß zu reduzieren. Wie heißt es so schön salopp: „Schmerzen sind nicht zum Aushalten da!" Dazu soll auch dieses Buch einen Beitrag leisten. Es soll dabei unterstützen, das interdisziplinäre Schmerzmanagement in den jeweiligen Unternehmen des Gesundheitssystems nachhaltig zu etablieren. Ziel ist es, die Schmerzsituation der Patienten[1] deutlich zu reduzieren, am besten auszuschalten. In diesem Buch werden praktische Vorgehensweisen beschrieben

---

[1] Sind Patienten genannt, ist immer sowohl die weibliche als auch die männliche Form gemeint. In diesem Buch sind mit Patienten aber auch immer ausdrücklich Bewohner, Kunden und Betroffene – auch hier immer in weiblicher und männlicher Form – gemeint. Gleiches gilt bei „umgekehrter" Nennung. Die gewählten Schreibweisen dienen ausschließlich der besseren Lesbarkeit.

und Materialien zur Verfügung gestellt, die anschaulich und praktisch den derzeitigen wissenschaftlichen Kenntnisstand in die Praxis bringen können. Es wird insbesondere den Pflegenden, aber auch den anderen Berufsgruppen zur Verfügung gestellt und kommt auf diese Art direkt den Menschen mit Schmerzen zugute. „Schmerzen sind nicht zum Aushalten da!“ – daran können wir und Sie alle etwas tun...
Die Erfahrungen zu den Inhalten des Buchs basieren auf Projekten zur Umsetzung des interdisziplinären Schmerzmanagements, die in der Klinikum Dortmund gGmbH durchgeführt wurden.

1 Menschen – Schmerz – Pflege – Medizin

Bis auf ganz wenige Ausnahmen kennen alle Menschen Schmerzen. Schon in der frühesten Kindheit haben wir die ersten Erfahrungen mit Schmerzen gemacht. Mehr oder weniger dramatische Ereignisse haben uns unterschiedliche Intensitäten von Schmerz erleben lassen. Jeder Mensch hat seine eigenen Erfahrungen, die sich nur begrenzt mit der eines anderen Menschen vergleichen lassen. Auch wenn sich die meisten Frauen einig sind, den Geburtsschmerz als sehr extrem zu bewerten, so gibt es auch bei diesem Schmerz unterschiedliche Bewertungen seitens der Mütter. Einige Frauen entscheiden sich aufgrund ihrer Einstellung für eine rückenmarksnahe Anästhesieform, andere wiederum wollen überhaupt keine Medikamente oder Narkoseformen zur Unterdrückung des Schmerzes, sie wollen ihr Kind auf „natürlichem Wege" zu Welt bringen – unabhängig davon, wie stark sie den Schmerz erleben.
Sind Menschen krank und haben aufgrund einer akuten oder chronischen Krankheit Schmerzen, kann immer wieder beobachtet werden, dass sie diese unterschiedlich erleben und damit umgehen und dementsprechend ihre Entscheidung bzw. Einstellung für – oder gegen – eine Schmerztherapie sehr verschieden sein kann.
Das Erleben der Menschen mit Schmerzen, ihr Umgang und ihre Bewältigung solcher Situationen sind sehr vielfältig und unterschiedlich. Es hängt von vielen Faktoren ab: Die psychische Komponente spielt beim Schmerz eine zentrale Rolle und führt zu verschiedenartigen Reaktionen und Arten des Umgangs. Diese Situation erfordert eine individuelle und patientenorientierte Betreuung und Pflege, welche die Bedürfnisse der Patienten mit Schmerzen berücksichtigt. Für einige Menschen ist zunächst die Information und Beratung zum Thema Schmerz und Schmerztherapie ein wichtiger Schritt, denn oftmals herrschen in der Bevölkerung Meinungen vor, die es im Sinne des Patienten zu „korrigieren" bzw. unbedingt zu erklären gilt. Beispielsweise verbinden immer noch viele Menschen mit einer Opiatgabe ihr schnelles und baldiges Ableben, oder sie haben Angst vor einer „Sucht". Aus solchen Ängsten und Sorgen können Haltungen gegen eine Schmerztherapie entstehen, die aufzuklären sind, damit der Mensch sich auf eine potente Schmerztherapie einlassen kann. Wichtig ist hierbei: Der Mensch „kann" sich einlassen, er „muss" sich aber nicht einlassen. Jeder Mensch hat das Recht, eine Schmerztherapie abzulehnen, nur sollte er dies „mit" und nicht aufgrund „fehlender" Informationen tun. Ein Mensch benötigt Wissen, um eine Entscheidung für oder gegen etwas treffen zu können.
Die einzig richtige Haltung aller Berufsgruppen Menschen mit Schmerzen gegenüber ist die, den Menschen mit seinen Schmerzen

ernst zu nehmen. Für Patienten mit Schmerzen gilt grundsätzlich: „Schmerz ist das, was der Betroffene über die Schmerzen mitteilt, sie sind vorhanden, wenn der Patient mit Schmerzen sagt, dass er Schmerzen hat" (McCaffery et al. 1997, S. 12).

Wenn alle Professionellen, Pflegende wie Ärzte, diese Haltung in ihren beruflichen Alltag einbringen, dann wäre schon beinah die „Hälfte" der gesamten Arbeit zum Thema Schmerzmanagement getan.

Manchmal herrscht noch eine andere Haltung vor – eher die persönliche Haltung eines jeden Einzelnen. Da hört man Sätze von Pflegenden und Ärzten wie: „Das kann doch gar nicht weh tun"; „Sie hat doch gerade erst etwas bekommen"; „Es ist gleich vorbei" oder „Vielleicht geben wir mal ein Placebo, ich glaube, sie simuliert". Aber auch die Betroffenen selbst haben manchmal eine solche Haltung: „Nein, ich möchte keine Schmerzmittel"; „Wenn ich still liege, kann ich es aushalten" oder „Ich habe Angst vor Schmerzmitteln, ich will nicht abhängig werden"; „Schmerzen gehören doch zu einer Operation dazu". Diese Zitate kann sicher ein jeder für sich beliebig ergänzen. Daran ist zu erkennen, dass die Haltung und Meinung zu Schmerzen und der entsprechenden Schmerztherapie oft sehr verschieden ist. Es bedarf an vielen Stellen zunächst der Wissensvermittlung, Erklärungen und Beratungen, damit ein Überdenken und schlussendlich die Veränderung der Position, sei es bei den Pflegenden und Ärzten und/oder auch bei den Patienten und ihren Angehörigen möglich wird.

Die Schmerztherapie in Deutschland ist theoretisch insgesamt auf einem sehr hohen Niveau, dagegen ist die konkrete Anpassung der Schmerztherapie an die individuelle Situation des Patienten nicht auf der qualitativen Ebene, auf der sie sein könnte. Mögliche Gründe dafür sind bereits angesprochen worden. Hinzu kommt die inhaltliche Auseinandersetzung mit dem Thema Schmerz und Schmerzmanagement. Die bei manchen Menschen (Ärzten, Pflegenden und großen Teilen der Bevölkerung) fehlende Kenntnis zu diesem Thema ist bekannt und wird immer wieder diskutiert und bemängelt. Im Studium und in der Ausbildung besitzt dieses Thema unterschiedliche Prioritäten, mal wird es mehr, mal weniger intensiv behandelt. Die Folge ist eine unterschiedliche Behandlung, Betreuung und Beratung von Patienten mit Schmerzen.

Auch bei schweren Tumorerkrankungen ist ein qualifiziertes Schmerzmanagement für die Patienten nicht immer garantiert. Bei Patienten, die Schmerzen aufgrund einer nicht-malignen Erkrankung haben, ist die Situation noch schwieriger. Die Gründe dafür sind vielfältig, Müller-Mundt (2008) sieht einen Grund darin, dass die medizinische Versorgungspraxis primär kurativ ausgerichtet ist. In diesem System wird der subjektiven Befindenslage der Erkrankten eher geringe Bedeutung beigemessen (Müller-Mundt 2008).

Aufgrund dieser Erkenntnisse wird an vielen Stellen zum Thema „Schmerz" gearbeitet, um die Qualität der Patientenversorgung zu verbessern. Der Expertenstandard Schmerzmanagement bei akuten und chronisch tumorbedingten Schmerzen (DNQP 2005) ist dazu ein nachhaltiger Beitrag aus pflegerischer Perspektive, die aktuellen

S3-Leitlinien (AWMF 2007) zur Behandlung akuter perioperativer und posttraumatischer Schmerzen sind dazu u. a. ein Beitrag aus medizinischer Sicht. Für Psychotherapeuten existiert eine Leitlinie, in der die Begutachtung der Patienten mit Schmerzen festgelegt ist (AWMF 2007). Auch bundesweite Forschungsprojekte wie das interdisziplinäre Forschungsprojekt „Schmerzfreies Krankenhaus" tragen dazu bei, die Situation von Menschen mit Schmerzen zu verbessern und zu verändern.

Warum einen Praxisleitfaden zur Umsetzung des Schmerzmanagements?

Manchmal steht man vor der großen Aufgabe, etwas Neues einzuführen und bisher bestehende Prozesse zu verändern. Dieses Buch soll bei der Einführung des Schmerzmanagements eine Unterstützung sein und einen Leitfaden darstellen, mit dem die Umsetzung in einem Unternehmen ein wenig leichter fallen soll. Hier wird beschrieben, wie man konkret vorgehen kann, um das Schmerzmanagement einzuführen. Dabei steht die Praxis im Vordergrund, und es gibt Tipps und Hinweise, wie man das eine oder andere Problem schon im Vorfeld aus dem Weg räumen kann.

Wie beginnt man eigentlich konkret mit der Arbeit, wenn man das Buch zum Expertenstandard Schmerzmanagement in den Händen hält, welches sind die ersten Schritte, und wenn man die gemacht hat, wie geht es dann weiter? Wie wird aus der Einführung und Umsetzung des Expertenstandards auf einer ganz konkreten Station ein großes interdisziplinäres Projekt zur Einführung des Expertenstandards in einem ganzen Krankenhaus oder Altenheim? Welche Strukturen und Ressourcen benötigt man dazu, ohne die Projektleiter oder die Pflegenden und Ärzte zu überfordern? Darüber hinaus müssen die theoretischen Anforderungen natürlich Berücksichtigung finden. Deswegen ist der erste Teil des Buchs recht „theorielastig". Man muss sich mit dem theoretischen Rahmen der Expertenstandards beschäftigen, um die Systematik, die dahinter steht, zu verstehen, denn erst dann wird die Systematik dieser wichtigen Inhalte Einzug in den Pflegealltag finden. Am Ende des Buchs ist dann dem Leser deutlich, wie man in seiner Abteilung, auf seiner Station oder in seinem Pflegeheim diese Standards umsetzen kann. Es funktioniert eben nicht, wie mancherorts schon mal geschehen, einfach den Expertenstandard (die tabellarische Darstellung) zu kopieren, auf der Station oder dem Wohnbereich auszuhängen und dann ist man fertig – der Expertenstandard ist eingeführt.

Wissen soll nicht wieder verschwinden

Bei der Einführung neuer Inhalte ist es immer ein ganz entscheidendes Ziel, die Nachhaltigkeit und Verstetigung des Wissens zu erreichen. Es nutzt nicht viel, wenn sich Arbeits- oder Projektgruppen in vielen Sitzungen mit der Einführung neuer Inhalte beschäftigt haben, und nach Abschluss des Projekts verschwindet vieles davon wieder im „Nirgendwo" oder in Schubladen. Hier liegt auch ein wenig die Herausforderung der Arbeit. Natürlich ist bekannt, dass nach Einführung eines Themas – wenn nicht mehr die ganze Aufmerksamkeit der Beteiligten darauf gelenkt ist – die Qualität wieder ein wenig absinkt. Das liegt in der Natur der Sache, die Werbekampagnen zum Thema AIDS haben hier ein ähnliches Phänomen gezeigt. Wird der Fokus auf ein Thema gerichtet, z. B. durch ein Projekt oder Werbung, ist die Aufmerksamkeit hoch. Ist das Projekt beendet oder wird die Werbung weniger, schwindet auch die Aufmerksamkeit der Menschen wieder und richtet sich auf ein anderes Thema. Auch wenn die Aufmerksamkeit nachlässt, so sollten doch die meisten Ziele, die man sich für die Arbeit gesteckt hat, weiterhin erreicht werden. Hier hilft das sogenannte Audit (= prüfen) ungemein, denn dadurch lässt sich konkret die Zielerreichung der einzelnen Standardkriterien messen – aber dazu in späteren Kapiteln des Buchs mehr. In der Implementierung und nachhaltigen Umsetzung von Expertenstandards steckt viel Arbeit, aber sie ist machbar und führt – so meine Erfahrung – neben der verbesserten Schmerzsituation der Patienten auch zu einer höheren Motivation der Pflegenden und der Ärzte, weil sie Erfolge in der Versorgung der Patienten und in einer verbesserten Arbeitsstruktur sehen, und das sind ganz entscheidende Faktoren. Bevor der praktische Teil dargestellt wird, werden zunächst die theoretischen Schwerpunkte abgebildet und besprochen.

2 Deutsches Netzwerk für Qualitätsentwicklung in der Pflege (DNQP)

Ursprung der Expertenstandards

Wie aus dem Namen des Netzwerks bereits zu erkennen ist, ist das Thema Qualitätsentwicklung in der Pflege die zentrale Aufgabe des DNQP. Das DNQP ist der Fachhochschule Osnabrück angegliedert und setzt sich aus Fachexperten der Pflege zusammen.

Die Arbeit des DNQP ist bundesweit ausgerichtet. Übergreifendes Ziel der Tätigkeit ist die Förderung der Pflegequalität auf der Basis von Expertenstandards in allen Fachbereichen der Pflege. Die zentrale Aufgabe des DNQP ist dabei die Entwicklung, Konsentierung und Implementierung evidenzbasierter Expertenstandards. Dazu gehört auch die Beforschung von Methoden und Instrumenten zur Qualitätsentwicklung und Qualitätsmessung, die in der Pflegepraxis genutzt werden. Hierzu zählt beispielsweise die Entwicklung des spezifischen Auditinstruments, das zu jedem Expertenstandard gehört.

Das DNQP hat zur Steuerung der inhaltlichen Arbeit einen Lenkungsausschuss installiert. Diesem gehören Pflegepraktiker und Pflegewissenschaftler an, die in den verschiedenen Disziplinen der Pflege, der Pflegepraxis, der Pflegewissenschaft, der Pflegelehre oder des Pflegemanagements arbeiten. Die Mitglieder des Lenkungsausschusses befassen sich in verschiedenen Dimensionen mit den Themen der Qualitätsentwicklung in der Pflege.

Das DNQP selbst besteht aus Mitarbeitern eines wissenschaftlichen Teams, das die Verantwortung für die Durchführung wissenschaftlicher Projekte und Veröffentlichungen trägt. Das DNQP arbeitet seit 1999 auf nationaler Ebene eng mit dem Deutschen Pflegerat e. V. (DPR) und mit der Bundeskonferenz für Qualitätssicherung im Gesundheits- und Pflegewesen e. V. (BUKO-QS) zusammen. Finanzielle Förderung zur Entwicklung der Expertenstandards erhält das DNQP durch das Bundesministerium für Gesundheit (BMG). Auf europäischer Ebene besteht ein enger Austausch mit Partnerorganisationen, die sich gleichermaßen mit aktuellen Qualitätsthemen beschäftigen (DNQP 2007b).

2.1 Expertenstandards in der Pflege

Jedes Unternehmen im Gesundheitswesen, insbesondere im Bereich der Pflege, verfügt über ein mehr oder weniger großes Werk mit eigens entwickelten Pflegestandards und Beschreibungen verschiedener Arbeits- und Prozessabläufe. International ist man längst zu der

Ansicht gekommen, dass von Pflegeexperten erarbeitete evidenzbasierte und von der Berufsgruppe konsentierte Qualitätsinstrumente (d. h. Instrumente, denen die Berufsgruppe zustimmte) in die Pflegepraxis zu implementieren sind. Das führt zu einem spürbar verbesserten Qualitätsniveau in Gesundheits- und Altenhilfeeinrichtungen. Davon profitieren die Betroffenen direkt, denn die Anwendung solcher Instrumente hat Auswirkungen auf die Qualität der Pflege und somit auf den Gesundheitszustand der Betroffenen.

> **Merke:** „Expertenstandards sind als ein Instrument zu verstehen, mit deren Hilfe die Qualität von Leistungen definiert, eingeführt und bewertet werden kann und das Auskunft darüber gibt, welche Verantwortung die Berufsgruppe gegenüber der Gesellschaft, den Pflegebedürftigen, dem Gesetzgeber wie auch gegenüber ihren einzelnen Mitgliedern übernimmt" (DNQP 2007a).

Die Expertenstandards haben für den Pflegeberuf einen übergreifenden und allgemeingültigen Stellenwert, mit ihrer Einführung beschäftigen sich alle Pflegenden bundesweit und müssen sie in der Pflegepraxis umsetzen. Durch diesen Qualitätsentwicklungsprozess tragen die Expertenstandards auch zur Professionalisierung des Pflegeberufs bei.

Bisher erschienene Expertenstandards

Inzwischen wurden folgende sieben Expertenstandards für die Pflege entwickelt, konsentiert und eingeführt:

- Dekubitusprophylaxe
- Entlassungsmanagement
- Schmerzmanagement bei akuten und tumorbedingten chronischen Schmerzen
- Sturzprophylaxe
- Förderung der Harnkontinenz
- Chronische Wunden
- Ernährungsmanagement zur Sicherstellung und Förderung der oralen Ernährung in der Pflege

Der folgende Expertenstandard ist für die Zukunft geplant:

Geplanter Expertenstandard

- Schmerzmanagement bei chronischen nicht-malignen Schmerzen

Wie wird ein Thema überhaupt zu einem Expertenstandard? Die Entscheidung, welcher Expertenstandard entwickelt wird, fällt im Lenkungsausschuss des DNQP. Dabei spielt zum einen eine Rolle, ob das Thema eine Relevanz hat, also ob es sich dabei um ein typisches Pflegephänomen handelt, wie z. B. die Dekubituspropyhlaxe. Zum anderen ist das Vorhandensein pflegewissenschaftlicher Forschungsergebnisse von zentraler Bedeutung. Ein typisches pflegerelevantes Thema kann nur dann in einen Expertenstandard münden, wenn das Thema national oder international erforscht ist. Ist dem (noch) nicht so, wird es (noch) nicht zur Entwicklung eines Expertenstandards kommen. Darüber hinaus sollten die Themen der Expertenstandards so gewählt werden, dass auch tatsächlich eine spürbare Qualitätsverbesserung der Pflege für die Betroffenen zu erwarten ist (DNQP

2007b). Auf dieser Basis wird es zukünftig zur Entwicklung weiterer Expertenstandards kommen, aber es wird sicher nicht irgendwann „hundert“ Expertenstandards geben, da für bestimmte Themen in der Pflege die Voraussetzungen für einen Expertenstandard gar nicht gegeben sind und diese nicht zielführend sind.

2.2 Aufbau der Expertenstandards

Der Aufbau der Expertenstandards erfolgt immer nach der gleichen Systematik. Zunächst gehört zu jedem Expertenstandards eine Präambel[2]:

„Präambel zum Expertenstandard

Schmerzen beeinflussen das physische, psychische und soziale Befinden und somit die Lebensqualität der Betroffenen und ihrer Angehörigen. Darüber hinaus entstehen dem Gesundheitswesen durch schmerzbedingte Komplikationen und einer daraus oft erforderlichen Verweildauerverlängerung im Krankenhaus sowie durch die Chronifizierung von Schmerzen beträchtliche Kosten, die durch ein frühzeitiges Schmerzmanagement in den meisten Fällen erheblich verringert werden könnten. Der vorliegende Expertenstandard beschreibt den pflegerischen Beitrag zum Schmerzmanagement und hat zum Ziel, die Schmerzwahrnehmung der Pflegefachkräfte zu verbessern und so die Zeit zwischen dem Auftreten von Schmerzen und deren Linderung deutlich zu verkürzen. Er berücksichtigt alle Patienten mit akuten oder tumorbedingten chronischen Schmerzen, schmerzbedingten Problemen oder zu erwartenden Schmerzen in allen Bereichen der pflegerischen Versorgung. Patienten/Betroffene mit nicht-tumorbedingtem chronischem Schmerz werden in diesem Standard explizit nicht als Zielgruppe angesprochen, da aufgrund der Unterschiede im Schmerzmanagement die Standardaussagen zu allgemein würden und keine konkrete Orientierung für die pflegerische Praxis bieten könnten. Die Expertenarbeitsgruppe war sich darüber im Klaren, dass Patienten/Betroffene, die sich nicht, noch nicht oder nicht mehr adäquat äußern können, z. B. Säuglinge, beatmete Patienten, Patienten im Wachkoma oder demente Patienten, über die Reichweite des Standards hinaus besonderer Aufmerksamkeit bedürfen. Aus diesem Grund findet sich in der Literaturanalyse

---

[2] **Expertenarbeitsgruppe Schmerzmanagement** (http://www.dnqp.de/)
Wissenschaftliche Leitung: Jürgen Osterbrink
Wissenschaftliche Mitarbeit: Sabine Metzing, Barbara Strohbücker

Autoren: Kristine Böhm, Jutta Busch, George C. M. Evers, Hedwig François-Kettner, Hubert R. Jocham, Barbara Jung, Sabine Metzing, Gabriele Müller-Mundt, Nadja Nestler, Jürgen Osterbrink, Christa Schulte, Barbara Strohbücker, Monika Thomm.

ein Kapitel zur Schmerzeinschätzung bei Kindern, älteren Menschen und Menschen mit kognitiven und schweren kognitiven Einschränkungen, in dem Besonderheiten der Schmerzeinschätzung bei diesen Patientengruppen beschrieben werden. Dieses Kapitel soll die eigenständige Anpassung des Expertenstandards an die jeweiligen Anforderungen dieser Patientengruppen in den verschiedenen Einrichtungen unterstützen.
Angehörige von Schmerzpatienten – gemeint sind damit die primären Bezugspersonen, also auch solche, die nicht im gesetzlichen Sinne Verwandte sind – sind häufig „Mitbetroffene" und sollten daher sowohl im Rahmen der Schmerzeinschätzung als auch bei der Schulung/Beratung mit einbezogen werden. Voraussetzung dafür ist selbstverständlich die Einwilligung des Patienten/Betroffenen. Besonders bei Kindern, aber auch bei den übrigen vulnerablen Patientengruppen, ist die Einbeziehung der Bezugspersonen als Experten für den Umgang mit Schmerz auf allen Ebenen des Schmerzmanagements unabdingbar.
Dem Expertenstandard liegt eine umfassende Recherche der nationalen und internationalen Literatur zugrunde, die aufgrund der Weiterentwicklung in den letzten zwei Dekaden auf dem Gebiet der Schmerztherapie evidenzbasiert ist. Neben der umfangreichen Literaturanalyse wurden die klinischen und außerklinischen Erfahrungen der Mitglieder der Expertenarbeitsgruppe genutzt, um den aktuellen Stand der Therapie wie auch eine Vielzahl verschiedener moderner Versorgungsmuster und damit verbundene Bedingungen zu erfassen. Die Ergebnisse der Literaturrecherche und des Expertenkonsenses zeugen von einer vielschichtigen schmerztherapiebezogenen Wissensbasis. Jedoch sprechen die Erfahrungen aus den Krankenhäusern, Hospizen und Altenhilfeeinrichtungen sowie aus dem häuslichen Pflegebereich dafür, dass diese Erkenntnisse noch unzureichend umgesetzt werden. Folge ist ein deutliches Versorgungsdefizit bei Patienten/Betroffenen mit Schmerzproblemen. Therapien, die nicht dem aktuellen Stand der Wissenschaft entsprechen, wie die Gabe von zu gering dosierten Schmerzmedikamenten oder die Verabreichung von Placebos, sollten innerhalb der Berufsgruppen kritisch betrachtet werden.
Den Pflegefachkräften[3] kommt im interdisziplinären Team auf Grund ihres häufigen und engen Kontaktes zu den Patienten und Bewohnern eine Schlüsselrolle im Rahmen des Schmerzmanagements zu. Grundvoraussetzung für ein gelungenes pflegerisches Schmerzmanagement ist eine personelle Kontinuität in der pflegerischen Betreuung sowie eine gute Kooperation mit den behandelnden Ärzten. Zentrales Anliegen des Expertenstandards ist, Patienten/Be-

[3] Im Standard werden die Mitglieder der verschiedenen Pflegeberufe (Gesundheits- und Krankenpflegerin/Gesundheits- und Krankenpfleger, Gesundheits- und Kinderkrankenpflegerin/Gesundheits- und Kinderkrankenpfleger, Altenpflegerin/Altenpfleger) berufsgruppenübergreifend als „Pflegefachkraft" angesprochen. Angesprochen werden darüber hinaus auch diejenigen Fachkräfte im Pflegedienst, die über eine Hochschulqualifikation in einem pflegebezogenen Studiengang verfügen.

troffenen mit Schmerzen oder zu erwartenden Schmerzen unnötiges Leid zu ersparen sowie einer Chronifizierung vorzubeugen. Aufgabe der Pflege im Rahmen des Schmerzmanagement ist es, Frühzeichen des erfahrenen Schmerzes zu erkennen und adäquate Therapien zu koordinieren oder durchzuführen. Unabdingbare Voraussetzung dafür ist eine aktuelle wie auch systematische Schmerzeinschätzung und Verlaufskontrolle mit Hilfe von Einschätzungsinstrumenten oder bei tumorbedingten chronischen Schmerzen mittels komplexer Dokumentationsverfahren wie zum Beispiel Schmerztagebüchern. Zur Stärkung der Selbstkompetenzen der Patienten/Betroffenen und ihrer Angehörigen gehört das Angebot von Schulungen und Beratungen zu einem möglichst frühen Zeitpunkt. Nur so können bestehende Vorurteile gegenüber Schmerzmedikamenten abgebaut und eine aktive Einbindung von Patienten/Betroffenen in das Schmerzmanagement mit dem Ziel eines weitestgehenden Selbstmanagements erreicht werden. Ziel einer gelenkten Schmerztherapie bei akuten Schmerzen ist die Schmerzfreiheit. Bei chronischen Schmerzpatienten steht eine umfassende Schmerzlinderung im Vordergrund.
Für die Umsetzung des Expertenstandards ist es wesentlich, dass die Wissensbasis von professionell Pflegenden in Aus-, Fort- und Weiterbildungen vertieft und verbreitert wird. Darüber hinaus bedarf es interner und externer Verfahrensregelungen zwischen den Berufsgruppen und den verschiedenen Einrichtungen, die die interdisziplinäre Kooperation, insbesondere die Vorgehensweisen und Zuständigkeiten im Rahmen des Schmerzmanagements, beschreiben.
Die Einführung und Umsetzung des Expertenstandards muss als gemeinsame Aufgabe der Betriebsleitung, des Pflegemanagements und der beteiligten Pflegefachkräfte sowie weiterer beteiligter Berufsgruppen in den Versorgungsbereichen der Kliniken, der ambulanten Pflegedienste, der Altenheime wie auch der Hospize erkannt und umgesetzt werden. Nur durch die konsequente Bearbeitung auf der Management- wie auch auf Stationsebene oder im ambulanten Bereich werden Wissensdefizite reduziert, adäquate Maßnahmen geplant und konsequent versorgungsstrukturübergreifend umgesetzt. Das Ergebnis der Umsetzung eines auf dem Stand der Pflegewissenschaft wie auch ihrer Bezugswissenschaften basierenden Schmerzmanagements wird sein, dass die gesundheitsökonomischen und gesellschaftlichen Erfordernisse und nicht zuletzt die Lebensqualität der Betroffenen umfassend interprofessionell Berücksichtigung finden“ (www.dnqp.de).

Standardkriterien und Qualitätsdimensionen

Die äußere Form eines Expertenstandards ist eine Tabelle, die aus Standardkriterien und Qualitätsdimensionen besteht. Die Standardkriterien sind in den jeweiligen Zeilen der Tabelle genannt, sie sind durchnummeriert: beim Expertenstandard Schmerzmanagement von 1–5, bei anderen Expertenstandards kann die Zahl variieren. Die Anzahl richtet sich nach dessen inhaltlicher Ausgestaltung. Dennoch finden sich in allen Standardkriterien Aussagen zu den Themen: Risikoeinschätzung, Maßnahmenplanung, Information, Schulung und Beratung, Koordination, Durchführung und Evaluation.

Tab. 1: Expertenstandard Schmerzmanagement in der Pflege (DNQP 2005, S. 25)

Standardaussage: Jeder Patient/Betroffene mit akuten oder tumorbedingten chronischen Schmerzen sowie zu erwartenden Schmerzen erhält ein angemessenes Schmerzmanagement, das dem Entstehen von Schmerzen vorbeugt, sie auf ein erträgliches Maß reduziert oder beseitigt.

Begründung: Eine unzureichende Schmerzbehandlung kann für Patienten/Betroffene gravierende Folgen haben, z. B. physische und psychische Beeinträchtigungen, Verzögerungen des Genesungsverlaufs oder Chronifizierung der Schmerzen. Durch rechtzeitig eingeleitete, systematische Schmerzeinschätzung, Schmerzbehandlung sowie Schulung und Beratung von Patienten/Betroffenen und ihren Angehörigen tragen Pflegekräfte maßgeblich dazu bei, Schmerzen und deren Auswirkungen zu kontrollieren bzw. zu verhindern.

Struktur	*Prozess*	*Ergebnis*
Die Pflegefachkraft **S1a** – verfügt über das notwendige Wissen zur systematischen Schmerzeinschätzung. **S1b** Die Einrichtung stellt zielgruppenspezifische Einschätzungs- und Dokumentationsinstrumente zur Verfügung.	**Die Pflegefachkraft** **P1** – erhebt zu Beginn des pflegerischen Auftrages, ob der Patient/Betroffene Schmerzen oder schmerzbedingte Probleme hat. Ist dies nicht der Fall, wird die Einschätzung in individuell festzulegenden Zeitabständen wiederholt. – führt bei festgestellten Schmerzen oder schmerzbedingten Problemen eine systematische Schmerz-Ersteinschätzung mittels geeigneter Instrumente durch. – wiederholt die Einschätzung der Schmerzintensität sowie der schmerzbedingten Probleme in Ruhe und bei Belastung/Bewegung in individuell festzulegenden Zeitabständen.	**E1** Eine aktuelle, systematische Schmerzeinschätzung und Verlaufskontrolle liegen vor.
S2a – verfügt über das erforderliche Wissen zur medikamentösen Schmerzbehandlung. **S2b** Die Einrichtung verfügt über eine interprofessionell geltende Verfahrensregelung zur medikamentösen Schmerzbehandlung.	**P2** – setzt spätestens bei einer Schmerzintensität von mehr als 3/10 analog der Numerischen Rangskala (NRS) die geltende Verfahrensregelung um oder holt eine ärztliche Anordnung zur Einleitung oder Anpassung der Schmerzbehandlung ein und setzt diese nach Plan um. – überprüft bei Neueinstellung bzw. Anpassung der Medikation den Behandlungserfolg in den Zeitabständen, die dem eingesetzten Analgesieverfahren entsprechen – sorgt dafür, dass bei zu erwartenden Schmerzen präventiv ein adäquates Analgesieverfahren erfolgt.	**E2** Der Patient/Betroffene ist schmerzfrei bzw. hat Schmerzen von nicht mehr als 3/10 analog der Numerischen Rangskala (NRS).

Tab. 1: (Fortsetzung)

Struktur	*Prozess*	*Ergebnis*
S3 – kennt schmerzmittelbedingte Nebenwirkungen, deren Prophylaxe und Behandlungsmöglichkeiten.	P3 – führt in Absprache mit dem zuständigen Arzt Maßnahmen zur Prophylaxe und Behandlung von schmerzmittelbedingten Nebenwirkungen durch.	E3 Schmerzmittelbedingte Nebenwirkungen wurden verhindert bzw. erfolgreich behandelt.
S4 – kennt nicht-medikamentöse Maßnahmen zur Schmerzlinderung sowie deren mögliche Kontraindikationen.	P4 – bietet in Absprache mit den beteiligten Berufsgruppen dem Patienten/Betroffenen und seinen Angehörigen als Ergänzung zur medikamentösen Schmerztherapie nicht-medikamentöse Maßnahmen an und überprüft ihr Wirkung.	E4 Die angewandten Maßnahmen haben sich positiv auf die Schmerzsituation und/oder die Eigenaktivität des Patienten/Betroffenen ausgewirkt.
S5a – verfügt über die notwendigen Beratungs- und Schulungskompetenzen in Bezug auf Schmerz und schmerzbedingte Probleme. S5b – Die Einrichtung stellt die erforderlichen Beratungs- und Schulungsunterlagen zur Verfügung.	P5 – gewährleistet eine gezielte Schulung und Beratung für den Patienten/Betroffenen und seine Angehörigen.	E5 Dem Patienten/Betroffenen sind gezielte Schulung und Beratung angeboten worden, um ihn zu befähigen, Schmerzen einzuschätzen, mitzuteilen und zu beeinflussen.

Darüber hinaus verfügt jeder Expertenstandard über Tabellenspalten, welche die Kriterien für international anerkannte Qualitätsdimensionen darstellen: Diese Kriterien beinhalten die Aussagen zur Struktur, Prozess- und Ergebnisqualität. Die Strukturkriterien (gekennzeichnet mit S1–S5) treffen Aussagen zu den Voraussetzungen, unter denen die pflegerische Leistung erbracht werden muss, wie z. B. die baulichen Voraussetzungen, die Qualifikationen der Pflegenden oder auch die Materialien, die zur Verfügung stehen müssen. Unter der Rubrik der Prozesskriterien (gekennzeichnet mit P1–P5) werden die Prozesse und Pflegesysteme beschrieben, die z. B. zwischen Pflegenden, Patienten und ihren Angehörigen stattfinden sollen. Die Ergebniskriterien (gekennzeichnet mit E1–E5) legen fest, was am Ende des Prozesses für den Patienten stehen soll, z. B. dass der Patient keine Schmerzen von mehr als 3/10 (3 von 10) auf der Numerischen Rangskala (NRS) hat. Die Aussagen zur Ergebnisqualität können später mit dem Audit überprüft und gemessen werden. Sie lassen eine Aussage zu, inwieweit die Standardkriterien in die Pflegepraxis implementiert worden sind, bzw. bis zu welchem Grad das Ziel erreicht wurde.

Die tabellarische Form des Expertenstandards ist das Ergebnis der gesamten inhaltlichen Arbeit zum jeweiligen Thema. Die Begründung für die Formulierung der Standardkriterien und die Ergebnisse der Literaturstudie finden sich in dem dazugehörigen Buch des DNQP.

2.3 Abgrenzung zwischen Expertenstandards, Pflegestandards, Richtlinien und Leitlinien

Unterscheiden sich die Pflegestandards von den Expertenstandards? Leitlinien sind doch auch Richtlinien und umgekehrt, oder nicht? Oftmals werden die Begriffe synonym verwendet, und das macht es weder leichter noch klarer.

All diese Begriffe haben mit Qualität zu tun. Man möchte ein bestimmtes Thema, bestimmte Handlungen auf einem festgelegten Qualitätsniveau standardisieren mit der Vorstellung, wenn alle Gleiches tun, dann wird sich auch die Qualität verbessern. So weit so gut?

Pflegestandards

Zu Beginn der 1990er Jahre haben die Pflegenden bundesweit viel Zeit investiert, um stations- oder abteilungsspezifische Standards zu entwickeln. Die Themen waren z. T. völlig identisch: „Körperpflege", „Ohrenpflege", „Lagerungen" usw., wurden deutschlandweit immer wieder aufgeschrieben und in Form von „Standards" gebracht. Auf (beinahe) allen Stationen dieses Landes finden sich Ordner oder ähnliche Sortiersysteme mit genau diesen und weiteren Standards. Man muss sich die Frage stellen, wo genau der Unterschied zu den Inhalten der gängigen und langläufigen Pflegebücher liegt. Meist sind diese Standards kürzer als die entsprechenden Artikel in den Lehrbüchern und somit auch übersichtlicher. Aus meiner Sicht unterstützen diese Standards die Handlungen in der Pflegepraxis insofern, als dass sie eine schnelle Übersicht zu einer speziellen Handlung ermöglichen und eine Leistungsdarstellung zulassen. Insbesondere unterstützen sie nicht-ausgebildete Personen, die in der Pflege arbeiten, z. B. in der stationären und ambulanten Altenpflege. Wie sinnhaft es ist, nicht-ausgebildete Personen in der Pflege zu beschäftigen, ist allerdings eine andere Frage, die hier nicht weiter vertieft werden soll.

Erst mit der Arbeit des DNQP wurden Standards formuliert, die sich auf einer anderen qualitativen Ebene bewegen und einen höheren Qualitäts- und Wissensanspruch als die gerade beschriebenen Standards haben.

Bartholomeyczik (2005) hat in diesem Zusammenhang auf ein zentrales Missverständnis hingewiesen: Qualitätsstandards werden oftmals mit standardisierten Handlungsabläufen oder Handlungsrichtlinien verwechselt. Die Formulierungen in den Pflegestandards sollen beschreiben, wie genau die Handlung, z. B. bei der Körperpflege, zu erfolgen hat. Dieser Haltung liegt der Glaube zugrunde, die Qualität der Pflege durch standardisierte Handlungsabläufe zu erhöhen. Allerdings erhöhen nicht die starren vorgegebenen Handlungsabläufe die Pflegequalität, sondern die patientenorientierte Berücksichtigung von deren Bedürfnissen und Gewohnheiten.

Expertenstandards

Die Expertenstandards berücksichtigen eine andere Ebene. Sie zeigen Möglichkeiten und Bedingungen auf, unter denen die Pflegenden eine Entscheidung zu treffen haben. Die Entscheidungen können von Patient zu Patient variieren und beziehen sich auf seine individuelle Situation. Vordergründiges Ziel ist das jeweils angemessene Handeln, mit dem ein zuvor formuliertes Ziel erreicht werden kann. Es geht nicht darum, in jedem Fall ein einheitliches und gleiches Handeln durchzusetzen. Bartholomeyczik weist eindringlich darauf hin, dass bei der Anwendung von Expertenstandards Fachkenntnisse vorausgesetzt werden, die eine Beurteilung und Entscheidung auf einer fundierten Basis ermöglichen (Bartholomeyczik 2005).

Merke: Standards, die detaillierte Beschreibungen der Handlungen, technische Anweisungen oder hygienische Bestimmungen beinhalten, sind nicht mit Expertenstandards gleichzusetzen, sondern sie sind im eigentlichen Sinn Richtlinien bzw. Handlungsrichtlinien (DNQP 2007b).

Im Gegensatz zu Standards definiert das DNQP die Expertenstandards wie folgt:

Definition: „Expertenstandards sind evidenzbasierte, monodisziplinäre Instrumente, die den spezifischen Beitrag der Pflege für die gesundheitliche Versorgung von Patienten und Bewohnern sowie ihren Angehörigen zu zentralen Qualitätsrisiken aufzeigen und Grundlage für eine kontinuierliche Verbesserung der Pflegequalität in Gesundheits- und Pflegeeinrichtungen bieten. Sie stellen ein professionell abgestimmtes Leistungsniveau dar, das dem Bedarf und den Bedürfnissen der damit angesprochenen Bevölkerung angepasst ist und Kriterien zur Erfolgskontrolle dieser Pflege mit einschließt." „Expertenstandards geben die Zielsetzung komplexer, interaktionsreicher pflegerischer Aufgaben sowie Handlungsalternativen und Handlungsspielräume in der direkten Versorgung der Patienten und Bewohner vor." (DNQP 2007b, S. 2).

Leitlinie

Der Begriff Leitlinie wird häufig von Medizinern verwendet. Die Behandlung der Patienten erfolgt in der Regel nach bestimmten Leitlinien der Fachgesellschaften. Diese werden im Internet auf der Seite der Arbeitsgemeinschaft der Wissenschaftlichen Medizinischen Fachgesellschaften (AWMF) und des Ärztlichen Zentrums für Qualität (ÄZQ) veröffentlicht und können von jedem eingesehen werden. Leitlinien werden wie folgt definiert:

Definition: „Die Leitlinien der Wissenschaftlichen Medizinischen Fachgesellschaften sind systematisch entwickelte Aussagen für Ärzte zur Entscheidungsfindung in spezifischen Situationen. Sie beruhen auf aktuellen wissenschaftlichen Erkenntnissen und in der Praxis bewährten Verfahren und sorgen für mehr Sicherheit in der Medizin, sollen aber auch ökonomische Aspekte berücksichtigen" (AWMF 2007). Sie sollen Ärzte und Patienten bei der Entscheidungsfindung für eine angemessen Behandlung in spezifischen Krankheitssituationen unterstützen (Kopp 2005).

Expertenstandards und Leitlinien unterscheiden sich hinsichtlich der Reichweite. Expertenstandards zielen auf das abgestimmte Leistungsniveau der Berufsgruppe ab und Leitlinien auf die Entscheidungs- und Orientierungshilfe im spezifischen Fall eines einzelnen Patienten. Dennoch schließen sie sich nicht gegenseitig aus, sondern ergänzen sich (DNQP 2007b). Leitlinien sollen wirksam und nachhaltig die Qualität der Versorgung sichern und verbessern können. Um das zu erreichen, müssen sie eine hohe methodische und fachliche Qualität besitzen und leicht verfügbar sein (Selbmann, Kopp 2005).
Die Verfügbarkeit von Expertenstandards und Leitlinien ist ein wichtiges Kriterium, um den Zugang für alle Nutzer leicht zu ermöglichen. Hier gibt es einen weiteren Unterschied zwischen den Leitlinien und den Expertenstandards: Die Leitlinien sind komplett und in Gänze im Internet abzurufen, bei den Expertenstandards ist dies nur begrenzt möglich. Die Expertenstandards sind in der tabellarischen Darstellung abrufbar, das gesamte Werk mit Begründungen und Literaturstudie steht jedoch nicht im Netz zur Verfügung und ist nur über das DNQP zu bestellen.

2.4 Vorteile der Expertenstandards

Der Unterschied zwischen den Pflegestandards und den Expertenstandards wurde oben beschrieben. Aus diesem Unterschied lassen sich auch die Vorteile der Expertenstandards ableiten.

Evidenzbasiertes Wissen

Für die Pflege ist es wesentlich und wichtig, Standards zu haben, die evidenzbasiertes Wissen zur Verfügung stellen. Wissen, das nicht mehr nur auf Erfahrungen, individuellen Einstellungen Einzelner oder Fortführungen tradierter, historisch gewachsener Handlungen beruht. Vielmehr handelt es sich jetzt um ein Wissen, das belastbar, soll heißen, wissenschaftlich begründet und belegt ist. Ergänzt werden die Expertenstandards durch Expertenmeinungen, die ebenfalls als Wissensbasis gelten. Pflegende verfügen durch die Expertenstandards über ein Wissen, das Fragen standhält und begründet werden kann.

Darüber hinaus stellen die möglichen Handlungsspielräume in der Pflege der Patienten einen weiteren wichtigen Schritt für die Pflegen-

Begründung des pflegerischen Handelns gefordert

den dar, nämlich den hin zu einer professionelleren Berufsausübung. Entscheidungen in der Pflege eines Patienten müssen getroffen und begründet werden.

Praxis-Theorievernetzung

Zusammenfassend kann man sagen: Bei den Expertenstandards handelt es sich um eine sehr gelungene Praxis-Theorievernetzung. Die hier „umgekehrte" Nennung von Praxis und Theorie ist bewusst gewählt. Expertenstandards werden nach ihrer Entwicklung modellhaft implementiert, d. h. bundesweit werden Unternehmen des Gesundheitswesens ausgewählt, um an der Einführung mitzuarbeiten. Die Ergebnisse, die aus der Praxis während der Implementierung gewonnen wurden, fließen dann abschließend in die theoretischen Ausführungen ein. Dies ist eine ausgezeichnete Vorgehensweise, denn an dieser Stelle kommen eben genau Praxis und Theorie zusammen (vgl. Kap. 3).

Verbesserung der Pflegequalität

Die Expertenstandards sind kein Selbstzweck. Sie sollen in erster Linie eine qualitativ verbesserte Pflege der Patienten und Bewohner fördern, also Pflegequalität entwickeln. Auch hier hat die Pflege immer noch Bedarf, der durch die Expertenstandards zu den bestimmten Themen gedeckt bzw. primär überhaupt angestoßen wird. Alle, die sich bisher mit der Einführung der Expertenstandards befasst haben, wissen um die Arbeit, die in dieser Aufgabe steckt. Diese Arbeit hat gezeigt: Jeder Expertenstandard, der eingeführt wurde und wird, führt dazu, dass sich die Pflegenden mit dem jeweiligen Thema intensiv auseinandersetzen und ein „neues" aktuelles Bewusstsein zu dem Thema entwickeln. Allein die Beschäftigung mit dem Thema Schmerzmanagement führt zu mehr Aufmerksamkeit für die Patienten, die über Schmerzen klagen. Gleiches gilt für die Themen Dekubitusprophylaxe, Sturzprophylaxe usw. Das jeweilige Thema rückt in den Blickpunkt und wird von verschiedenen Seiten beleuchtet, dies führt in den meisten Fällen zu einer qualitativen Entwicklung der Pflege. Auch eine kritische Auseinandersetzung gehört zur Arbeit mit den Expertenstandards, sie ist zwingend notwendig, um Position beziehen zu können, Verantwortung zu übernehmen und auch Standpunkte verändern zu können.
Verfügen Menschen über Wissen, fördert das auch den fachlichen Diskurs, sowohl in der eigenen Berufsgruppe als auch zwischen den Berufsgruppen.

Fachlicher Austausch

Alle Expertenstandards fordern den fachlichen Austausch und die Zusammenarbeit zwischen den Berufsgruppen. Es geht meist um die Erarbeitung, Beschreibung und Festlegung interprofessioneller Verfahrensanweisungen. Dabei liegt es in der Verantwortung der Pflegenden, diesen Prozess mehr oder weniger einzuleiten und zu steuern. In dieser Verantwortung liegt bisweilen eine Chance, die allerdings nicht immer so genutzt werden kann, wie man sich das wünscht.

Systematische Implementierung

Ein großer Vorteil zeigt sich bei den Expertenstandards hinsichtlich der Implementierungssystematik. Die Diskussionen münden auch bei der Einführung von Leitlinien immer wieder in die Frage: Wie können die Leitlinien nachhaltig eingeführt werden, sodass sie wirklich eine Handlungsveränderung der Beteiligten bewirken? Durch die Entwicklung des Phasenmodells zur Einführung der Expertenstandards ist ein gutes Instrument zur Verfügung gestellt worden, um eine Einführung der Expertenstandards systematisch und nach konkreten Vorgaben zu ermöglichen bzw. mindestens zu erleichtern.

2.5 Nachteile – Diskrepanz der Expertenstandards

Ein wesentlicher Nachteil der Expertenstandards, dass sie nicht im Internet abrufbar sind, wurde bereits im vorhergehenden Kapitel angesprochen.

Monodisziplinär versus multidisziplinär

Das DNQP bezeichnet die Expertenstandards als monodisziplinäre Instrumente, d. h. diese Instrumente sind nur für eine Disziplin, in diesem Fall für die Pflege, bestimmt. Wie schon angedeutet, ist dies nicht generell so. Die bisher bearbeiteten Themen sind alle durch multiprofessionelle oder interdisziplinäre Handlungsbezüge gekennzeichnet (Meyer et al. 2006, S. 36). Im Expertenstandard Schmerzmanagement in der Pflege steht unter dem Strukturkriterium S2b: „Die Einrichtung verfügt über eine interprofessionell geltende Verfahrensregelung zur medikamentösen Schmerzbehandlung" (DNQP 2005, S. 25). Das bedeutet, dass die Pflegenden sich in der multidisziplinären Zusammenarbeit dieser strukturellen Herausforderung stellen und gemeinsam mit den anderen Berufsgruppen an einer solchen Verfahrensanweisung arbeiten müssen. Man könnte sich die Frage stellen, warum die Pflegenden das tun müssen. Die Antwort lautet: Weil es eine strukturelle Voraussetzung im Expertenstandard für die Pflege ist. Primär ist an dieser Aufgabe nichts problematisch, bei genauer Betrachtung kann es jedoch zu einem Problem werden, wenn es auch meist lösbar ist. Insbesondere mit dem Erscheinen des Expertenstandards Schmerzmanagement wurden die interprofessionellen Diskussionen massiv entfacht. Die (meisten) Mediziner sahen zunächst ein Problem, denn es kam die Meinung auf, die Pflegenden würden von nun an einen ganz zentralen Teil der ärztlichen Aufgabe übernehmen (wollen), nämlich die Schmerztherapie. Schmerzmanagement heißt zunächst einmal nicht Schmerztherapie, sondern die Schmerztherapie ist ein Teil des Schmerzmanagements. Dies wurde in intensiven Fachgesprächen mitunter kontrovers diskutiert. Die Verantwortung für die Schmerztherapie lag und liegt bei den Ärzten, das Managen der Bedürfnisse des Schmerzpatienten liegt bei den Pflegenden, und nur die Zusammenarbeit dieser beiden Hauptakteure und der anderen wichtigen Berufsgruppen kann zu einem erfolgreichen Schmerzmanagement führen.

Das Problem liegt in der monodisziplinären Entwicklung der Expertenstandards – nämlich für den Bereich der Pflege – und den interprofessionellen Inhalten innerhalb der Expertenstandards. Ärzte und andere Berufsgruppen sehen sich primär gar nicht in der Verantwortung, an der Implementierung und Umsetzung der Expertenstandards mitzuarbeiten, sie fühlen sich schlichtweg nicht angesprochen, schließlich handelt es sich um einen Standard für die Pflege. Die notwendige Zusammenarbeit gelingt zwar in den meisten Fällen, bedarf aber immer wieder einer intensiven Diskussion. Hier müsste insofern eine Veränderung herbeigeführt werden, als dass sich empfehlen würde, in die Expertengruppe zu dem jeweiligen Thema einen Vertreter z. B. der Deutschen Fachgesellschaft für Schmerztherapie hinzuzuziehen. Über die Beteiligung weiterer Berufsgruppenmitglieder, wie Psychologen, sollte ebenfalls nachgedacht werden. So würde primär bereits eine multidisziplinäre Expertengruppe auf Bundesebene bestehen, und dieser Sachverhalt würde wahrscheinlich die interprofessionelle Zusammenarbeit auf der operativen Ebene in den einzelnen Gesundheitseinrichtungen deutlich erleichtern. Das von Meyer et al. (2006) geforderte Methodenpapier, indem auch die Abgrenzung zu Leitlinien erfolgen sollte, wurde inzwischen seitens des DNQP veröffentlicht (DNQP 2007b) (s. Kap. 3.1).

Zugänglichkeit der Expertenstandards

Ein weiterer Nachteil liegt in der Zugänglichkeit der Expertenstandards. Wie oben bereits erwähnt, sind die Expertenstandards in Gänze nur als gedrucktes Papierexemplar beim DNQP zu bestellen. Die Kosten sind nicht erwähnenswert hoch, dennoch ist die ausschließliche Buchversion als Nachteil zu bewerten, insbesondere im Zeitalter des Internets und der im Gegensatz zu den Expertenstandards elektronischen Verfügbarkeit der Leitlinien. So sind beispielsweise Auszüge aus dem Expertenstandard nicht mal eben an Pflegende zur Vorbereitung auf die nächste Projektgruppe per E-Mail zu verschicken. Diese Möglichkeit besteht bei den Leitlinien und macht es an manchen Stellen für den Anwender in der täglichen Arbeit einfacher.

2.6 Theoretische Grundlagen im Methodenpapier des DNQP

Im Jahr 2007 hat das DNQP (DNQP 2007b) das bis dahin lang erwartete Methodenpapier zu den Expertenstandards veröffentlicht. Es existierten bis dahin nur schriftliche Abhandlungen in unterschiedlichen Fachartikeln und Büchern. Dieses Methodenpapier stellt in einer sehr schönen Zusammenfassung die Grundlagen der Systematik dar. (Methodenpapier bedeutet, dem Leser nachvollziehbar das systematische Vorgehen darzustellen.) Wenn man als Pflegende – egal in welcher Position – die Aufgabe hat, sich mit den Expertenstandards zu beschäftigen, ist es unabdingbar, die Hintergründe zu kennen und zu verstehen. Diese Voraussetzung ist mit diesem Papier geschaffen. Nachfolgend wird das zentrale Modell des Methodenpapiers dargestellt, das zur konkreten Umsetzung und zur Vorgehensweise in den jeweiligen Bereichen notwendig ist, das sog. Phasenmodell.

Moers und Schiemann haben dieses Phasenmodell in Anlehnung an den Qualitätszyklus des methodischen Vorgehens der stationsgebundenen Qualitätsentwicklung erarbeitet. Dieses Phasenmodell gilt zunächst für die modellhafte Implementierung des Expertenstandards und ist auf sechs Monate ausgerichtet (DNQP 2007b).
Die Praxis hat aber gezeigt, dass sich diese Vorgehensweise immer anbietet – auch wenn man mit seinem Unternehmen nicht an der modellhaften Implementierung des DNQP teilnimmt. Dann besteht der kleine charmante Vorteil, nicht in sechs Monaten mit der Einführung abgeschlossen haben zu müssen. Es gibt Situationen, die dann auch mal eine neunmonatige Einführungsphase erfordern. Die Dauer von sechs Monaten sollte aber immer im Blick behalten werden. Länger als neun Monate sollte ein Einführungsprojekt nicht dauern, dann lässt das Interesse aller Beteiligten allmählich nach, und das ist nicht förderlich für die Nachhaltigkeit der Projektergebnisse.

Sechs Verfahrensschritte zur Erarbeitung eines Expertenstandards

Insgesamt gibt es sechs standardisierte Verfahrensschritte, die jedes Mal bei der Erarbeitung eines Expertenstandards angewendet werden und alles in allem mindestens einen Bearbeitungszeitraum von insgesamt mehr als zwei Jahren bedeuten (DNQP 2007b).

1. Themenfindung für den Expertenstandard.
   - Die Vorschläge zu den Themen eines potentiellen Expertenstandards kommen aus der Pflegewissenschaft, der Pflegepraxis und den Spitzenorganisationen.
   - Das Thema muss sektorenübergreifend sein.
   - Das ausgewählte Thema muss für die Pflegepraxis relevant sein.
   - Der Lenkungsausschuss muss das Thema letztendlich beschließen.
2. Bildung einer unabhängigen Expertengruppe
   - Die wissenschaftliche Leitung der Expertengruppe wird von einer Universität oder Fachhochschule mit pflegewissenschaftlichem Schwerpunkt berufen.
   - Es erfolgt eine Ausschreibung in der Fachliteratur, um die Fachexperten aus Praxis, Wissenschaft, Lehre und anderen zentralen Bereichen zu gewinnen.
   - Die Fachexperten werden vom Lenkungsausschuss des DNQP ausgewählt und die Fachgruppe gegründet.
3. Erarbeitung des Expertenstandards als Entwurf
   - Das Thema wird spezifiziert und eingegrenzt.
   - Mittels einer Literaturstudie wird die aktuelle Studien- und Wissenslage zu dem Thema bewertet und die Studien, die als Grundlage dienen, ausgewählt.
   - Der Expertenstandard wird auf Grundlage der Literaturstudie als Entwurf für die Konsensus-Konferenz formuliert.
4. Durchführung der Konsensus-Konferenz
   - Alle Pflegenden aus Praxis, Management, Lehre und Wissenschaft sind eingeladen, an dieser Konferenz teilzunehmen (jeder kann teilnehmen!).
   - Die Teilnehmer werden auf die Konsensus-Konferenz vorbereitet, indem sie den Entwurf des Expertenstandards vor der

Konferenz zugeschickt bekommen und diesen durcharbeiten können.
- Auf der Konferenz wird der Konsens zu dem Expertenstandard gefunden, d. h. es wird das fachliche „Einverständnis" zu dem Expertenstandard eingeholt. Die Teilnehmer können sich konkret mit Fragen, Anregungen und Diskussionsbeiträgen an der Konsentierung beteiligen.
- Die Unternehmen (Krankenhäuser, Pflegeheime, ambulante Pflegedienste) im Gesundheitswesen werden auf dieser Konferenz (und in der Fachliteratur) aufgefordert, sich beim DNQP als Modelleinrichtung beim DNQP zu bewerben, um an der modellhaften Implementierung des Expertenstandards mitzuwirken.
- Eine Modelleinrichtung ist in der Regel ein Krankenhaus, eine stationäre Pflegeeinrichtung oder ein ambulanter Pflegedienst. Diese Modelleinrichtungen bewerben sich meist mit einer bis zwei Pflegeeinheiten[4] (Stationen/Wohnbereiche). Das gesamte Krankenhaus oder Pflegeheim einzubeziehen macht keinen Sinn, weil eine Projektarbeit aufgrund des Umfangs dann nicht mehr möglich bzw. sehr aufwändig ist
- Die Ergebnisse der Konferenz werden von der Expertengruppe im Anschluss diskutiert und die Änderungen in die Version des Expertenstandards eingearbeitet.

Modelleinrichtung

Pflegeeinheit

5. Modellhafte Implementierung – das Phasenmodell (s. Kap. 4).
   - Der Lenkungsausschuss des DNQP wählt aus den Bewerbungen ca. 20–25 Unternehmen aus, die an der modellhaften Implementierung teilnehmen.
   - Die Projektgruppe setzt sich aus den Projektverantwortlichen der ausgewählten Unternehmen und den wissenschaftlichen Mitarbeitern des DNQP zusammen.
   - Im Rahmen dieser Projektgruppe wird der Expertenstandard nach dem Phasenmodell in den ausgewählten Modelleinrichtungen innerhalb von sechs Monaten eingeführt.
   - Die Ergebnisse aus der modellhaften Implementierung werden ausgewertet und beim anschließenden Netzwerk-Workshop wieder mit der Fachöffentlichkeit der Pflege diskutiert.
   - Danach gibt es die Buchveröffentlichung des Expertenstandards, und er wird weiter in der Fachöffentlichkeit verbreitet. Das fertige Werk hat den Untertitel „Entwicklung – Implementierung – Konsentierung".
6. Aktualisierung des Expertenstandards
   - Der Expertenstandard muss in regelmäßigen Abständen überprüft und aktualisiert werden, dies geschieht spätestens nach fünf Jahren. Dazu wird die Expertengruppe einberufen und es werden ggf. Ergänzungen vorgenommen.

[4] Mit Pflegeeinheit ist als Beispiel immer eine Station, eine Abteilung, ein Wohnbereich oder ein ambulanter Pflegedienst gemeint. Der Begriff Pflegeeinheit bezeichnet eine Organisationseinheit innerhalb eines Unternehmens, vollkommen unabhängig von dem jeweiligen Sektor im Gesundheitswesen.

- Der Expertenstandard wird aktualisiert und die Fachöffentlichkeit durch Hinweise in den Fachzeitschriften wieder mit einbezogen.
- Das Buch zum Expertenstandard wird neu aufgelegt. Dieses Vorgehen ist bereits für den Expertenstandard „Dekubitusprophylaxe in der Pflege" erfolgt (DNQP 2004).

2.6.1 Fortbildung zum Expertenstandard

Zum Start der Implementierung des Expertenstandards sollte für alle an dieser Einführung beteiligten Personen eine sog. Kick-off[5]-Veranstaltung stattfinden. Diese Veranstaltung hat den Sinn, den offiziellen Auftakt für dieses Projekt zu geben und so offiziell zu signalisieren: „Jetzt geht es los".

Zu Beginn der modellhaften Implementierung liegt die Hauptaufgabe in der Organisation der Fortbildungen für die Pflegeeinheit, die den Expertenstandard einführt. Primär sind die Fortbildungen für den Zeitraum von 4 Wochen geplant. Welche Fortbildungen angeboten werden sollen, orientiert sich an den Inhalten der einzelnen Standardkriterien. Meist müssen mindestens zu den Themen Risikoeinschätzung, Information, Schulung, Beratung und Evaluation spezifische Fortbildungen angeboten werden, da hier oft Bedarf besteht (Kap. 4.2). Die Fortbildungen können auch den Zeitraum von vier Wochen überschreiten, da es meist doch mehr Zeit in Anspruch nimmt, bis alle Mitarbeiter daran teilgenommen haben. Aus pragmatischen Gründen ist es ebenfalls möglich, Fortbildungen auch nach der Einführung des Standards weiterhin anzubieten. An dieser Stelle sei schon auf den praktischen Vorteil hingewiesen, alle Fortbildungen mindestens zweimal anzubieten, um die Teilnahmemöglichkeit für die Mitarbeiter zu erhöhen. Die Fortbildungen werden für alle Beteiligten und Interessierten angeboten, d. h. nicht nur für die Pflegenden, sondern auch für Ärzte, Pflegemanager und z. B. Physiotherapeuten. Ziel ist es, so viele Beteiligte wie möglich in die Fortbildungen einzubeziehen, damit die Informationen allen zur Verfügung stehen und jeder weiß, was als nächstes geschieht.

Das Pflegemanagement hat die Aufgabe, die Voraussetzungen für die Implementierung zu schaffen, das bedeutet, z. B. zu klären, wie mit den Überstunden umgegangen wird, die bei solch einem Projekt anfallen.

Projektgruppe

In dieser Phase sollte sich spätestens eine Projektgruppe aus sechs bis acht Personen bilden, die für die Implementierung des Expertenstandards verantwortlich ist. Diese Projektgruppe wird von der Person geleitet und moderiert, die seitens des Unternehmens als Projektverantwortliche beim DNQP benannt worden ist. Die Projektgruppe besteht mindestens aus:

[5] Kick-off: Auftaktveranstaltung

- ein bis zwei Pflegenden aus der Pflegeeinheit, die für die Umsetzung des Expertenstandards verantwortlich sind (wichtig ist hier: Die Pflegenden sollten von sich aus eine gewisse Motivation und Interesse am Thema haben; werden sie von den Vorgesetzten in die Projektgruppe geschickt, führt das nicht unbedingt zur nachhaltigen Umsetzung der Arbeitsergebnisse.),
- mindestens einem Arzt, der hauptsächlich die Patienten der Pflegeeinheit betreut, am besten ist die zusätzliche Hinzuziehung eines Arztes der Anästhesie,
- einem Projektverantwortlichen.

Vorteilhaft wäre es, wenn noch

- die Stationsleitung als Hauptverantwortliche der Pflegeeinheit und
- die Pflegedienstleitung als übergeordnete Instanz für die Pflegeorganisation,
- der Apotheker, der die Pflegeeinheit betreut, weil er die aktuellen Informationen zu den Medikamenten geben kann und er meist auch die aktuellen Preise und Preisentwicklungen kennt, sowie
- ein Mitarbeiter aus dem Betriebsrat bzw. dem Personalrat

regelmäßig an der Projektgruppe teilnehmen. Es hat sich bewährt, dass diese Projektgruppe bereits vor dem offiziellen Start gebildet wird und sich schon im Vorfeld zu diesem Projekt trifft. So können frühzeitig Fragen zur Umsetzung im Team geklärt werden. Die Aufgabe der Projektgruppe besteht vorrangig in der Vor- und Nachbereitung der einzelnen Schritte der Standardeinführung. Die Ergebnisse aus den Projektgruppensitzungen werden über die Mitglieder der Projektgruppe und per E-Mail im Pflegeteam verbreitet (DNQP 2007b).

2.6.2 Anpassung des Expertenstandards an die Anforderungen der Zielgruppe

Der Expertenstandard kann nicht in seiner Ursprungsform in die Pflegepraxis eingeführt werden, weil die einzelnen Standardkriterien zu abstrakt formuliert sind. Die Standardkriterien müssen an den spezifischen Bedarf der Patientengruppe angepasst werden. Die Projektgruppe hat in dieser zweiten Phase den Auftrag, sich bei jedem einzelnen Kriterium die Frage zu stellen, was diese Aussage des Standardkriteriums für unsere Patientengruppe bedeutet. Das heißt, es muss konkret überlegt werden, was beispielsweise „zu Beginn des pflegerischen Auftrages“ für die jeweilige Pflegeeinheit bedeutet. In einem Pflegeheim ist der Zeitraum des „Beginns“ vielleicht weiter gefasst als in einem Krankenhaus. So könnte in einem Krankenhaus die Konkretisierung lauten: „innerhalb der ersten vier Stunden“ und in einem Pflegeheim „innerhalb der ersten 24 Stunden“. Diese Entscheidung muss jedoch jede Projektgruppe selbst treffen, dafür gibt es keine allgemeingültigen Regeln. Bei der Konkretisierung der Standardkriterien ist darauf zu achten, dass das Niveau der Pflegequalität der Originalversion nicht unterschritten wird und die Kernaussagen nicht verfälscht und verändert werden. Bleiben die Aussagen prinzipiell erhalten, ist ein Vergleich der Auditergebnisse innerhalb des eigenen Hauses und mit anderen Unternehmen möglich. Vom DNQP wird empfohlen, immer dann eine Konkretisierung der Standardkriterien vorzunehmen, wenn besondere Gegebenheiten oder Prozessabläufe einer Pflegeeinheit bezogen auf die Zielgruppe berücksichtigt werden müssen. Hierzu gehören z. B. die Festlegung von Zuständigkeiten oder die Beschreibungen von bestimmten zeitlichen Abläufen und Vorgehensweisen (DNQP 2007b).

Im Rahmen der Anpassung des Expertenstandards an die Patientengruppe kann es immer mal wieder zu der Situation kommen, dass ein Standardkriterium für „zu schwierig" erachtet wird. Da läge es menschlich betrachtet nah zu sagen, das Kriterium wird einfach weggelassen. Das geht allerdings nicht. Steht man vor solch einer Situation, spricht gerade diese Sachlage für eine „echte" Qualitätsentwicklung. Denn was steckt dahinter? Stellt man fest, ein Standardkriterium wird nicht erfüllt und erscheint auch schwierig in der Umsetzung, heißt das doch (meist), dass dieses Qualitätsniveau derzeit nicht für die Patienten existiert. Folglich tragen gerade diese Anpassungen der Standardkriterien zu einer Qualitätsverbesserung für die Patienten bei, auch wenn – oder gerade weil – die Umsetzung mitunter sehr anspruchsvoll ist.

Hierzu ein Beispiel: Stellt man bei der Anpassung des Expertenstandards an die Zielgruppe fest, dass es derzeit in der Pflegeeinheit kein Angebot von nicht-medikamentösen Maßnahmen für die Patienten gibt, weil man keine „Zeit" hat, so läge es nah zu sagen, „diese Maßnahmen führen wir nicht ein, wann sollen wir das denn noch machen". Eine solche Entscheidung stünde einer Qualitätsentwicklung entgegen, so würde ein niedrigeres Qualitätsniveau weiter festgeschrieben. Hier muss man wachsam sein und sich überlegen, wie eine Verbesserung der bisherigen Situation erreicht werden kann.

2.6.3 Einführung und Anwendung des Expertenstandards

Hat man die Standardkriterien an die speziellen Bedürfnisse der Patienten angepasst, geht es in der dritten Phase um die Einführung und Anwendung des Standards in der Pflegeeinheit. Um alle Beteiligten über diesen nächsten Schritt zu informieren, empfiehlt sich eine zweite Kick-off-Veranstaltung. Dann wissen alle, dass jetzt die Einführung des Expertenstandards beginnt, was manchmal auch mit neuen oder veränderten Formularen zur Dokumentation einhergeht. All die Inhalte, die bis dahin in der Projektgruppe erarbeitet wurden, werden jetzt in der Pflegepraxis angewendet. Die Projektleiter haben besonders in dieser Phase die Aufgabe, die Pflegenden auf der Station zu begleiten und mit ihnen gemeinsam die neuen bzw. veränderten Prozesse praktisch umzusetzen. Damit verbunden sind auch Rückmeldungen seitens der Projektleitung an die Pflegenden. Jetzt nimmt die Begleitung der Pflegenden einen zentralen Stellenwert ein. In

dieser Phase werden auch immer wieder Inhalte und neu eingeführte Veränderungen diskutiert und mitunter in Frage gestellt. Diese Phase ist sehr kreativ, weil die Inhalte, die die Projektgruppe in der Phase zuvor erarbeitet hat, nun in der Praxis ausprobiert werden und zur Anwendung kommen (DNQP 2007b).
Bisweilen bedarf es an der einen oder anderen Stelle in der Anwendung mit den Pflegenden intensiver Überzeugungsarbeit. Es ist eine Illusion zu glauben, alle Pflegenden wären rundum begeistert von der modellhaften Implementierung; immerhin bedeutet es oftmals, gewohnte Prozesse aufzugeben und neue – ungewohnte – Prozesse in den Pflegealltag zu integrieren. Das stößt nicht immer auf offene Ohren, aber meist gelingt diese Überzeugungsarbeit recht gut.

2.6.4 Datenerhebung mit standardisiertem Auditinstrument

Die vierte Phase beinhaltet das Audit. Dies ist ein standardisiertes Instrument, das vom DNQP in Zusammenarbeit mit den Projektleitungen der Unternehmen auf der Grundlage eines Konzepts für jeden Expertenstandard entwickelt und erarbeitet wird. Anhand des Audits wird überprüft, inwieweit die Standardkriterien in der Pflegepraxis implementiert wurden, damit wird der sogenannte Zielerreichungsgrad gemessen. Dieser sollte mindestens bei 70 % liegen. Das Audit sollte von den Projektbeauftragten durchgeführt werden, die natürlich möglichst nicht ein Mitglied des Teams sind, um keine Selbstbewertung der eigenen Arbeit vorzunehmen.
Bevor das Audit durchgeführt wird, sollten alle Beteiligten darüber informiert werden, alle sollten das Auditinstrument kennen und selbst in den „Händen gehalten" haben. So schafft man Transparenz; jeder soll und kann wissen, welche Daten erhoben werden, damit die Angst vor Kontrolle gar nicht erst aufkommt. Jedes Standardkriterium wird mit dem Audit überprüft, dazu werden drei unterschiedliche Datenquellen genutzt, um umfangreiche Ergebnisse der Arbeit zu bekommen. Neben der Pflegedokumentation werden die Pflegenden und die Patienten/Bewohner sowie ggf. ihre Angehörigen befragt. Die Fragen können mit „ja" oder „nein" beantwortet werden. Trifft ein Kriterium für einen Patienten/Bewohner nicht zu, wird für diese Frage ein „Na" (nicht anwendbar) dokumentiert. Das bedeutet, diese Frage wird für den Patienten/Bewohner aus der Bewertung herausgenommen. In das Audit sollten möglichst 40 Patienten/Bewohner einbezogen werden, so hat man eine Stichprobengröße, die für die Pflegeeinheit aussagekräftig ist.

3 Schmerzmanagement

Nun beginnt der praktische Teil des Buchs, d. h. es werden die einzelnen Entscheidungsschritte und Vorgehensweisen beschrieben, die eine Implementierung des Expertenstandards möglich machen. Dabei ist es unerheblich, ob die Pflegeeinheit, auf welcher der Expertenstandard eingeführt werden soll, an der modellhaften Implementierung des DNQP teilnimmt oder in Eigenarbeit den Standard einführt. Die letztgenannte Variante ist sicher die am häufigsten vorkommende, da pro Expertenstandard nur 20–25 Einrichtungen an der modellhaften Implementierung teilnehmen. Die Vorgehensweise bei der Implementierung richtet sich grundsätzlich nach dem 5. Verfahrensschritt und dem darin beschriebenen Phasenmodell (s. Kap 2.6). Sich daran zu halten, macht es einfacher, da es sich um eine systematische, standardisierte Vorgehensweise handelt.
Warum braucht es eigentlich ein Management für bzw. gegen die Schmerzen? Management kann mit handhaben und leiten übersetzt werden. Ziel des Schmerzmanagements ist, den „Teufelskreis des Schmerzes" zu durchbrechen.

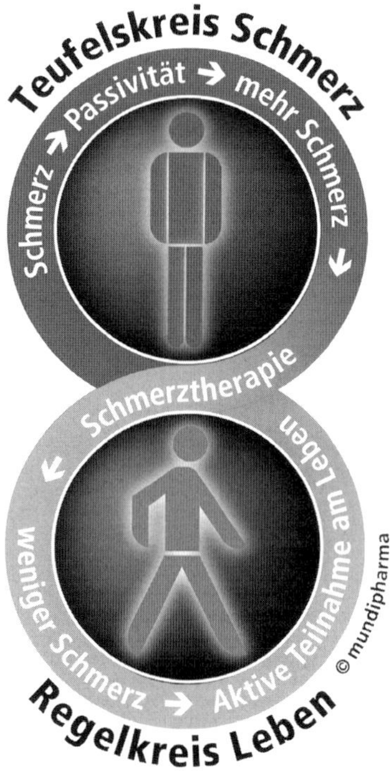

Abb. 1:
Teufelskreis Schmerz (http://www.schmerzmessen.de/schmerztherapie.html Zugriff am 30.10.2008)

Management

Auch wenn sich derzeit der Begriff „Management" in vielen Bereichen des Lebens sehr stark durchsetzt, so ist doch seine Anwendung insbesondere immer dann angebracht, wenn ein Thema erarbeitet wird, welches sehr vielschichtig ist und verschiedene inhaltliche Dimensionen umfasst. So ist die Bezeichnung Schmerzmanagement sehr treffend für das, was für den Menschen mit Schmerzen zu tun ist.

Schmerz – ein multifaktorielles Geschehen

Schmerz ist ein multifaktorielles Geschehen mit vielen Dimensionen.

Definition: Schmerz ist ein unangenehmes Sinnes- oder Gefühlserlebnis, das mit einer aktuellen oder potentiellen Gewebeschädigung einhergeht oder mit Begriffen einer solchen Schädigung beschrieben wird." (International Association for the Study of Pain).
www.dgss.org/uploads/media/Curriculum_Tumorschmerz_Datensatz_20080514.pdf

Der akute Schmerz ist für die Betroffenen anders als der chronische Schmerz. Der chronische Schmerz unterscheidet sich grob nach den beiden Ursachen tumorbedingt und nicht-tumorbedingt. Pathophysiologisch laufen Prozesse im Körper ab, die in kleinen Rezeptoren, den Nozizeptoren, beginnen und am Großhirn, zum Zeitpunkt der Schmerzwahrnehmung, noch lange nicht enden. Beinah jedes Organsystem ist bei Schmerzen betroffen und in der jeweils spezifischen Art und Weise beteiligt. Man denke nur an die erhöhte Herzfrequenz, den gesteigerten Blutdruck, das Schwitzen und den Tränenfluss, der bei vielen Menschen unweigerlich mit dem Schmerz einhergeht. Das seelische Befinden kann gleichermaßen aus dem Gleichgewicht geraten. Menschen mit Schmerzen haben mitunter Angst, sind vielleicht aggressiv oder sie ziehen sich zurück. Manche leiden unter Schlafstörungen oder schlechten Träumen. Schmerzen beeinflussen den Menschen in allen Bereichen seines Lebens und beeinträchtigen seine Lebensqualität eklatant. Somit ist eine eindimensionale Behandlung von Schmerzen – insbesondere chronischer Schmerzen – meist unzureichend und führt in der Regel nicht zu einer deutlichen Verbesserung der Situation des Betroffenen. Akute Schmerzen, die aufgrund z. B. eines Autounfalls oder eines Herzinfarkts auftreten, sind nicht mal eben nur mit Medikamenten zu behandeln, sondern benötigen ebenso das Eingreifen der verschiedenen Professionen. Um dies zielgerichtet, systematisch und auf einem festgelegten Qualitätsniveau zu tun, braucht man das SchmerzMANAGEMENT. Hier wird den Pflegenden durch den Expertenstandard eine Verantwortung übertragen, die dabei helfen soll, die vom Arzt angeordnete Schmerztherapie zu leiten und im Fall weiter existierender Schmerzen weitere Schritte zu veranlassen.

Chronische Schmerzen – die Patientenperspektive

Müller-Mundt (2008) hat in ihrer Untersuchung zum Schmerzerleben Patienten interviewt und deren Perspektive zu diesem Phänomen analysiert. Das Leben mit chronischen Schmerzen bedeutet für diese Patienten eine dauernde Konfrontation mit Begrenzungen und Ver-

lusten. Neben den körperlichen Einschränkungen wird das Erleiden von Schmerzen auf der psychischen Ebene mit erheblichen Beeinträchtigungen des Wohlbefindens verbunden. Chronische Schmerzen binden die Aufmerksamkeit der betroffenen Person, rufen existenzielle Ängste hervor sowie Gefühle von Ohnmacht und Hilflosigkeit. Für die Betroffenen droht die Gefahr des Rollen- und Statusverlusts sowohl im privaten wie im beruflichen Leben. Für diese Menschen liegt die immense Herausforderung in der Bewältigung ihrer Situation. Dies liegt am komplexen Erleben und Erleiden der chronischen Schmerzen sowie den vielen Begleiterscheinungen und Folgeproblemen, die auf die Menschen zukommen.
Die interviewten Patienten haben darauf hingewiesen, wie wichtig es für sie ist, dass sich die Ärzte und Pflegenden ihres Leidens und ihrer Person „als Ganzes“ annehmen (Müller-Mundt 2008, S. 39). Das subjektive Empfinden, die Probleme, Ängste und Vorlieben der Patienten sollen von Pflegenden und Ärzten wahrgenommen und auf sie eingegangen werden. Es soll gemeinsam nach einem Weg gesucht werden, das Leiden und die eingeschränkte Lebensqualität zu lindern. Dies sei in diesem Gesundheitssystem schwierig, jeder Akteur kümmere sich nur um sein Teilproblem, und das Ganze des Menschen würde nicht gesehen (Müller-Mundt 2008).

3.1 Ziel des Schmerzmanagements

Der Expertenstandard Schmerzmanagement beschreibt den pflegerischen Beitrag zum Schmerzmanagement. Insbesondere soll die Schmerzwahrnehmung der Pflegenden gefördert und verbessert werden, um die Zeit vom Auftreten der Schmerzen bis zur Linderung für den Patienten deutlich zu verkürzen. Den Patienten soll unnötiges Leid erspart und einer Chronifizierung der Schmerzen soll vorgebeugt werden. Die generelle Standardaussage lautet:

> **Definition:** „Jeder Patient/Betroffene mit akuten oder tumorbedingten chronischen Schmerzen sowie zu erwartenden Schmerzen erhält ein angemessenes Schmerzmanagement, das dem Entstehen von Schmerzen vorbeugt, sie auf ein erträgliches Maß reduziert oder beseitigt“ (DNQP 2005, S. 25).

Aufgabe der Pflegenden

Die Pflegenden haben in erster Linie die Aufgabe, die Frühzeichen der Schmerzen zu erkennen und adäquate Therapien – die von den Ärzten angeordnet werden – einzuholen, durchzuführen und zu koordinieren. Ziel der Schmerztherapie ist bei akuten Schmerzen die Schmerzfreiheit und bei chronischen Schmerzen die umfassende Schmerzlinderung für die Patienten.
Patienten mit chronischen nicht-tumorbedingten Schmerzen sind in diesem Standard bewusst nicht als Zielgruppe angesprochen worden. Die Standardaussagen hätten letztendlich aufgrund der Unter-

schiede im Schmerzmanagement zu allgemein formuliert werden müssen, und somit wäre dann keine konkrete Orientierung für die Pflegepraxis mehr möglich gewesen. Aus diesem Grund ist ein weiterer Expertenstandard zum Schmerzmanagement bei chronischen nicht-malignen Schmerzen geplant (DNQP 2005).

Angehörige der Schmerzpatienten

In den Standardkriterien zum Schmerzmanagement werden, wie in allen Expertenstandards, die Angehörigen des Patienten (selbstverständlich nur mit seiner Zustimmung) miteinbezogen. Die Angehörigen (gemeint sind immer die wichtigen Personen für einen Menschen, unabhängig vom Verwandtschafts- oder Bekanntschaftsgrad) gehören zum Leben des Menschen dazu und sind oftmals sehr stark in die Schmerzsituation involviert. Somit benötigen sie gleichermaßen Beratung und Informationen zu dem Thema, manchmal mehr als der Patient selbst (DNQP 2005). Angehörige sind manchmal auch eher in der Lage, die komplexen Sachverhalte zu erfassen, wenn z. B. der Patient sich selbst in einer extremen Schmerzsituation befindet. Wenn es die Situation zulässt, sollte es immer ermöglicht werden, die Angehörigen einzubeziehen.

Gründe für die Einführung eines Schmerzmanagements

Jedes Unternehmen im Gesundheitswesen muss sich die Frage stellen, ob ein Schmerzmanagement bereits fest etabliert ist oder ob eine Einführung und Umsetzung (dringend) notwendig ist.
In den meisten Unternehmen ist es das Ziel, das Schmerzmanagement auf dem Qualitätsniveau des Expertenstandards einzuführen. Selbstverständlich werden auch vor einer solchen Einführung schmerztherapeutische Maßnahmen für die Patienten ergriffen, aber von der Einführung des Expertenstandards verspricht man sich, die ärztlichen und pflegerischen Strukturen deutlich systematischer zu vernetzen. Eine Standardisierung der Schmerztherapie sollte erreicht werden, um Therapiebrüche am Wochenende oder in der Nacht zu verhindern. Die Pflegenden sollen einen vorgegebenen Handlungsspielraum in der Schmerztherapie bekommen. Welches Analgetikum soll bei Patient S. direkt nach einer Operation gegeben werden? Was ist zu tun, wenn dieses Medikament nicht zu einer Schmerzfreiheit führt? Die Bedarfsmedikation muss konkret formuliert und angeordnet werden. „Bei Bedarf: Medikament XY" ohne weitere Spezifizierung („Bedarfsdefinition", Dosierung, Zeit) sollte nicht mehr auf dem Anordnungsbogen erscheinen. Die Schmerzerfassung sollte systematisch und objektiv mit speziellen Schmerzskalen (je nach Patientengruppe) langfristig im gesamten Unternehmen erfolgen.
Die Pflegenden des Klinikums in Dortmund haben sich auch aus den oben aufgeführten Gründen entschieden, mit einer chirurgischen Station an der modellhaften Implementierung des Expertenstandards Schmerzmanagements beim DNQP teilzunehmen (Besendorfer 2005).

Unterversorgung von Schmerzpatienten entgegenwirken

Ist die Schmerzbehandlung für die Betroffenen unzureichend, kann das Auswirkungen auf deren Lebensqualität und Gesundheit haben. Wenn die derzeitigen Erkenntnisse der modernen Schmerztherapie konsequent umgesetzt würden, könnten vielen Menschen insbesondere starke Schmerzen erspart bleiben. Oftmals führt das vollständige Fehlen bzw. eine inadäquate Verabreichung von Schmerzmedikamenten zu einer Unterversorgung der Patienten.

> **Merke:** „Trotz zahlreicher Anstrengungen in den letzten Jahren, die perioperative und posttraumatische Akutschmerztherapie zu verbessern, ist diese nach wie vor unzureichend; es liegt eine eklatante Unter- und Fehlversorgungssituation vor." „Studien konnten zeigen, dass Patienten zu 50 bis 70 % gerade wegen Schmerzen die Ambulanz einer Klinik aufsuchen" (AWMF 2007, S. 1).

Der Anteil der Patienten, die mit mittelstarken bis starken Schmerzen keine Analgetika erhalten, wird in den verschiedenen Studien mit 21 bis 43 % angegeben. Die Gründe dafür sind vielfältig, meist verbergen sich dahinter in erster Linie mangelndes Wissen und falsche Überzeugungen seitens der Pflegenden, der Ärzte und auch seitens der Patienten. Die Zurückhaltung bei der Gabe von Medikamenten, insbesondere von Opiaten, wird häufig mit der Sorge begründet, die Patienten könnten eine Medikamentenabhängigkeit entwickeln. Diese Sorge haben die Patienten selbst natürlich auch. In einer weiteren Studie wurde beschrieben, dass bei 353 untersuchten Patienten insgesamt weniger als ein Viertel der angeordneten Medikamentendosis verabreicht wurde. Bei den Betroffenen selbst existieren verschiedene Gründe, die zu einer Zurückhaltung bei der Medikamenteneinnahme führen. Manche Patienten warten bis zu einem Neuauftreten der Schmerzen, bis sie sich für ein weiteres Schmerzmittel melden, andere wollen die Pflegenden nicht bei der Arbeit stören. Die Schmerzerwartung seitens der Patienten darf ebenfalls nicht unterschätzt werden. Patienten, die operiert werden, gehen davon aus, dass die Schmerzen zur Operation dazu gehören und erwarten erst gar keine adäquate Schmerztherapie. Ein weiteres Problem ist die oftmals fehlende systematische Einschätzung der Schmerzintensität mit der dazugehörenden Dokumentation, anhand derer die Effektivität der Schmerztherapie gemessen werden kann (Strohbücker 2005).

Insgesamt ist das Spektrum der Gründe für die Einführung eines Schmerzmanagements durchaus vielfältig und betrifft viele unterschiedliche Ebenen. Einen großen Teil der hier aufgeführten Probleme kann man mit Wissen und Informationen ausräumen. Voraussetzung dafür ist aber, dass sich alle Beteiligten auf diese Inhalte einlassen und ggf. auch ihre Haltung und Einstellung ändern.

3.2 Patientenbefragung

Patienten zu speziellen Themen zu befragen ist sehr sinnvoll, nur so erfährt man, welche Erfahrung oder Meinung sie dazu Themen haben. Patienten können entweder offen mittels eines Interviews befragt werden, welches man im Anschluss analysiert, oder man

befragt Patienten mit standardisierten Fragebögen, die dann ausgewertet werden. Fragebögen haben meist den Vorteil, viele Patienten auf einmal befragen zu können, offene Interviews dagegen werden meist nur bei wenigen Patienten durchgeführt. Diese wiederum haben den ungemeinen Vorteil, sehr viel mehr von dem Patienten zu einem bestimmten Thema in Erfahrung zu bringen, als das mit Fragebögen möglich ist. Jede Methode hat ihre Vor- und Nachteile, letztendlich entscheidet aber die Fragestellung, welche Vorgehensweise zur Beantwortung zu wählen ist. Im Klinikum Dortmund haben uns Antworten auf Fragestellungen interessiert, die sich mit standardisierten Fragebögen seitens der Patienten beantworten lassen. Bei einer Patientenbefragung ist u. a. folgender zentraler Aspekt von Bedeutung: Befragt man die Patienten noch während ihres Krankenhausaufenthalts, kann es sein, dass sie nicht immer offen und ehrlich die Antworten geben, die sie z. B. geben würden, wenn sie schon zu Hause wären. Man nennt dies das Phänomen der sozialen Erwünschtheit. Dies beschreibt die Tendenz, seine Verhaltens- und Meinungsäußerungen an die Wünsche und Erwartungen der Umwelt anzupassen, auch wenn diese im Widerspruch zu seinen wahren Überzeugungen stehen (Fuchs-Heinritz et al. 1995). Grund für ein solches Phänomen könnte sein, dass der Patient negative Folgen befürchtet, wenn er sich in seinem Fragebogen über die Therapie und Pflege beklagt. Auch wenn der Fragebogen anonymisiert ist, befürchten manche Patienten Nachteile, weil sie denken, der Fragebogen könnte ihnen zugeordnet werden. Die Möglichkeit einer Verzerrung besteht auch, wenn Patienten im Anschluss an ihren Krankenhausaufenthalt befragt werden, allerdings nicht so sehr wie während des Aufenthalts. Letztendlich geht es nicht um eine „Wahrheit", sondern eher darum, welche Meinung die Patienten zu dem Thema verinnerlicht haben.
Im Klinikum Dortmund wurde die Befragung der Patienten während des Klinikaufenthalts durchgeführt, um deren Meinung zeitnah zum Aufenthalt zu ermitteln. Darüber hinaus gab es Patientenbefragungen im Rahmen des Klinikführers Rhein-Ruhr (Klinikführer 2007).

Audit Expertenstandard

Wie schon erwähnt, dient das Audit eines jeden Expertenstandards zur Ermittlung des Zielerreichungsgrades der einzelnen Standardkriterien. Zur Beantwortung der verschiedenen Items sind auch Fragen an den Patienten bzw. seine Angehörigen zu stellen. So kann überprüft werden, ob die Inhalte der Standardkriterien auch beim Patienten „angekommen" sind und ob die schriftliche Dokumentation mit dem, was die Patienten zum Thema Schmerz sagen, übereinstimmen.

Ergebnisse der Patientenbefragungen

Die Ergebnisse des Audits der chirurgischen Station im Klinikum Dortmund, die an der modellhaften Implementierung des Expertenstandards teilgenommen hat, waren im Jahr 2004 beeindruckend und gut. Die Patienten waren mit dem Ergebnis, keine bzw. nur geringe Schmerzen nach der Operation gehabt zu haben, sehr zufrieden. Dies ist primär auf die systematische Schmerzerfassung, Schmerzdokumentation und die bereits präoperative Anordnung des spezifischen Schmerzschemas zurückzuführen (Besendorfer 2005).

Im Rahmen der Patientenbefragung des Klinikführers Rhein-Ruhr 2005 gab es von Patienten aus einigen Klinikbereichen klare Aussagen, dass an dem Schmerzmanagement weiter zu arbeiten und dieses weiter zu entwickeln sei, weil sie mit ihrer Schmerzsituation nicht immer zufrieden waren. Aufgrund dieser Rückmeldungen und der zuvor gut gelungenen Etablierung des Expertenstandards Schmerzmanagement auf der chirurgischen Station wurde seitens der Geschäftsführung beschlossen, das Schmerzmanagement im gesamten Klinikum einzuführen. Drei Monate nach Projektbeginn wurde die klinikinterne Patientenbefragung durchgeführt, die ein relativ gutes Ergebnis zeigte, was natürlich noch nicht kausal auf das Projekt zurückzuführen war. Eher wird es etwas mit der „Sensibilisierung" der Mitarbeiter für dieses Thema im Klinikum zu tun haben. Es war ja nicht so, dass keine Schmerztherapie stattgefunden hat, nur gab es bis dahin kein systematisches Schmerzmanagement und es waren noch nicht klinikspezifische standardisierte Schmerzschemata in Form von Algorithmen[6] für alle Klinikbereiche erstellt und etabliert. Inzwischen liegen weitere Ergebnisse der Patientenbefragung aus dem Klinikführer Rhein-Ruhr 2007 vor. Sie zeigen aus Sicht der Patienten für einige Klinikbereiche positive Veränderungen im Schmerzmanagement. Die Ergebnisse deuten aber auch darauf hin, dass in anderen Klinikbereichen noch weiter an der Etablierung des Schmerzmanagements gearbeitet werden muss, weil die Patienten dort weniger zufrieden mit den Ergebnissen waren. Im Benchmark mit den anderen Kliniken im Ruhrgebiet und bundesweit wurden die Ergebnisse des Klinikums insgesamt im Bereich des Schmerzmanagements durchaus positiv bewertet.

3.3 Konkrete Voraussetzungen zur praktischen Einführung und Implementierung des Expertenstandards in einer Klinik/ Abteilung

Bevor man in einer Pflegeeinheit, Abteilung oder in einem ambulanten Pflegedienst den Expertenstandard Schmerzmanagement einführt und umsetzt, müssen bestimmte Voraussetzungen erfüllt werden. Speziell bei diesem Thema ist die multiprofessionelle Zustimmung zur Implementierung des Expertenstandards unumgängliche Voraussetzung. Sollte in einer Pflegeeinheit nur die Berufsgruppe der Pflege für die Implementierung sein, sind wahrscheinlich kontroverse Diskussionen, insbesondere mit den ärztlichen Mitarbeitern, vorprogrammiert. Die Erfahrung hat gezeigt, dass die Haltung der Ärzte diesem Standard gegenüber von zustimmend über skeptisch bis hin zu vollkommen ablehnend reichen kann: Bei diesem Thema gibt es Ärzte, die mitunter die Befürchtung haben, die Berufsgruppe der

[6] Algorithmus: systematischer Prozessablauf

Pflege würde an ihrer Stelle die Schmerztherapie übernehmen wollen. Die Schmerztherapie an sich ist unumstrittene Aufgabe der Ärzte, und an dieser Aufgabe rüttelt auch der Expertenstandard nicht.

Aufgabe der Ärzte

Schmerzmanagement ist zwar multiprofessionelle Aufgabe, die Therapieanordnung erfolgt jedoch eindeutig vonseiten der Ärzte und soll nicht von den Pflegenden übernommen werden. Die Ärzte müssen letztendlich den Erfolg der Schmerztherapie bewerten und bei fehlendem oder geringem Erfolg andere therapeutische Maßnahmen einleiten. Hierzu gehört z. B. eine Veränderung der Schmerzmedikation oder die Anordnung zusätzlicher schmerztherapeutischer Maßnahmen.

Aufgabe der Pflegenden

Die zentralen Aufgaben der Pflegenden liegen in der Wahrnehmung der Frühzeichen der Schmerzen, der Messung der Schmerzintensität sowie der Koordination und Durchführung der adäquaten – vom behandelnden Arzt angeordneten – medikamentösen Schmerztherapie. Die Durchführung der nicht-medikamentösen Schmerztherapie erfolgt in Absprache mit dem behandelnden Arzt.

Zusammenarbeit mit anderen Berufsgruppen

Die Zusammenarbeit mit den anderen Berufsgruppen, wie beispielsweise Psychologen und Physiotherapeuten, ist in der Regel eher unproblematisch. Offenbar sind die Aufgaben und Zuständigkeiten klarer, und es existieren hier deutlich weniger Bedenken, die eine Berufsgruppe könnte einer anderen einen Auftrag bzw. die Therapiehoheit wegnehmen.

Voraussetzungen schaffen

Was ist also zu tun, um die Voraussetzungen für die Implementierung des Expertenstandards Schmerzmanagement zu schaffen?
Meist sind die Pflegenden die Initiatoren bei der Umsetzung, weil sie etwas „für" bzw. gegen die Schmerzsituation der Patienten oder Bewohner tun wollen. Aber auch, weil sie etwas für sich selbst tun wollen. Oft müssen Pflegende hinter den Ärzten her telefonieren, um eine Anordnung von Schmerzmedikamenten zu bekommen, sei es, weil die Ärzte im OP, in den Funktionsabteilungen sind oder gerade ihre Sprechstunde abhalten. Bereitschaftsdienste in Krankenhäusern bergen zusätzlich die Gefahr der Therapiebrüche, weil die diensthabenden Ärzte nicht immer die primär behandelnden Ärzte der Patienten sind. So kann es im Bereitschaftsdienst zu einer Medikamentenumstellung kommen, die für den Patienten nachteilig ist, weil die zuvor verordnete Therapie genau die richtige war. Solche Situationen sind für alle Beteiligten unbefriedigend, in erster Linie für Patienten. Dieser Prozess ist umständlich und aus Patientensicht nicht von besonders guter Qualität. Oftmals dauert es auf diesem Weg auch länger, bis die Patienten ihre Schmerzmedikamente bekommen. Führt man das Schmerzmanagement ein, sind diese Prozesse systematisch durchdacht, einfacher und von besserer Qualität.
Das Pflegemanagement (Stations-/Wohnbereichsleitung, Pflegedienstleitung), ggf. die Leitung des Unternehmens und die verantwortlichen Ärzte müssen in gemeinsamen Gesprächen die Einführung des Schmerzmanagements besprechen und beschließen. Alle Beteiligten müssen verantwortliche Personen benennen, die sich mit der Implementierung befassen werden und die sich verpflichtet

fühlen, die vier Phasen des Phasenmodells gemeinsam umzusetzen. Die Erfahrung hat gezeigt, wie vorteilhaft es im Krankenhaus ist, Ärzte aus zwei Fachdisziplinen für die Projektgruppe zu benennen, einen Arzt aus dem jeweiligen Fachgebiet (z. B. Chirurgie, Geriatrie) und einen weiteren Arzt aus der Anästhesie. Anästhesisten haben a priori ein schmerztherapeutisches Interesse. Gemeinsam können sich die Disziplinen hervorragend ergänzen, und jeder kann sein spezifisches Wissen zur Schmerztherapie einbringen.
In stationären Pflegeeinrichtungen und ambulanten Pflegediensten ist die Beteiligung der Anästhesisten tendenziell eher unwahrscheinlich, es sei denn, ein niedergelassener Schmerztherapeut betreut die Bewohner/Patienten. Hier bietet es sich an, den Arzt für das Projekt zu begeistern, der entweder die Bewohner/Kunden mit besonderer Schmerzproblematik betreut, oder denjenigen für das Projekt zu gewinnen, der die meisten Personen in dem Unternehmen als Patienten hat.

Merke: In jedem Fall sollen die betreuenden Ärzte für die Einführung des Schmerzmanagements gewonnen werden, gelingt das nicht, ist der Alleingang der Pflegenden aller Voraussicht nach zum Scheitern verurteilt.

Versuchen die Pflegenden das Schmerzmanagement alleine umzusetzen, fehlt an einer ganz entscheidenden Stelle des Schmerzmanagements – der Schmerztherapie – die Unterstützung der Ärzte. In so einem Fall hilft nur „kompetente Penetranz“. Es sollte immer wieder das Gespräch gesucht werden, um letztendlich mit der sinnhaften Zielsetzung dieses Themas überzeugen zu können. Manchmal ist das bedauerlicherweise ein mühsames Unterfangen. Sind aber schlussendlich alle von der Arbeit überzeugt, verspricht diese sehr erfolgreich zu werden.

3.4 Auswahl der (Modell-)Pflegeeinheit

Die Auswahl der Pflegeeinheit, auf der das Schmerzmanagement eingeführt werden soll, ist meist relativ einfach. Wie zuvor schon beschrieben, sind es meist die Pflegenden selbst, die den Anstoß dazu geben, eben begründet aus den (zu verbessernden) Situationen, die sich bis dahin für die Patienten darstellen. Daraufhin muss das Gespräch mit den Verantwortlichen aller Berufsgruppen geführt werden. In diesem Gespräch müssen die leitenden Pflegenden, die leitenden Ärzte und die Geschäftsführung oder Betriebsleitung (je nach Organisationsstruktur des Unternehmens) anwesend sein. Der gemeinsame Konsens für die Einführung des Schmerzmanagements ist wichtig.

Auswahl der Pflegeeinheit

Sind alle Beteiligten einverstanden, sollte noch Folgendes beachtet werden:

- Die Pflegeeinheit sollte in der Zeit der Einführung keine anderen Projekte durchführen oder planen.

- Die Personalsituation sollte nicht aufgrund vorhersehbarer Rahmenbedingungen besonders schwierig sein (z. B. Stationsleitung zum Leitungskurs, geplanter Umzug der Abteilung, Konzeptarbeit zu einem anderen Thema, langzeitkranke Mitarbeiter).
- Die Leitung der Pflegeeinheit hat zwar immer die Verantwortung für die Umsetzung solcher Projekte, wichtig ist aber, dass ein oder zwei Pflegende zur Projektgruppe gehören, weil sie eine Art Multiplikatorenaufgabe wahrnehmen und die Ergebnisse der Projektgruppe in die Pflegeeinheit zu tragen haben.
- Zu klären ist, wie mit anfallenden Überstunden bzw. Mehrarbeit umgegangen wird.

Sind alle Voraussetzungen geschaffen und zeigen sich keine absehbaren Schwierigkeiten in den Rahmenbedingungen, braucht es im Prinzip keine weiteren Bedingungen, die zur Auswahl der Pflegeeinheit führen. Die leitenden Pflegenden (Stations-/Wohnbereichsleitungen) der Pflegeeinheit sind meist diejenigen, die eine Einführung des Schmerzmanagements forcieren. Ihre Aufgabe ist es natürlich auch, die eigenen Mitarbeiter der Pflege ebenfalls von dieser Arbeit zu überzeugen. Auch im Pflegeteam gilt es hier und da Widerstände zu überwinden. Bei manchen Pflegenden ist der Widerstand gar nicht themenbezogen, sondern Neuerungen und Veränderungen an sich sind für manche Menschen schon ein Hindernis, weil Gewohntes und somit Bekanntes aufgegeben werden muss. Gelingt es, das Hindernis durch Überzeugungsarbeit zu überwinden, hat man einen wichtigen Schritt getan. Bleibt der eine oder andere „Unüberzeugte" im Team, so muss er dennoch die Prozessveränderung mittragen – auch wenn es schwer fallen mag. Spätestens bei dem Punkt Dokumentation wird es im Team der noch so motivierten Pflegeeinheit wahrscheinlich zu Diskussionen kommen (s. Kap. 4.3.1.8).

3.5 Projektauftrag/Projektleitung

Sowohl bei der modellhaften Implementierung im Rahmen des DNQP als auch bei der Implementierung des Expertenstandards ohne DNQP-Beteiligung ist der offizielle Projektauftrag von der Unternehmensleitung auszusprechen und schriftlich zu formulieren. Dieser Schritt ist wichtig, damit im Unternehmen und insbesondere in der Pflegeeinheit, die sich mit der Umsetzung beschäftigen wird, die Relevanz und die Nachhaltigkeit des Projekts klar und präsent sind.
Als Projektleitung sollte eine Person aus dem Unternehmen ausgewählt werden, die keine Leitungsfunktion bzw. Vorgesetztenposition innerhalb des Teams der Pflegeeinheit einnimmt. Das hat den Vorteil, dass die Projektleitung überwiegend beratende und nicht „kontrollierende" Funktion hat. Auf dieser Ebene lassen sich inhaltliche Konzepte meist effektiver und seitens der Mitarbeiter „angstfreier" erarbeiten und umsetzen. Dennoch ist für die Projektleitung eine enge Anbindung an das Pflegemanagement notwendig, um in Situa-

tionen, die Veränderungen für das Team nach sich ziehen, Entscheidungen treffen zu können.

Projektleitung

Die Projektleitung sollte eine Person sein, der die Pflegepraxis bekannt ist. Sie sollte möglichst über ein Studium aus dem Pflegebereich verfügen, in dem die pflegewissenschaftlichen und methodischen Inhalte einen hohen Stellenwert eingenommen haben. Ferner sollte die Projektleitung Methoden der Qualitätsentwicklung und des Qualitätsmanagements kennen. Erfahrungen im Bereich des Projektmanagements bilden eine Basis, die außerordentlich zur Verbesserung der Projektarbeit beitragen kann. Die sogenannten „softskills", wie eine verständliche Sprache, die Fähigkeit, Praxis und Theorie vernetzen zu können, sowie die Akzeptanz bei den Pflegenden sind Fertigkeiten, die es der Projektleitung in der täglichen Arbeit zusätzlich etwas einfacher machen. Meist sind diese Mitarbeiter in den Unternehmen z. B. Inhaber von Stabstellen des Qualitätsmanagements, der Pflegedirektion oder der Betriebsleitung.
Einem Mitarbeiter des Unternehmens die Projektleitung zu übertragen, der keine der o. g. Voraussetzungen erfüllt, ist anspruchsvoll, aber nicht unmöglich. Dennoch sollte diese Person die Fähigkeit besitzen, systematisch und analytisch zu arbeiten, um die methodischen Verfahrensschritte bei der Umsetzung des Expertenstandards zu verstehen und die Ansprüche der modellhaften Implementierung zu erfüllen.

Fachkenntnisse für Projektleitung nötig?

Eine Frage stellt sich immer wieder: Sollte die Projektleitung fachliche Expertise zum Expertenstandard haben, in diesem Fall konkret zum Thema Schmerz? Hier gilt, wenn die fachliche Expertise vorhanden ist, wird es an manchen Stellen in der Moderation einfacher sein, aber dies ist keine zwingende Voraussetzung. Die inhaltlichen Fachkenntnisse sind meist in den Unternehmen bei bestimmten Personen vorhanden, und diese Personen sollten dann in die Projektgruppe einbezogen oder zu Fortbildungsveranstaltungen eingeladen werden. Für die Projektleitung selbst ist die methodische Expertise wichtiger als die inhaltliche.
Ausgesprochen positiv wirkt sich die Benennung von zwei Projektleitungen aus, eine pflegerische und eine ärztliche. Wenn die Möglichkeit im Unternehmen besteht, sollte der ärztliche Projektleiter ein Anästhesist sein. Bei der Erarbeitung der Schmerzschemata können dann die jeweiligen Kenntnisse der Disziplinen, z. B. der Chirurgie und der Anästhesie, zusammengetragen werden. Die Erfahrungen mit einer derartigen Konstellation sind äußerst positiv, und sie kann daher nur empfohlen werden. Der inhaltliche Diskurs zwischen den Disziplinen führt auf dieser Ebene zu sehr konstruktiven und effektiven Ergebnissen.
Führt man den Expertenstandard im Rahmen der modellhaften Implementierung des DNQP in dem Unternehmen ein, so tragen die Projektleitergruppensitzungen beim DNQP auch dazu bei, die methodischen Vorgehensweisen zur Einführung des Expertenstandards gemeinsam zu besprechen und zu diskutieren. Des Weiteren kommt es unter den Projektleitungen meist zu einem sehr konstruktiven Austausch, und im Rahmen der Netzwerkidee können Vorgehensweisen und Erarbeitungen untereinander ausgetauscht werden.

4 Der Expertenstandard auf dem Weg zum interdisziplinären Schmerzmanagement

Im Folgenden werden die konkreten Inhalte beschrieben, die es umzusetzen gilt. Diese beziehen sich auf das bereits oben beschriebene Phasenmodell des DNQP. Zunächst folgen jedoch Hinweise, z. B. welche Fortbildungen mit welchen Inhalten angeboten werden sollen, welches Messinstrument am besten für welche Patientengruppe benutzt werden sollte, welche Möglichkeiten der medikamentösen und nicht-medikamentösen Schmerztherapien es gibt.

Der Expertenstandard Schmerzmanagement ist kein isoliertes Instrument, mit dem die Pflegenden eine Verbesserung der Schmerzsituation der Patienten erreichen, sondern er zielt auf die inhaltliche Integration der Arbeit der verschiedenen Berufsgruppen ab. Bevor das Schmerzmanagement in einem ganzen Unternehmen eingeführt wird, sollte immer erst die Einführung auf einer kleineren Organisationseinheit erfolgen, eben einer Pflegeeinheit. Dies dient dazu, erste Erfahrungen zu sammeln, Inhalte für eine kleine Patienten- und Mitarbeitergruppe zu erarbeiten und ggf. Ergebnisse, die eine Korrektur der Arbeit notwendig machen, schneller wieder verändern zu können. Dennoch sind die vier Phasen des Modells identisch, unabhängig von einer großen, „weiten" oder einer überschaubaren begrenzten Einführung.

4.1 Zeitplan

Der offizielle Implementierungszeitrahmen für die vier Phasen des Phasenmodells beträgt sechs Monate. Wie schon erwähnt, sollte dieser Zeitplan möglichst eingehalten bzw. eine Dauer von maximal neun Monaten nicht überschritten werden. Dieser Zeitrahmen gilt für die Implementierung auf einer, maximal auf zwei Pflegeeinheiten. Wird ein Projektteam beauftragt, das interdisziplinäre Schmerzmanagement im gesamten Unternehmen einzuführen, sollte man mindestens 2 Jahre für dieses Projekt veranschlagen.
Zunächst wird ein Zeitplan über sechs Monate für eine Pflegeeinheit eines Unternehmens aufgestellt.

Zur Vorbereitung gehören: Vorbereitung

- Auswahl der Pflegeeinheit mit dem entsprechenden Auftrag aus der Unternehmensleitung.
- Benennung der Projektgruppenmitglieder.
- Ein erstes Projektgruppentreffen, indem die bis dahin zur Verfügung stehenden Unterlagen an alle verteilt werden (Expertenstan-

dard in seiner aktuellen Fassung, Formulare und Dokumente, Assessmentinstrumente zur Einschätzung der Schmerzintensität usw.). Führt man den Expertenstandard das erste Mal in einem Unternehmen ein, stehen diese Unterlagen noch nicht alle zur Verfügung. Hat man aber bereits eine Einführung z. B. in der Chirurgie vorgenommen und führt das Schmerzmanagement als nächstes z. B. in der Gynäkologie ein, sollte man die bereits erarbeiteten Inhalte immer zur Verfügung stellen. Hier gilt, das Rad nicht jedes Mal neu zu erfinden, das spart Ressourcen. Dennoch soll natürlich jede Pflegeeinheit neu überlegen, ob sie die Inhalte so übernehmen will oder ob es zielgruppenspezifische Gründe gibt, vielleicht eine Veränderung vorzunehmen.

- Festlegen der Projektgruppentermine für den gesamten Zeitraum (mindestens alle zwei Wochen für 1,5 Stunden).
- Vorgehensweise für die Informationsweitergabe erstens an die Projektgruppe und zweitens an die übrigen Mitarbeiter der Pflegeeinheit. Hier empfiehlt sich mindestens der E-Mail-Verteiler, noch besser ist es, wenn alle Informationen im Intranet auf einer speziell dafür eingerichteten Seite eingestellt werden können. Das hat den entscheidenden Vorteil, dass nicht nur die Mitarbeiter der Pflegeeinheit informiert sind, sondern auch andere interessierte Mitarbeiter des Unternehmens einen Blick in die Arbeit werfen können. Im Intranet können von Protokollen bis zu Arbeitspapieren, Fortbildungsunterlagen usw. alle relevanten Dokumente hinterlegt werden.
- Reservierung der Räume (dies ist für viele Unternehmen eine wichtige planerische Herausforderung).

	J	F	M	A	M	J	J	A	S
Vorbereitung									
1. Phase Fortbildungen zum Expertenstandard									
2. Phase Anpassung des Expertenstandards an Anforderungen der Zielgruppe									
3. Phase Einführung und Anwendung des Expertenstandards									
4. Phase Datenerhebung mit standardisiertem Auditinstrument									
Nachbereitung									

Abb. 2: Zeitplan für eine Pflegeeinheit

Mittelgrau: Vor- und Nachbereitung
Dunkelgrau: Vorgegebene Monate für das Phasenmodell des DNQP zur Umsetzung
Hellgrau: Parallelität der Phase 1 zu Phasen 2 und 3 (d. h. die Fortbildungsphase dauert länger, als nur einen Monat)

1. Kick-off-Veranstaltung
Die 1. Kick-off-Veranstaltung sollte so früh wie möglich erfolgen. Ziel ist es, Transparenz für das Projekt zu schaffen und alle beteiligten Mitarbeiter der Pflegeeinheit darüber zu informieren. Damit vermeidet man Spekulationen, Ängste und das Kochen in der Gerüchteküche: „Man hat was mit uns vor.“

1. Kick-off-Veranstaltung

1. Phase (Fortbildungen)
Seitens des DNQP wird für diesen Schritt ein Zeitraum von vier Wochen angegeben. In der Praxis zeigt sich jedoch, dass sich die Fortbildungen meist über einen längeren Zeitraum hinziehen (deswegen zieht sich die farbige Markierung in der Abbildung 2 weiter durch). Der Grund liegt in der Organisationsstruktur der Unternehmen, in vier Wochen können nicht alle Mitarbeiter an mehreren Fortbildungsveranstaltungen teilnehmen, Urlaube und Nachtdienste verhindern dies in aller Regel. Dennoch sollten die Fortbildungsinhalte in den ersten vier Wochen geplant, Referenten benannt und angefragt werden, anschließend kann der Fortbildungsplan aufgestellt und allen zur Verfügung gestellt werden. Die Organisation der Teilnahme der einzelnen Mitarbeiter erfolgt meist durch die Leitung der Pflegeeinheit, sie kann dann entsprechende Berücksichtigungen im Dienstplan vornehmen.

1. Phase

2. Phase (Anpassung des Expertenstandards)
In den Projektgruppensitzungen steht in dieser Zeit die Konkretisierung der einzelnen Standardkriterien im Vordergrund.

2. Phase

3. Phase (Einführung und Anwendung)
Die erarbeiteten Inhalte aus den Projektgruppensitzungen werden nun in die Pflegepraxis gebracht und kommen bei den Patienten/Bewohnern zur Anwendung. In dieser Phase steht nicht mehr so sehr die theoretische „Denkarbeit“ der Projektgruppe im Vordergrund, sondern die Begleitung und Unterstützung der Pflegenden in der Pflegeeinheit.

3. Phase

4. Phase (Audit)
Die Aufgabe des Audits obliegt in der Regel der Projektleitung. Dies gilt zumindest dann, wenn es sich um eine Pflegeeinheit handelt. Wird der Expertenstandard jedoch auf mehreren Pflegeeinheiten zeitgleich eingeführt, muss das Audit mit mehreren Personen durchgeführt werden, den sog. Multiplikatoren. Wie dies zu organisieren ist, wird im Kapitel 4.5 beschrieben.

4. Phase

4.2 Auswahl und Angebote der Themen für Fortbildungen

Welche Fortbildungen von welchen Referenten anzubieten sind, entscheidet einerseits die Projektgruppe, am besten in Absprache mit den Beteiligten der Pflegeeinheit. Andererseits gibt der Expertenstandard unter dem Strukturkriterium bereits zentrale Inhalte vor, die mit hoher Wahrscheinlichkeit zu vermitteln sind, weil sie entweder noch nicht bekannt sind oder weil sich die beteiligten Personen schon lange nicht mehr mit dem Thema beschäftigt haben.

Fortbildungsthemen

Die Modelleinrichtungen, die mit dem DNQP den Expertenstandard im Jahr 2004 eingeführt haben, boten zu folgenden Themen Fortbildungen an, nachdem sie in den jeweiligen Unternehmen den Fortbildungsbedarf abgefragt haben:

- Assessmentinstrumente/Einschätzungsverfahren,
- Physiologie des Schmerzes,
- medikamentöse Schmerzbehandlung,
- nicht-medikamentöse Schmerzbehandlung,
- Beratung und Schulung,
- Standardentstehung,
- Verfahrensregelung (Schmerzschema)/Dokumentation (DNQP 2005, S. 129–132).

Folgende Inhalte sind darüber hinaus für die Fortbildungen unbedingt zu empfehlen:

- Psychologische Behandlung,
- physiotherapeutische Behandlung.

Bevor diese Themen in Fortbildungsveranstaltungen vermittelt werden, muss ein ganz zentraler Leitgedanke be- und angesprochen werden, nämlich die

- Haltung gegenüber den Menschen mit Schmerzen.

Referenten für die Fortbildung

Neben der inhaltlichen Auswahl für die Fortbildungen ist gut zu überlegen, wer zu diesen Themen referieren kann. Wie schon zuvor erwähnt, ist davon auszugehen, dass in Krankenhäusern Mitarbeiter tätig sind, die viele der genannten Themen vortragen können. Hier gilt natürlich auch zu überlegen, wer den Inhalt vortragen bzw. ihn auch noch didaktisch gut vermitteln kann. Es sollten alle Möglichkeiten des eigenen Unternehmens genutzt werden, sei es, dass Pflegende, Ärzte, Pädagogen aus den Ausbildungs- und Weiterbildungsstätten, Psychologen, Physiotherapeuten und Pflegemanager usw. zur Durchführung der Fortbildung angefragt werden. Auch die Projektgruppenmitglieder können Fortbildungen anbieten, die Projektleitung ist ebenfalls gefragt, beispielsweise für das Thema Assessmentinstrumente und Dokumentation. Stehen für bestimmte Themen keine Referenten zur Verfügung, muss auch mal ein externer Referent beauftragt werden. Bei der Suche nach einem geeigneten Referent kann auch beim DNQP nachgefragt werden, oder man wendet sich an eines der Unternehmen, die bei der modellhaften Implementierung beteiligt waren (sie sind auf der Homepage des DNQP mit Ansprechpartner aufgelistet). Die ehemaligen Projektverantwortlichen kennen sicher den einen oder anderen guten Referenten.

Organisation der Fortbildung

Sind die Themen und die Referenten für die Fortbildung festgelegt, geht es als nächstes darum, die Fortbildungen zu planen und in einen zeitlichen Rahmen zu setzen. Es ist dringend zu empfehlen, jede Fortbildung mindestens zweimal anzubieten. Führt man das Schmerz-

management in einem großen Krankenhaus ein, kann es bisweilen notwendig sein, die gleiche Fortbildung bis zu zehnmal anzubieten (wenn ein Raum für 100–150 Personen zur Verfügung steht) – eine Herausforderung für die Referenten und Stations- und Abteilungsleitungen. Bei einer einmaligen Veranstaltung zu einem Thema ist die Teilnahme aller Mitarbeiter nicht möglich, weil diejenigen, die in der Zeit arbeiten, die frei haben oder im Nachtdienst sind, nicht teilnehmen können. Praktikabel, aber für die Teilnehmer auch sehr anstrengend, ist es, die Fortbildung im Anschluss an den Frühdienst anzubieten. Das hat die Vorteile, dass die Mitarbeiter aus dem Frühdienst teilnehmen können, vielleicht sogar noch eine Person aus dem Spätdienst, und niemand eine zusätzliche Fahrt zum Arbeitsplatz auf sich nehmen muss (ausgenommen der Mitarbeiter, die an einem freien Tag an der Fortbildung teilnehmen). Die Fortbildungsdauer sollte aber in einem solchen Fall höchstens zwei Stunden betragen, 90 Minuten wären sinnvoller. Will man die Anzahl der Teilnehmer aus dem ärztlichen und den übrigen therapeutischen Bereichen erhöhen, gelingt dies meist nur, wenn die Fortbildungen frühestens ab 16:00 Uhr stattfinden. Um dieses Ziel zu erreichen, können die Fortbildungen zu zwei verschiedenen Zeitpunkten angeboten werden, eine nach dem Frühdienst und eine nach 16:00 Uhr. Eine weitere Möglichkeit besteht darin, an einem ganzen Tag alle Fortbildungen anzubieten. Dies ist zwar für die Dienst- und die Fortbildungsplanung meist deutlich anspruchsvoller, aber es hat auch seine Vorteile. Solch ein Tag muss selbstverständlich auch mehrmals angeboten werden, und das bedeutet somit einen noch höheren Organisationsaufwand als Stundenveranstaltungen. Diese Vorgehensweise hat aber den außerordentlichen Vorteil, das gesamte Thema „Schmerz“ kompakt an einem Tag zu unterrichten, dies erhöht oftmals bei den Teilnehmern die Aufmerksamkeit und fördert somit die Intensität und die Nachhaltigkeit der Fortbildungen.
Manchmal werden auch Stationsbesprechungen genutzt, um Themen bzw. spezielle Inhalte kurz und knapp zu besprechen. Auch diese thematische Auseinandersetzung kann als Fortbildung bzw. Fortentwicklung bewertet werden. Es muss nicht immer eine große Veranstaltung über mehr als eine Stunde sein, auch die kleinen systematischen Gespräche können sehr zur Fortbildung eines jeden Mitarbeiters beitragen.

Teilnahme an den Fortbildungen

Die Teilnahme aller Beteiligten der Pflegeeinheit, in der das Schmerzmanagement eingeführt werden soll, ist eine Verpflichtung. Hier muss geklärt werden, inwieweit die Teilnahme an den Fortbildungen vom Management tatsächlich als „Pflicht“ deklariert wird. Die Erfahrung zeigt die Sinnhaftigkeit einer solchen Vorgehensweise, um das Wissen auch tatsächlich breit zu streuen. Entsprechend ist gleichzeitig der Umgang mit den anfallenden Überstunden bzw. Mehrarbeiten zu klären. Allen Beteiligten muss klar sein, dass ein solches Projekt nicht ohne Überstunden zu realisieren ist. In der heutigen Zeit mitunter ein schwieriges Unterfangen, aber bei der Arbeitssituation im Gesundheitswesen ist eine solche Aufgabe nicht während der regulären Arbeitszeit der Pflegenden und der Ärzte der Pflegeeinheit zu leisten.

Neben den Mitarbeitern, die in der Pflegeeinheit arbeiten, in der das Schmerzmanagement eingeführt wird, sollten die Fortbildungen aber auch für alle anderen Interessierten des Unternehmens angeboten und geöffnet werden. Meist ist es so, dass das Schmerzmanagement letztendlich im gesamten Unternehmen eingeführt werden soll. Dann hätte es einen großen Vorteil, wenn bereits viele Mitarbeiter aus den anderen Pflegeeinheiten an den Fortbildungen teilgenommen haben. Zum einen spart es Ressourcen der Referenten, und zum anderen ist das Wissen zum Thema Schmerz dann schon bei vielen präsent und es kann gut darauf aufgebaut werden. Die Veranstaltungen sollten für alle gut einsehbar angekündigt werden, hier empfiehlt sich wieder ein E-Mailverteiler oder das Intranet. Die Fortbildung für alle Mitarbeiter eines Unternehmens zu öffnen, ist unbedingt bei externen Referenten wahrzunehmen. Ist erst einmal ein wichtiger Referent zu einem Thema aus dem Bereich Schmerzmanagement gefunden, sollten möglichst viele Mitarbeiter an einer solchen Fortbildung teilnehmen. So kann sowohl der inhaltliche und als auch der ökonomische Nutzen einer solchen Fortbildung voll ausgeschöpft werden, da ein externer Referent meist nicht nur ein höheres Honorar bekommt, sondern mitunter auch über einen gewissen Bekanntheitsgrad verfügt, der die Attraktivität einer solchen Veranstaltung steigert.

4.2.1 Diskussion/Fortbildung: Haltung und Einstellung zum Schmerz

Haltung der Professionellen zum Schmerz

Bevor sich in Fortbildungen den Themen mit klaren und fest umrissenen Inhalten zugewandt wird, müssen sich alle Beteiligten, die mit Menschen mit Schmerzen umgehen, zunächst einmal mit ihrer eigenen Haltung zu diesem Thema auseinandersetzen. Der bereits eingangs zitierte Satz von McCaffery et al. (1997, S. 12) hat ganz zentrale Bedeutung und kann nicht oft genug wiederholt werden.

> **Merke:** „Schmerz ist das, was der Betroffene über die Schmerzen mitteilt, sie sind vorhanden, wenn der Patient mit Schmerzen sagt, dass er Schmerzen hat."

Ein Satz, der nur allzu einfach klingt, den mit Sicherheit jeder Mensch beim Lesen bestätigt – aber in der Praxis oder auch im täglichen Leben sieht es bedauerlicherweise bei vielen Professionellen, die Menschen mit Schmerzen behandeln und pflegen, immer noch ganz anders aus. Hier sind einige Zitate, die leider nicht die Haltung widerspiegeln, die für das Schmerzmanagement so wichtig sind:

Zitate aus der Praxis

- Sie haben doch gerade erst etwas gegen Schmerzen bekommen.
- Es tut nur kurz weh, es ist gleich vorbei.
- So schlimm ist es doch nun wirklich nicht.
- Das kann doch gar nicht sein, dass es so weh tut.
- Wir geben gleich mal ein Placebo, sie hat schon so viel bekommen, ich glaube, sie simuliert.

- Mehr bekommen Sie aber nicht.
- Wenn wir zu viele Opiate geben, wird er abhängig.

Hinter diesen Zitaten verbergen sich Haltungen und Einstellungen, die bei der Realisierung eines kompetenten Schmerzmanagements absolut unangemessen sind. In erster Linie sind sie davon geprägt, den Menschen mit seinen Schmerzen nicht ernst zu nehmen. Es wird die eigene Bewertung zu Schmerzen und zum Aushalten von Schmerzen auf den Patienten projiziert, frei nach dem Motto: „Wenn ich das aushalte, können andere das auch aushalten." Jeder, der diese Haltung weiter beibehält und nicht verändert, wird das Schmerzmanagement nicht im Sinne der Patienten durchführen.

Merke: Niemand kann darüber entscheiden, wie stark eine andere Person einen Schmerz empfindet und ob dieser Schmerz auszuhalten ist oder nicht.

Im persönlichen Bereich würde sicher niemand eine solche Haltung akzeptieren, und so sollte es auch im Beruf sein. Der Grund für eine solche Haltung liegt unglücklicherweise oftmals im mangelnden Wissen zum Thema Schmerz und vor allem zur Schmerztherapie. Dahinter verbirgt sich häufig die Sorge um einen zu hohen Medikamentenverbrauch und der damit verbundenen Angst vor potentiellen Nebenwirkungen, wie z. B. der Atemdepression. Hier kann nur Wissen und Kompetenz Abhilfe schaffen, denn der richtige und gezielte Einsatz von potenten Schmerzmitteln führt in der Regel nicht zu solchen Nebenwirkungen. Auch die Angst vor einer Medikamentenabhängigkeit, insbesondere bei Opiaten, leiten die Pflegenden und Ärzte in ihrer Haltung: „Lieber weniger geben, dann wird der Patient auch nicht abhängig." Das kann sich bis zu solchen Absurditäten steigern, einem Patienten im Endstadium eines Pankreaskarzinoms keine Opiate zu geben, damit dieser nicht abhängig wird. Schmerztherapien dieser Art kommen in Deutschland immer noch und immer wieder vor.

Haltung der Patienten zum Schmerz

Die Erwartungshaltung der Betroffenen zum Schmerz wurde bereits angesprochen. Wenn Patienten der Meinung sind, z. B. nach einer Gallenblasenoperation sowieso Schmerzen zu haben, weil diese dazu gehören, können diese Patienten auf Informationen zum Schmerzmanagement anders reagieren, als man es zunächst erwartet. Patienten können sehr erschrocken und skeptisch darauf reagieren, wenn man ihnen präoperativ erklärt, wie die Schmerztherapie durchgeführt wird. Patienten mit dieser Einstellung denken sich z. B.: „Welche Methoden werden denn hier bei der Operation angewendet, wenn solch ein Aufwand zur postoperativen Schmerztherapie gemacht wird." Diese Reaktionen haben wir von Patienten erfahren, und es zeigt uns, in wie vielen Bereichen, insbesondere zu den Schmerzmedikamenten, zu den negativen Begleiterscheinungen der Schmerzen und zur Wirkung von Medikamenten auch die Patienten Informationen und Beratung brauchen. Gerade die Angst vor Abhängigkeit führt zur zurückhaltenden Einnahme von Medikamenten und somit zur unzureichenden Schmerzbehandlung.

4.2.2 Fortbildung: Assessmentinstrumente/ Einschätzungsverfahren

Der Schmerz ist ein Phänomen, worüber nur die Person, die dieses Phänomen empfindet, etwas sagen kann. Schmerz kann im Gegensatz zum Blutdruck oder zu Laborparametern nicht objektiv mit einem „Messgerät“ gemessen werden. Man kann bei den Menschen, die Schmerzen haben, Verhaltensweisen und Äußerungen erkennen, die darauf hindeuten, dass Schmerzen vorliegen könnten. Die Körpersprache kann Hinweise auf Schmerzen geben. Manche Menschen verhalten sich besonders ruhig oder schützen schmerzhafte Körperteile. Weinen, zusammengebissene Zähne, Schwitzen und Röte im Gesicht können weitere beobachtbare Zeichen für das Vorliegen von Schmerzen sein. Ob es tatsächlich so ist, kann ein jeder nur selbst sagen. Darum ist bei der Schmerzmessung, wann immer es geht, die Selbsteinschätzung durch den Betroffenen vorzunehmen. In der Regel sind Kinder ab dem sog. „Gameboy-Alter“[7] in der Lage, zu ihrem Schmerz Auskunft zu geben, und Erwachsene können das allgemein bis ins hohe Alter. Sind Menschen in einer Lebenslage, in der sie zu einer Selbsteinschätzung nicht (mehr) in der Lage sind (z. B. Demenz, Wahrnehmungsbeeinträchtigungen), dann kann die Selbsteinschätzung natürlich nicht mehr durchgeführt werden. In solch einer Situation muss die Fremdeinschätzung durch andere – in der Regel durch die Pflegenden – vorgenommen werden. Für die Selbst- und die Fremdeinschätzung gibt es verschiedene Assessmentinstrumente[8] bzw. Einschätzungsverfahren. Zu diesem Themenkomplex müssen Fortbildungsveranstaltungen angeboten werden. Einerseits geht es darum, die Bedeutung der Assessmentinstrumente darzulegen, und anderseits muss entschieden werden, welches Assessment für welche Patientengruppe genutzt werden soll. Wenn die Auswahl getroffen ist, müssen die Pflegenden im Umgang mit dem Instrument geschult werden, damit alle möglichst einheitlich damit umgehen. Die Assessmentinstrumente, die zur Einschätzung des Schmerzes genutzt werden, erfassen nur eine Dimension des Schmerzes, nämlich die Schmerzintensität. Weitere Faktoren, die das Schmerzgeschehen beeinflussen, sind die Schmerzqualität, der zeitliche Verlauf des Schmerzes sowie die Lokalisation. Bei der Schmerzersteinschätzung, die die Basis eines jeden Schmerzmanagements darstellt, werden auch die verstärkenden und lindernden Faktoren identifiziert und die Auswirkungen auf das Alltagsleben erfragt (Strohbücker 2005).

Empfehlung: In den Fortbildungen sollte auch die Diskussion angestoßen werden, inwieweit die Schmerzeinschätzung von den Pflegenden bzw. auch von den Patienten beeinflusst werden kann. Seitens der Patienten kommt es vor, dass sie sich nicht zu

[7] Game-Boy Alter: Das Alter, ab dem ein Kind in der Lage ist, mit einem Game-Boy oder ähnlichem Gerät umzugehen. Wann das ist, hängt von der individuellen Entwicklung eines jeden Kindes ab.

[8] Assessmentinstrumente werden auch als Skalen bezeichnet.

ihren Schmerzen äußern wollen, sei es, weil sie niemanden damit belästigen wollen oder weil sie vielleicht Angst davor haben, hinter den Schmerzen könnte sich eine Verschlechterung ihrer Krankheit verbergen. Bei den Pflegenden können die eigene Haltung und die eigenen Werte beeinflussend auf den Patienten wirken, z. B. „ein bisschen weh tut es immer".

Was sind Assessmentinstrumente?

Zum Thema Assessment gibt es keine eindeutige und allgemeingültige Definition. Assessment wird in der Regel mit beobachten, einschätzen, bewerten übersetzt. In der Pflegepraxis unterstützen die Assessmentinstrumente eine objektivere Einschätzung eines konkreten Sachverhalts (z. B. die Schmerzintensität oder das Dekubitusrisiko). Anhand von konkreten Vorgaben werden die Beobachtungen systematisch objektiviert. Die Fachexpertise eines jeden einzelnen Anwenders fließt aber immer in die Bewertung mit ein. Mit Hilfe von Assessmentinstrumenten will man die subjektive Meinung jedes Einzelnen weitestgehend ausschließen. Ob jemand Schmerzen hat oder nicht, hängt eben nicht von der Meinung einer Person ab, sondern von der möglichst objektiven Einschätzung mit Hilfe eines standardisierten Instruments; dies gilt sowohl für die Selbst- als auch für die Fremdeinschätzung.
Bartholomeyczik (2007) stellt dar, dass Assessmentinstrumente nicht nur eine reine Datensammlung darstellen, sondern immer auch eine Beurteilung der erhobenen Daten enthalten.

Definition: Ist von standardisierten Instrumenten die Rede, „ist ein thematisch begrenzter und feststehender Komplex an Items mit feststehenden Antwortmöglichkeiten gemeint, die zur Auswertung in Zahlen umgesetzt werden" (Bartholomeyczik 2007, S. 212).

Die Ergebnisse solcher Auswertungen bedingen Handlungen, die aufgrund der Ergebnisse notwendig werden. Hat jemand Schmerzen, wird die Schmerztherapie eingeleitet, hat eine Person ein Dekubitusrisiko, wird die Dekubitusprophylaxe notwendig, Gleiches gilt für bestehende Sturzgefahr usw.

Gründe für Assessmentinstrumente

In den Fortbildungen kommt immer wieder die Debatte zu der Frage auf: „Warum brauchen wir das denn, man sieht doch, ob der Patient Schmerzen hat oder nicht." Es ist wahrscheinlich immer wieder das gleiche Phänomen, etwas Neues ist fremd und es wird primär vorausgesetzt, dass sich mit dem Neuen Mehrarbeit und ein höherer Aufwand verbinden – aber mit neuen Assessmentinstrumenten ist oftmals auch eine Arbeitserleichterung verbunden. Gleichzeitig geht in vielen Unternehmen mit der Einführung eines Assessmentinstruments die gleichzeitige Einführung eines neuen Formulars bzw. die Änderung der Dokumentation einher, sei es in der Papier- oder in der EDV-Version. Und beim Thema Dokumentation entfachen sich derzeit sowohl im ärztlichen als auch im pflegerischen Dienst oftmals heftige Diskussionen. Immer wieder wird die Frage aufgeworfen:

„Und wann sollen wir ‚am Patienten' arbeiten, für die Dokumentation haben wir keine Zeit." Diese Diskussion wird mit hoher Wahrscheinlichkeit auch in diesen Fortbildungen geführt. Hier liegt die Kunst darin, die Diskussion zuzulassen und dennoch nicht das Ziel aus dem Auge zu verlieren, ein Einschätzungsverfahren und die Dokumentation der eingeschätzten Ergebnisse einzuführen. Denn nur durch die systematische Einschätzung der Schmerzintensität und der Dokumentation der Ergebnisse kann das Schmerzmanagement im Sinne der Betroffenen durchgeführt werden. Das ist die Grundlage für das weitere pflegerische und medizinische Handeln. Nachfolgend ist eine Auswahl von Gründen für die Anwendung von Assessmentinstrumenten aufgeführt:

- Systematisches Erfassen der Situation – weitestgehend unabhängig von der Subjektivität der anwendenden Person.
- Unterstützung der Pflegenden bei einer sachgerechten sowie frühzeitigen Risikoerkennung.
- Verlaufskontrolle.
- Begründung von Handlungen bei gleichzeitig vermindertem Schreibaufwand.
- Vergleichbarkeit und Verlaufsbeschreibungen sind bei gleichzeitig einfacher Dokumentation möglich.
- Kommunizierbarkeit der gemessenen Ergebnisse.
- Unvollständigkeit und „Vergessen" kann verhindert werden.

Auswahl des Assessmentinstruments

In der Fortbildung sollte den Teilnehmern eine Auswahl an Assessmentinstrumenten zur Schmerzeinschätzung vorgestellt werden. Wichtig ist, den Schwerpunkt auf die Selbsteinschätzungsinstrumente zu legen. Auch wenn die Patienten selbst Auskunft geben können, benötigt man standardisierte Assessmentinstrumente, denn auch subjektive Aussagen der Patienten führen nicht zum gewünschten Ziel, den Schmerz möglichst objektiv und systematisch einschätzen zu können. Aussagen wie: „Es tut schrecklich weh", „Ich halte es nicht aus", „Es geht so grade" und „Gestern ging es, heute aber nicht" helfen in der Einschätzung nicht, weil sie nicht vergleichbar sind und somit keine Verlaufsbeobachtung der Schmerzintensität ermöglichen. So bald und so lange es geht, sollen die Menschen mit Schmerzen ihre Schmerzintensität selbst einschätzen. Nur wenn das nicht möglich ist, soll die Fremdeinschätzung erfolgen, aber auch dann nur mit standardisierten Assessmentinstrumenten (eine Auswahl der verschiedenen Assessmentinstrumente werden in Kapitel 4.3 vorgestellt). Studienergebnisse haben gezeigt, dass die Fremdeinschätzung meist zu einer Unterbewertung der Schmerzintensität führt (Strohbücker 2005), ein ganz deutliches Argument für die Selbsteinschätzung durch den Betroffenen. Die Auswahl des Assessments muss zielgruppenspezifisch erfolgen. Das bedeutet, es ist zu überlegen, welche Patienten- bzw. Bewohnergruppe in der Pflegeeinheit überwiegend betreut wird, und dementsprechend wird ein Instrument ausgewählt, das man bei den meisten Patienten anwenden wird. Es sollte unbedingt vermieden werden, eine große Auswahl an Assessmentinstrumenten auf der Pflegeeinheit vorzuhalten, das ist nicht zielführend und bringt eher ein großes Durcheinander.

> **Warnung:** In keinem Fall „dürfen" bei einem Patienten mehrere Assessmentinstrumente zur Erfassung der Schmerzintensität gleichzeitig angewendet werden. Die Darstellung des Schmerzverlaufs und die Überprüfung der Schmerztherapie wären dann nicht vergleichbar.

Die Verwendung eines systematischen Schmerzassessments bringt allerdings in erster Linie Vorteile für den Betroffenen:

- Dem Betroffenen wird die Gelegenheit gegeben, seinen Schmerz zum Ausdruck zu bringen.
- Es wird dem Betroffenen gegenüber Interesse an seinem Schmerz bekundet, was ganz zentral mit Wertschätzung zu tun hat.
- Der Betroffene bekommt im Schmerzmanagement selbst eine aktive Rolle übertragen (nämlich seinen Schmerz selbst zu messen).
- Es existiert ein Nachweis für die Wirksamkeit oder die Unwirksamkeit der Schmerztherapie (inkl. der Nebenwirkungen und der Komplikationen), in dem die Werte dokumentiert werden (Carr, Mann 2002, S. 52–53).

Zeitpunkt der Schmerzeinschätzung

Wie alle anderen Parameter ist auch die Schmerzersteinschätzung ein zentraler Bestandteil des Aufnahmegesprächs bzw. der Pflegeanamnese. Unabhängig davon, aus welchem Grund Patienten in einem Krankenhaus behandelt werden, gehört die Frage nach Schmerzen zum Anfang eines jeden pflegerischen Auftrags. Gleiches gilt für die stationären Pflegeeinrichtungen und ambulanten Pflegedienste. Zu Schmerzen muss ein jeder befragt werden, um frühzeitig zu erkennen, ob dieses Problem vorhanden ist und wie es behandelt wird bzw. werden kann. Schmerzen, die nicht benannt wurden, können auch nicht behandelt werden. Patienten, die z. B. vor einer Operation oder einem diagnostischen Verfahren keine Schmerzen haben, müssen auch erst dann wieder zu dem Thema befragt werden, wenn ein solcher Eingriff vorgenommen wurde bzw. wenn eine Maßnahme erfolgen wird, die möglicherweise Schmerzen zur Folge hat.
Bei Patienten mit chronischen Schmerzen nimmt die Schmerzersteinschätzung einen zentralen Stellenwert ein. Bei einer solchen Schmerzersteinschätzung geht es darum, den Umfang und die Auswirkungen des Schmerzes von chronischen Schmerzpatienten zu erfassen. Menschen, die unter chronischen Schmerzen leiden, haben bisweilen viel Erfahrung und viel „Kompetenz" zu ihrem Schmerz, sie wissen meist besser, was ihnen hilft und was nicht. Diese Kenntnisse müssen unbedingt in die Behandlung mit einfließen, und deswegen muss man sie vorher von dem Menschen mit Schmerzen erfragen.

4.2.3 Fortbildung: Physiologie des Schmerzes

Inhalte zur Physiologie des Schmerzes werden der Erfahrung nach am besten zusammenfassend und prägnant dargestellt. Es ist zunächst zu unterstellen, dass alle Beteiligten mindestens in ihren Ausbildungen

und während des Studiums diese Inhalte gehört und gelernt haben. Dieses Thema hat in der Regel wiederholenden Charakter, sollte aber dennoch nicht entfallen. In diesem Zusammenhang ist es wichtig, die Unterschiede zwischen akuten und chronischen Schmerzen deutlich herauszuarbeiten. Es sollten unbedingt die Übergänge von akuten zu chronischen Schmerzen besprochen werden. Die Beteiligten müssen wissen, dass bei bestimmten Erkrankungen, z. B. dem Herpes Zoster, die effektive wirksame Schmerztherapie ganz entscheidend ist. Erhalten diese Patienten in der akuten Phase keine ausreichende Schmerztherapie, dann ist die Gefahr sehr groß, dass sie chronische Schmerzen bekommen werden. Bei dieser und ähnlichen Erkrankungen ist die Gefahr deutlich größer als bei anderen akuten Schmerzsituationen. Natürlich ist die Schmerztherapie bei allen schmerzhaften Erkrankungen wichtig, dennoch gibt es Erkrankungen, bei denen mit deutlich größerer Aufmerksamkeit auf eine effektive Schmerztherapie zu achten ist, um einer Chronifizierung vorzubeugen.
Darüber hinaus sollten die verschiedenen Schmerzformen angesprochen werden:

- Nozizeptive Schmerzen:
  Diese Schmerzform entsteht in der Peripherie und wird in somatischen (Haut, Muskel, Knochen usw.) und viszeralen (Eingeweide) Schmerz unterteilt.
- Neuropathischer Schmerz:
  Nervenschäden führen zu einer pathologischen Reizverarbeitung und somit zum Schmerz.
- Somatoforme Schmerzstörung:
  Manchen Menschen haben über Jahre stärkste chronische Schmerzen, ohne dass eine körperliche Ursache zu finden ist. Bei Schmerzformen dieser Art ist eine Psychotherapie unbedingt erforderlich (Menche 2007).

4.2.4 Fortbildung: Medikamentöse Schmerztherapie nach dem Stufenschema der WHO

Dieser Fortbildungsbereich sollte von Ärzten durchgeführt werden, denn die Auswahl der Medikamente für die Schmerztherapie ist deren Zuständigkeitsbereich, ggf. kann ein Apotheker hinzugezogen werden, der den pharmakologischen Teil unterstützen kann. Es sollte darauf geachtet werden, dass bei der Fortbildung nur die Medikamente besprochen werden, die in der Pflegeeinheit auch tatsächlich angewendet, am häufigsten zur Schmerztherapie verordnet und die in die Schmerzschemata der einzelnen Abteilungen/Pflegeeinheiten eingearbeitet werden – es macht keinen Sinn, eine pharmakologische Abhandlung aller gängigen Schmerzmedikamente zu präsentieren. Hierbei muss man intensiv auf die Wirkungen, Nebenwirkungen (inkl. prophylaktischer Maßnahmen), Dosierungen und Komplikationen eingehen. Die medikamentöse Schmerztherapie, sowohl für die Behandlung akuter als auch chronischer Schmerzen, basiert auf den Grundsätzen des WHO-Stufenschemas (Abb. 3).

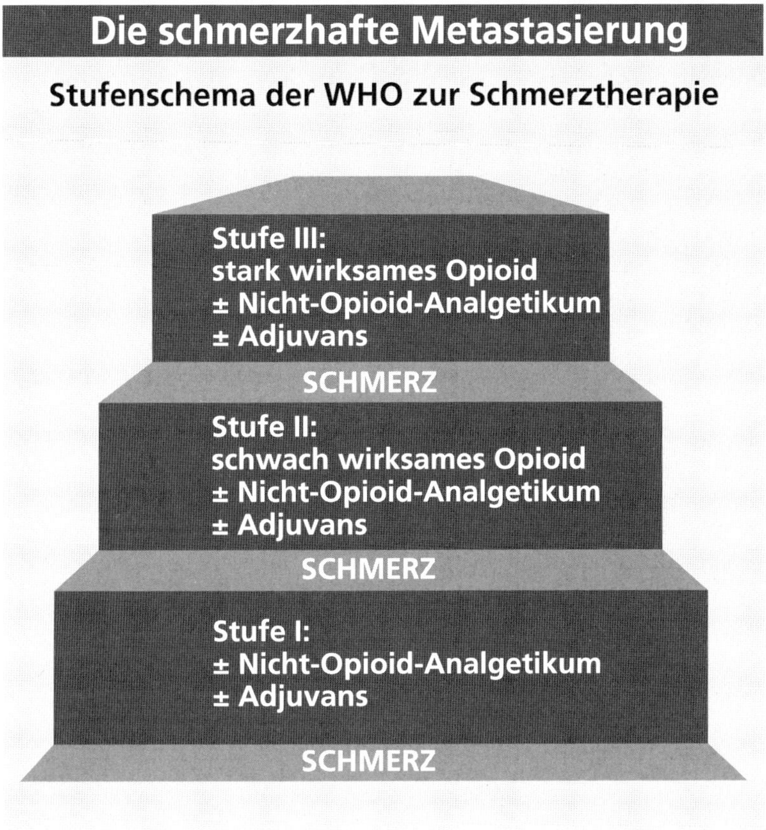

Abb. 3: Stufenschema WHO (http://www.uroonkologie.de/kongress/images/fus_08_abb_1.gif Zugriff am 1.10.2008)

WHO-Stufenschema

Die Medikamente werden nach der Schmerzintensität stufenweise angepasst. Bei leichten Schmerzen sind Nichtopioide (Stufe 1) Mittel der Wahl. Mittelstarke Schmerzen werden mit schwachen Opioiden in Kombination mit Nichtopioiden und ggf. Adjuvantien (Stufe 2) behandelt. Bei starken Schmerzen (Stufe 3) werden starke Opioide mit Nichtopioiden und auch ggf. mit Adjuvantien (zwingend bei Opiaten sind Laxantien) verordnet.

Individuelle und dennoch standardisierte Analgetikadosierung

Die Schmerztherapie richtet sich nach der vom Patienten geäußerten Schmerzintensität. Zunächst wird mit einer niedrigen Dosierung begonnen, und diese wird, wenn nötig, nach dem Bedarf des Patienten gesteigert. Eine einzige Standardtherapie für eine Klinik ist nicht sinnvoll und auch nicht möglich. Laut Leitlinien (AWMF 2007) sollte an jeder Klinik ein analgetisches Stufenschema etabliert sein, um ein schnelles, effektives und gleichzeitig sicheres Vorgehen zu ermöglichen. Die individuellen Unterschiede eines jeden einzelnen Patienten mit Schmerzen können problemlos innerhalb von standardisierten Schemata (Algorithmen, Verfahrensanweisungen) berücksichtigt werden. Das Auftreten von Schmerzspitzen muss unbedingt vermieden werden, da mittlere bis starke Schmerzen über einen längeren Zeitraum zur Chronifizierung von Schmerzen führen können. Darüber hinaus liegt in einer unregelmäßigen Gabe von Opio-

iden bei bestehenden hohen Schmerzintensitäten das potentielle Problem der Entwicklung einer psychischen Abhängigkeit (s. Kap. 4.3.2.3).
Die WHO empfiehlt:

- Wenn möglich eine nicht-invasive, möglichst orale Therapie,
- eine (Dauer-)Therapie nach festem Zeitplan,
- die Therapie nach dem Stufenschema,
- individuell abgestimmt auf den Patienten.

Je länger der Patient eine orale Therapie bekommen kann, desto unabhängiger ist er von anderen Personen. Dieser Zustand sollte so lange wie möglich erhalten bleiben. Die Einnahmezeiten müssen vorgegeben, d. h. von den Ärzten angeordnet sein, um der Entstehung von Schmerzspitzen vorzubeugen (Arzneimittelkommission der Deutsche Ärzteschaft 2007). Wer nach den Prinzipien der WHO behandelt, ordnet „Bedarfsmedikation" konkret mit Dosierung, Zeit und Applikationsform an. Die Anordnung: „Novalgin® bei Bedarf" ist mit diesen Prinzipien nicht vereinbar und hat somit auf den Verordnungs- und Anordnungsbögen keine Berechtigung. Bedarfsmedikation muss schriftlich wie folgt angeordnet werden: „Schmerzen > 3/10: 0,2 mg Temgesic® slg., max. 8-stdl."
Ziel ist es, alle theoretischen Kenntnisse und Vorgaben der WHO zu den Medikamenten in einem Schmerzschema zu verbinden. Anschließend wird dies in standardisierter Form in eine Verfahrensregelung für klar umrissene Bereiche gebracht, die interdisziplinär umzusetzen ist. Für eine klare, visuelle Darstellung sollte das Schmerzschema immer auch einen Algorithmus enthalten, aus dem die einzelnen Prozessschritte deutlich zu entnehmen sind.

4.2.5 Fortbildung: Nicht-medikamentöse Maßnahmen

Analgetika und Adjuvantien nehmen einen ganz zentralen Stellenwert in der medikamentösen Schmerztherapie ein – wahrscheinlich den wichtigsten. Darüber hinaus existieren viele nicht-medikamentöse Verfahren, die bei der Schmerztherapie angewendet werden. Die psychologischen und physiotherapeutischen Verfahren sind durch Studien und Beobachtungen in ihrer Wirkung in einigen Bereichen – wenn auch nicht immer auf dem besten wissenschaftlichen Niveau – bestätigt (AWMF 2007). Diese Verfahren sollten auch in den Fortbildungen vermittelt werden, nicht damit die Pflegenden oder Mediziner diese Verfahren selbst anwenden, sondern damit alle Beteiligten Kenntnisse darüber besitzen, welche Verfahren bei der Schmerztherapie ineinander greifen.
Verfahren, wie z. B. Kälte- bzw. Wärmeanwendungen und die atemstimulierende Einreibung, sollten in den Fortbildungen behandelt werden. Maßnahmen, die unterstützend auf die medikamentöse Schmerztherapie einwirken, sollten dabei in den Blickpunkt gestellt werden. In den Fortbildungen sind nur die Themenbereiche schwerpunktmäßig zu behandeln, die auch in der Schmerztherapie ange-

wendet werden. Es macht keinen Sinn, lange Abhandlungen zu Massagetechniken oder Akupunkturbehandlungen anzubieten, wenn diese später nicht bei den Patienten eingesetzt werden.

Empfehlung: Es gilt vorher zu überlegen, welche nicht-medikamentösen Verfahren realistisch in der Pflegepraxis bei den Betroffenen angewendet werden; über diese wird in den Fortbildungsveranstaltungen nachhaltig referiert.

4.2.6 Fortbildung: Beratung und Schulung

Beratung und Schulung, insbesondere als pflegerische Aufgabe, nimmt einen immer größeren inhaltlichen Stellenwert in der Pflegepraxis ein. Im derzeit geltenden Krankenpflegegesetz von 2003 ist dieser Inhalt explizit verankert. Dennoch eröffnet sich hier ein Spannungsfeld zwischen Theorie und Praxis. Die gegenwärtige personelle Ausstattung im Gesundheitswesen schränkt die Erfüllung dieser Aufgabe nicht unerheblich ein. In den Fortbildungen gibt es zu diesem Themenkomplex oftmals leidenschaftliche Diskussionen mit der Fragestellung, wie diese Aufgabe in vollem Umfang zu realisieren sei. In Zeiten wie diesen heißt es oftmals, Kompromisse schließen zu müssen – so auch hier. Vielleicht bleibt es in einigen Gesprächen „nur" bei einer Information für den Patienten, aber dennoch müssen die Pflegenden wissen, welche Informationen und Schulungen die Patienten brauchen, um auch ihrerseits das Schmerzmanagement bestmöglich zu unterstützen. Strohbücker (2005) hat in ihren Recherchen dargelegt, dass die Effektivität von Patientenschulungen vor den Operationen nachgewiesen ist und diese letztendlich auch die Schmerzintensität der Patienten gesenkt haben. Patienten müssen ihre Ängste und Sorgen vor Komplikationen, Nebenwirkungen und Abhängigkeiten von Medikamenten verlieren, und dies gelingt nur, indem sie wissen, wie die Schmerztherapie funktioniert und warum sie (primär) nicht abhängig werden. Immer wieder bedarf es der Aufklärung, dass Schmerzen nicht ausgehalten werden müssen. Für Patienten mit chronischen tumorbedingten Schmerzen sollten die Schulungen intensiver gestaltet werden. Für diese Menschen spielen neben den körperlichen Faktoren auch die emotionalen und sozialen Aspekte eine große Rolle. Die Untersuchungen haben gezeigt, dass die Teilnahme der für den Patienten wichtigen Angehörigen an den Schulungen sehr hilfreich sein kann.

Themenauswahl

Folgende Themenauswahl kann für die Patientenschulung berücksichtigt werden:

- Richtigstellen von Vorbehalten (Abhängigkeit, Toleranz),
- Ermitteln von Ängsten vor Operationen,
- Informationen zum Vorgehen bzw. zum Verlauf der Operation,
- Ziele des Schmerzmanagements (Selbsteinschätzung, Schmerztherapie, Schmerzschema),
- Anleitung und Erklärung der Schmerzmessung,

- Führen eines Schmerztagebuchs,
- Hinweise zur Notwendigkeit, dem behandelnden Team die Schmerzen mitzuteilen,
- Konsequenzen und Folgen von unbehandelten Schmerzen,
- Anleitung zu nicht-medikamentösen Verfahren (DNQP 2005).

Die Themen können dem Patienten auf unterschiedliche Art und Weise nahegebracht werden. Die Vermittlung ist zum einen davon abhängig, ob es sich um Patienten mit akuten oder chronisch-tumorbedingten Schmerzen handelt, zum anderen ist sie auch von Strukturen des Unternehmens abhängig. Wie genau die Patientenschulung/-information stattfinden soll, kann einerseits in der Projektgruppe festgelegt werden, andererseits kann auch in den Fortbildungen diskutiert werden, welche Vorgehensweisen sich empfehlen. Die Fortbildung zu diesem Themenkomplex bezieht sich auf die Inhalte, die dem Patienten vorgestellt werden, und auf das Thema Beratung und Schulung als pflegerische Aufgabe. Es wäre gut, einen Referenten zu engagieren, der dieses Thema praxisnah vorstellen kann.

4.2.7 Information: Standardentstehung und Verfahrensregelung (Schmerzschema)

Zu den Themen Standardentstehung und Schmerzschema hat sich gezeigt, dass es nicht ausreicht, diese Themen nur am Rande zu erklären. Zunächst hatten wir dieses Thema nur in den Kick-off-Veranstaltungen auf den Pflegeeinheiten, die das Schmerzmanagement einführen, angesprochen und Informationen dazu vermittelt. Die Hintergründe zum Expertenstandard wurden intensiver in der Projektgruppe besprochen, und dort wird das Schmerzschema erarbeitet. (Das Schmerzschema beinhaltet die standardisierten Schmerzmedikamente und ihre Dosierung, die für eine bestimmte Patientengruppe gilt.) Im Verlauf der Einführungsphase wurde aber erkennbar, dass insgesamt zu wenig Informationen zum theoretischen Hintergrund vorhanden waren. Hier musste gegengesteuert werden, indem immer wieder erklärt wurde, was überhaupt Expertenstandards sind und wie sie entstanden sind. Ein wesentliches Ziel bei der Einführung des Schmerzmanagements ist ja die Erstellung der Schmerzschemata für die einzelnen Bereiche. Die Erarbeitung dieser Schmerzschemata liegt in den Händen der Projektgruppe, hauptverantwortlich bei den Ärzten. D. h., wenn ein Schmerzschema verfasst ist, sind alle Beteiligten darüber zu informieren, wie dessen konkrete Umsetzung aussieht. Zu diesem Zeitpunkt wird auch der bis dahin fertigzustellende Algorithmus präsentiert, der im besten Fall in einem anschaulichen Layout aushängt, damit sich alle einen schnellen und deutlichen Überblick verschaffen können. An dieser Stelle soll bereits der Hinweis erfolgen, dass die Ärzte, die nicht an der Erstellung des Schmerzschemas beteiligt waren, in die Handhabung und Umsetzung eingeführt werden müssen. Denn wenn sie nicht offiziell erfahren, was es mit dem Schmerzschema auf sich hat, ist die Gefahr groß, dass das Schmerzschema gar nicht oder nur sehr zögerlich umgesetzt wird.

4.3 Anpassung des Expertenstandards an die konkreten Bedürfnisse der Patienten in der Klinik/Abteilung

Die konkrete Aufgabe liegt jetzt darin, die einzelnen Standardkriterien so zu beschreiben, dass ihnen zu entnehmen ist, was genau zu tun ist. Zentrales Ziel ist, die Standardkriterien nicht in der Art zu verändern, dass die Qualität der einzelnen Kriterien an Niveau verliert. Wie bereits in Kapitel 2.6.2 erwähnt, wird kein Standardkriterium weggelassen, sondern alle werden bearbeitet. Ist die Formulierung in der Originalversion für die Umsetzung klar und deutlich, muss nicht zwingend eine Neuformulierung gefunden werden, dann kann die Originalversion beibehalten werden. Innerhalb der einzelnen Standardkriterien werden die in Kapitel 4.2 genannten Themen wieder aufgegriffen, diesmal werden bestimmte Inhalte, wie z. B. die Assessmentinstrumente zur Schmerzeinschätzung, genauer beschrieben, und es wird eine Auswahl an Instrumenten vorgestellt, die sich in der Praxis bewährt haben. Auch werden Hinweise erfolgen, warum das eine oder andere Instrument nicht zu empfehlen ist.

Empfehlung: Bei der Anpassung des Expertenstandards werden neue und konkrete Formulierungen erarbeitet. Damit der Expertenstandard in seiner Originalversion nicht in „Vergessenheit" gerät, sollten die Standardkriterien aus der Originalversion übernommen und die angepassten Formulierungen direkt unter die Originalversion – in einer anderen Schriftfarbe und/oder Schriftart – geschrieben werden. Dann steht dem Leser immer beides zur Verfügung: die Originalversion und die angepasste Version der Pflegeeinheit.

Tab. 2: Beispiel Standardkriterium „Original" (DNQP 2005, S. 25) und *„angepasst"*

Die Pflegefachkraft S1a – verfügt über das notwendige Wissen zur systematischen Schmerzeinschätzung. S1b – Die Einrichtung stellt zielgruppenspezifische Einschätzungs- und Dokumentationsinstrumente zur Verfügung.	Die Pflegefachkraft P1 – erhebt zu Beginn des pflegerischen Auftrages, ob der Patient/Betroffene Schmerzen oder schmerzbedingte Probleme hat. Ist dies nicht der Fall, wird die Einschätzung in individuell festzulegenden Zeitabständen wiederholt. – führt bei festgestellten Schmerzen oder schmerzbedingten Problemen eine systematische Schmerz-Ersteinschätzung mittels geeigneter Instrumente durch. – wiederholt die Einschätzung der Schmerzintensität sowie der schmerzbedingten Probleme in Ruhe und bei Belastung/Bewegung in individuell festzulegenden Zeitabständen.	E1 Eine aktuelle, systematische Schmerzeinschätzung und Verlaufskontrolle liegen vor.

Tab. 2: (Fortsetzung)

S1a[1] *Das notwendige Wissen zur systematischen Schmerzeinschätzung wird in Fortbildungen und während der praktischen Anwendung vermittelt. Als Grundlage für das Schmerzmanagement ist allen Pflegenden die Teilnahme an einem Basisseminar zum Thema Schmerz angeboten worden.* *S1b Die Schmerzintensität wird primär von allen Patienten selbst, mittels der Numerischen Rating Skala (NRS) ermittelt. Die NRS liegt in verschiedenen Sprachen vor.* *Für Patienten, die mit der NRS nicht zurecht kommen, kann die Visuelle Analog Skala (VAS) verwendet werden.* *Wahrnehmungsbeeinträchtigte Erwachsene: Die Schmerzen werden mittels eines Fremdeinschätzungsinstruments ermittelt. Hier empfiehlt sich u. a. die Skala BESD.* *Kinder:* *Kinder ab dem 4. Lebensjahr können in der Regel ihren Schmerz anhand der Smiley-Analog-Skala (SAS) selbst einschätzen. Bei Kindern von 0–4 Jahren wird der Schmerz mittels der Kindlichen Unbehagen- und Schmerzskala (KUSS) „fremd" von den Pflegenden eingeschätzt.* *Bewertung der Schmerzintensität:* *Die NRS, SAS und KUSS bewerten die Schmerzintensität mit einer Spanne von 0–10.*	***P1*** *Während des Aufnahmegesprächs (innerhalb der ersten vier Stunden nach der Ankunft des Patienten auf der Station) wird der Patient nach Schmerzen bzw. schmerzbedingten Problemen befragt.* *Hat der Patient keine Schmerzen, wird er direkt nach der Übernahme, z. B. aus dem OP, AWR, Kreißsaal oder der Intensivstation danach gefragt. Patienten, nach diagnostischen und therapeutischen Eingriffen werden direkt nach einer solchen Maßnahme nach Schmerzen befragt.* *Bestehen bei dem Patienten überhaupt keine Schmerzen und schmerzbedingten Probleme (mehr), wird er nur bei individuellen Auffälligkeiten befragt.* *Hat der Patient Schmerzen, werden diese mittels der angegebenen Instrumente in ihrer Intensität eingeschätzt. Schmerzqualität und Dauer der Schmerzen werden ebenfalls erhoben. Die ausführliche Schmerzersteinschätzung erfolgt insbesondere bei Patienten mit chronischen Schmerzen und Patienten mit einer Schmerzproblematik die zu Beginn des Klinikaufenthaltes besteht.* *Jeder Patient wird routinemäßig mindestens 1 x pro Dienst nach der Schmerzintensität und -qualität befragt. Hier wird insbesondere zwischen der Schmerzintensität in Ruhe und bei Belastung/Bewegung differenziert. Patienten mit Schmerzproblematik werden individuelle in häufigeren Zeitabständen nach ihren Schmerzen befragt.* *Alle Informationen und daraus abgeleiteten geplanten Maßnahmen werden in der Patientendokumentation schriftlich fixiert.*	***E1*** *Die Schmerzdokumentation befindet sich in jeder Patientendokumentation und zeigt die aktuelle, systematische Schmerzeinschätzung sowie deren Verlauf.* *Die Schmerzdokumentation erfolgt in der Regel im Bereich der grafischen „Kurve". Bei Patienten, die über einen Tag eine Schmerzintensität von > 6/10 haben, wird das Schmerzprotokoll verwendet.*

[1] *Das kursiv Geschriebene beschreibt konkret, was im Klinikum Dortmund unter diesem Kriterium verstanden wird.*

4.3.1 1. Standardkriterium – Schmerzeinschätzung

Tab. 3: 1. Standardkriterium – Schmerzeinschätzung (DNQP 2005, S. 25)

Die Pflegefachkraft S1a – verfügt über das notwendige Wissen zur systematischen Schmerzeinschätzung. S1b – Die Einrichtung stellt zielgruppenspezifische Einschätzungs- und Dokumentationsinstrumente zur Verfügung.	Die Pflegefachkraft P1 – erhebt zu Beginn des pflegerischen Auftrages, ob der Patient/Betroffene Schmerzen oder schmerzbedingte Probleme hat. Ist dies nicht der Fall, wird die Einschätzung in individuell festzulegenden Zeitabständen wiederholt. – führt bei festgestellten Schmerzen oder schmerzbedingten Problemen eine systematische Schmerz-Ersteinschätzung mittels geeigneter Instrumente durch. – wiederholt die Einschätzung der Schmerzintensität sowie der schmerzbedingten Probleme in Ruhe und bei Belastung/Bewegung in individuell festzulegenden Zeitabständen.	E1 Eine aktuelle, systematische Schmerzeinschätzung und Verlaufskontrolle liegen vor.

Strukturkriterium S1a und S1b

Das Strukturkriterium (S1a, S1b) ist in zwei Unterpunkte unterteilt:

1. die Wissensvermittlung zur Schmerzeinschätzung, und
2. das Vorhalten der zielgruppenspezifischen Einschätzungs- und Dokumentationsinstrumente.

Die zu vermittelnden Themen wurden bereits im Kapitel 4.2 ausführlich hinsichtlich der durchzuführenden Fortbildungsveranstaltungen besprochen.

Welches Assessmentinstrument soll eingesetzt werden?

Für die weitere Vorgehensweise muss in der Projektgruppe eine Entscheidung hinsichtlich der Frage getroffen werden, welche Assessmentinstrumente zur Schmerzintensitätseinschätzung für welche Betroffenen angeschafft und genutzt werden sollen. Dabei wird unterschieden, ob der Patient zur Selbsteinschätzung fähig ist oder ob die Schmerzintensität durch Fremdeinschätzung ermittelt muss. Es gilt zu überlegen, welche Patienten überwiegend mit einer Schmerzthematik in der Pflegeeinheit behandelt und betreut werden. Sind es eher Menschen, die kognitiv in der Lage sind, selbst Einschätzungen vorzunehmen, oder sind es Menschen, die eher dem geriatrischen Patientenkreis zuzuordnen sind und eine Selbsteinschätzung nur im geringeren Maße durchführen können? Möglicherweise sind es auch Kinder oder Intensivpflegepatienten, die in der Regel maschinell beatmet sind. Die Beantwortung dieser Frage führt zum angemessenen Assessmentinstrument für die Patientengruppe, für die das Schmerzmanagement eingeführt werden soll.

Merke: Die Assessmentinstrumente zur Einschätzung der Schmerzintensität messen nur eine Dimension des Schmerzes, nämlich die Intensität. Die anderen Dimensionen des Schmerzes wie die Schmerzqualität, der zeitliche Verlauf des Schmerzes sowie die Lokalisation müssen im Gespräch detailliert mit dem Patienten im Sinne einer Schmerzanamnese eruiert werden. Bekanntermaßen sind Schmerzen auch Warnsymptome, und ein „pochender“ Schmerz kann ein wichtiger Hinweis auf einen Entzündungsprozess sein.

Neben der Schmerzintensität muss immer auch die Frage nach der Qualität des Schmerzes gestellt werden. Ist der Schmerz z. B. stechend, dumpf, brennend, klopfend, ziehend, spitz, schießend, krampfartig? Wie verläuft der Schmerz? Gibt es bestimmte Ursachen, wann der Schmerz intensiver wird, ist er z. B. atmungsabhängig? Wann fängt der Schmerz an und wann lässt er nach?
Die Antworten auf diese Fragen ergänzen die Angaben zur Schmerzintensität. So kann das Bild der gesamten Schmerzsituation vervollständigt und die Therapie für den Patienten optimiert werden.

Prozesskriterium P1

Im Prozesskriterium (P1) wird die Erhebung der Schmerzen bzw. schmerzbedingter Probleme des Patienten zu Beginn des pflegerischen Auftrags festgelegt. Hat der Patient Schmerzen, erfolgt die systematische Schmerzersteinschätzung. Des Weiteren soll die Einschätzung in individuell festzulegenden Zeitabständen sowie in Ruhe und bei Belastung wiederholt werden.

Wann beginnt der pflegerische Auftrag?

Der Beginn des pflegerischen Auftrags muss klar definiert werden. Er beginnt nicht unweigerlich mit der Aufnahme des Patienten auf der Pflegeeinheit, sondern meist erst dann, wenn die Pflegeanamnese durchgeführt wird. Was bedeutet das für die jeweilige Pflegeeinheit? Wann hat man die Zeit, mit dem Patienten das Pflegeanamnesegespräch zu führen? Innerhalb der ersten zwei Stunden des ersten Tages oder vielleicht erst am zweiten Tag nach der Aufnahme? Die Organisationen sind möglicherweise sehr unterschiedlich. In der stationären Pflegeeinrichtung hat man mitunter mehr Zeit für ein solches Gespräch als in einem Akutkrankenhaus, in dem sich der Patient ggf. nur insgesamt vier Tage aufhält. Für jede einzelne Pflegeeinheit muss festgelegt werden, wie genau dieser Beginn des pflegerischen Auftrags definiert wird. Hier empfiehlt es sich, einen klaren – aber realistischen – Zeitraum vorzugeben: z. B. innerhalb der ersten drei Stunden nach der Aufnahme in der Pflegeeinheit. Hat der Patient zu diesem Zeitpunkt Schmerzen oder schmerzbedingte Probleme, beginnt die Schmerzersteinschätzung.

Schmerzersteinschätzung

Die Schmerzersteinschätzung ist im Grunde genommen die Schmerzanamnese. Hat ein Patient bei der Aufnahme bzw. beim Einzug in eine stationäre Pflegeeinheit Schmerzen, dann muss man die Auswirkungen des Schmerzes für den Patienten kennen. Darüber macht man sich ein Bild, indem man systematisch danach fragt. Patienten, die chronische Schmerzen haben, kennen sich oftmals sehr gut mit dem Thema aus. Meistens wissen sie selbst, was ihnen besonders gut tut und was ihnen schaden kann.
Zunächst benennt der Patient den bzw. die Orte, an dem er Schmerzen hat und beschreibt, welches die höchste und die niedrigste Schmerzintensität anhand der Schmerzskala bislang war. Aufgrund

dieser Darstellung stellt man fest, welches Ausmaß der Schmerz für den Patienten bereits hatte. Die aktuelle Schmerzintensität ist in dem Zusammenhang selbstverständlich auch zu erheben. Weitere wichtige Antworten ergeben sich aus den Fragen, was die Schmerzen lindert und was sie verstärkt bzw. verursacht. Diese Schmerzverstärker und Schmerzverursacher versucht man möglichst zu vermeiden. In manchen Fällen, wenn beispielsweise bestimmte Bewegungen oder Nahrungsmittel die Schmerzen verstärken, kann man evtl. darauf verzichten. Können Schmerzverstärker und Schmerzverursacher nicht vermieden werden (z. B. Mobilisationen, Verbandwechsel), so sollte möglichst immer eine präventive Schmerztherapie in Betracht gezogen werden. Die Auswirkungen der Schmerzen auf die unterschiedlichen Lebensbereiche des Patienten müssen ermittelt werden. Hat der Schmerz Auswirkungen auf die Lebensqualität des Patienten, auf seinen Schlaf, auf seine Essgewohnheiten? Leidet er unter Übelkeit oder Obstipation? Wie ist der Appetit? Können körperliche Aktivitäten nur eingeschränkt ausgeübt werden? Wie zeigen sich die Gefühle des Patienten? Ist er ängstlich, traurig, hat er sich möglicherweise von seinem sozialen Umfeld zurückgezogen? Diese Aspekte und weitere, die sich aus dem Gespräch mit dem Patienten und/oder seinen Angehörigen ergeben, stellen ein komplexes Bild der Schmerzsituation des Patienten dar – eine gute Basis, um die Schmerztherapie auf die Bedürfnisse des Patienten abzustimmen. Darüber hinaus sind aus der Schmerzanamnese weitere Faktoren zu entnehmen, die unter Umständen einer weiteren komplementären Behandlung bedürfen. Es könnten sich Hinweise ergeben, dass eine psychotherapeutische Behandlung eingeleitet werden sollte, oder es gilt vor allem auf die Begleitsymptome zu schauen und diese zu behandeln.

McCaffery et al. (1997) haben in ihrem Buch einen Schmerzersteinschätzungsbogen abgedruckt, der für die Pflegepraxis sehr empfohlen und gut genutzt werden kann (Abb. 4).

Darüber hinaus findet man im Internet viele Schmerzanamnesebögen, die genutzt werden können (ggf. vorher gekauft werden müssen).

Zur Schmerzeinschätzung werden jedoch mindestens die folgenden Fragen gestellt:

- Wo? (Lokalisation und Ausstrahlung)
- Wie? (Qualität und Intensität)
- Wann? (Zeitlicher Verlauf)
- Warum? (Kausalzusammenhänge, wo sieht der Patient die Ursachen?)
- Begleitbeschwerden (z. B. Übelkeit, Obstipation, Unruhen etc.) (Osterbrink 2004, S. 26).

Im Expertenstandard ist die systematische Schmerzersteinschätzung Aufgabe der Pflegenden. Je nach Organisation liegt die Verantwortung für diese Aufgabe mitunter bei den Ärzten. Kliniken mit Schmerzzentren bzw. Schmerzambulanzen können so organisiert sein, dass die Schmerzanamnese im Erstgespräch vom Arzt erhoben wird. Hier gilt es, gut organisierte existierende Strukturen und Prozesse aufrechtzuerhalten und nur dann über Veränderungen nachzudenken, wenn die Prozesse aus Sicht der Patienten nicht zufriedenstellend organisiert sind.

Fragen zur Schmerzsituation im Rahmen der pflegerischen Aufnahme[1]

Datum: ____________

Patientenname: ______________________ Alter: ____________

Diagnose: ____________________ Arzt: ____________________

Pflegender: ____________________

Haben Sie zur Zeit irgendwelche schmerzbedingten Probleme? ☐ Ja ☐ Nein

Haben Sie jetzt Schmerzen? ☐ Ja ☐ Nein

Wenn eine Antwort mit „ja" beantwortet wurde, dann weiter mit der Erhebung zur Schmerzersteinschätzung.

1. Lokalisation: Patienten oder Pflegender markiert die Zeichnung:

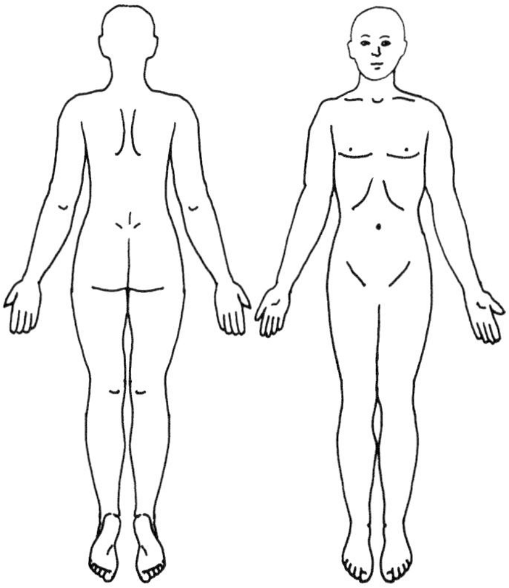

Erhebung zur Schmerzersteinschätzung[1]

2. Intensität: Patient bestimmt die Schmerzstärke. Verwendete Skala: Numerische Rating Skala

Aktueller Zustand: ____________________

Stärkstes Schmerzmaß: ____________________

Schwächstes Schmerzmaß: ____________________

Abb. 4: Erhebungsbogen zur Schmerzersteinschätzung (McCaffery et al. 1997, S. 39 f.)

[1] Nach McCaffery, Beebe, Latham: Schmerz, Ullstein Mosby, Berlin/Wiesbaden 1997

3. Qualität: z.B. ☐ stechend, ☐ dumpf, ☐ brennend, ☐ klopfend, ☐ ziehend, ☐ spitz ☐ schießend, ☐ krampfartig ____________

4. Wie lange haben Sie schon diese Schmerzen?: ____________

5. Welche Medikamente nehmen Sie ein? ____________

6. Was lindert die Schmerzen? ____________

7. Art des Schmerzausdrucks beim Patienten: z.B. Mimik, Gestik, kalte Haut, Körperhaltung ____________

8. Was verursacht/verstärkt die Schmerzen? ☐ Mobilisation, ☐ Körperpflege, ☐ Ankleiden, ☐ Essen/Trinken, ☐ spezielle Maßnahmen ____________

9. Auswirkungen des Schmerzen: reduzierter AZ, herabgesetzte Lebensqualität ____________

Müdigkeit: ____________

Begleitsymptome: z.B. ☐ Übelkeit, ☐ Obstipation, ☐ Erbrechen ____________

Schlaf: z.B. ☐ Einschlafstörungen, ☐ Aufwachen wegen der Schmerzen, ☐ schlechte Träume: ____________

Appetit: ☐ z.B. ☐ fehlender, ☐ mangelnder Appetit ____________

Körperliche Aktivitäten/Mobilität: ☐ Schonhaltung, ☐ will nicht aufstehen, ☐ Bett, ☐ Bettkante,
☐ läuft im Zimmer, ☐ ist auf Stationsebene mobil ____________

Beziehung zu anderen: z.B. ☐ ist entspannt, gereizt, ☐ freut sich auf Besuch, ☐ spricht nicht mit anderen ____________

Gefühle: z.B. ☐ Ärger, ☐ Weinen, ☐ Wut, ☐ Angst: ____________

Anderes: ____________

10. Zusätzliche Bemerkungen: ____________

11. Pflegeplan: s. Pflegeplanung

Zeitpunkt der Schmerzeinschätzung

Patienten mit Schmerzen sollten mindestens einmal pro Dienstzeit (ca. 1 x in 8 Stunden) zu ihren Schmerzen befragt werden; je nach Situation des Patienten und der Schmerzproblematik müssen die Befragungen weitaus häufiger stattfinden. Die Häufigkeit muss für

den jeweiligen Patienten individuell festgelegt werden. Mindestens müssen die Patienten darüber informiert werden, sich sofort bei den Pflegenden zu melden, wenn Schmerzen auftreten. Wie schon an anderen Stellen beschrieben, benötigen manche Patienten hierzu meist Informationen, weil sie sich beispielsweise nicht trauen, ihren Schmerz mitzuteilen oder sich erst bei Schmerzspitzen melden.
Sind bei dem Patienten keine Schmerzen vorhanden, wird er spätestens nach einer Operation, einem diagnostischen oder therapeutischen Verfahren erneut nach Schmerzen befragt. Eine mindestens einmalige Befragung nach möglichen Schmerzen sollte allerdings für jeden Patienten pro Tag möglich sein. Im Grunde genommen steckt dahinter doch die banal klingende Frage: „Wie geht es Ihnen?“, die sich natürlich nicht nur auf die Schmerzsituation bezieht.

Schmerzen in Ruhe und bei Belastung

Bei der Erfassung der Schmerzintensität ist es für die Schmerztherapie unerlässlich zu wissen, ob der Patient in Ruhe und/oder bei Belastung Schmerzen hat. Für den Gesundheitszustand ist es ungünstig, wenn der Patient flach auf dem Rücken im Bett liegt, dabei zwar keine Schmerzen hat, aber auf die Aufforderung: „Husten Sie doch bitte mal“, antwortet: „Das geht nicht, dann habe ich Schmerzen.“ Aus einer solchen Situation können sich in der Folge Schonhaltungen entwickeln, die wiederum Pneumonien, Thrombosen usw. zur Folge haben können. Wird der Patient nach seiner Schmerzintensität befragt, dann bittet man ihn, auch Angaben darüber zu machen, wie die Schmerzen beispielsweise bei der Mobilisation waren oder wie weh das Husten tut. Ist der Patient bei der Befragung in Bewegung und klagt über Schmerzen, erfragt man den Zustand, den er zuvor in Ruhe in seinem Bett erlebt hat. Auf diese Art und Weise gelingt es, ein vollständigeres Bild zur Schmerzsituation zu bekommen und die Schmerztherapie entsprechend den Bedürfnissen des Patienten anzupassen.

> **Merke:** Neben der Schmerzintensität muss auch immer wieder die Schmerzqualität erfasst werden.

4.3.1.1 Numerische Rangskala – NRS

Zunächst werden die Selbsteinschätzungs- und anschließend die Fremdeinschätzungsinstrumente erläutert.

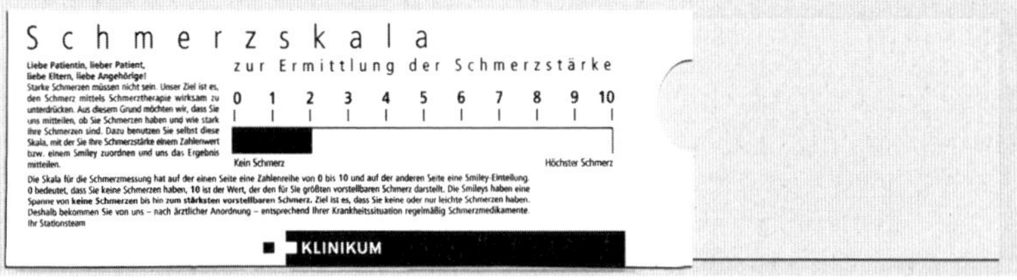

Abb. 5: Numerische Rangskala (Druckerei Schmidt, Lünen)

Das bekannteste und am meisten genutzte Assessmentinstrument zur Selbsteinschätzung der Schmerzintensität ist die numerische Rang-

skala (NRS, Abb. 5). Diese Skala besteht aus insgesamt 11 Stufen: von „0“ bis „10“. „0“ bedeutet: Es ist kein Schmerz vorhanden. „10“ beschreibt den „stärksten vorstellbaren Schmerz“. Die NRS kann als Papierversion in Form einer Kopie genutzt werden oder – und das ist die häufigste und für den Patienten praktikabelste Variante – in Form eines Lineals. Diese Lineale verfügen über einen „Schieber“, den der Patient auf den entsprechenden Wert seiner Schmerzintensität einstellt. Es ist auch möglich, den Patienten zu bitten, sich die NRS einfach „vorzustellen“ und ihn dann aufzufordern, den Wert seiner Schmerzen zu nennen (DNQP 2005).
Die NRS ist ein hilfreiches Assessmentinstrument für die Menschen, die eine „Beziehung“ zu Zahlen haben, d. h. die Menschen müssen kognitiv dazu fähig sein, sich die Zahlen vorzustellen und einen Bezug der Zahlengröße zu ihrer Schmerzintensität herzustellen. Können sie das nicht, ist diese Skala nicht empfehlenswert.
Die Skala wird vom Patienten selbst genutzt, damit er eine Aussage zu seiner Schmerzintensität machen kann.

Empfehlung: Dem Patienten wird die Frage gestellt: „Wie hoch schätzen Sie auf einer Skala von 0 bis 10 Ihren Schmerz ein?“ (Bei den ersten Befragungen muss noch der Hinweis erfolgen: „0“ bedeutet: kein Schmerz, „10“ bedeutet: stärkster vorstellbarer Schmerz.)

Die Zahl, die der Patient nennt, wird dokumentiert und nicht negativ bewertet!

Merke: „Schmerz ist das, was der Betroffene über die Schmerzen mitteilt, sie sind vorhanden, wenn der Patient mit Schmerzen sagt, dass er Schmerzen hat“ (McCaffery et al. 1997, S. 12).

Nennt der Patient einen Wert, wird dieser weder mit den Worten: „Das kann doch gar nicht sein“ noch mit „Na, überlegen Sie aber noch mal“ oder Ähnlichem kommentiert. Eine solche Anmerkung würde zeigen, dass der Patient nicht ernst genommen wird.
Selbstverständlich kann der Rückgang von Schmerzen, z. B. von „8“ auf „3“, positiv kommentiert werden.

In der Praxis kommt es immer wieder vor, dass Mitarbeiter sagen (Pflegende wie Ärzte) „Wir haben eine Skala, die misst die Schmerzen von 1[!] bis 10“ (statt von 0 bis 10).

„0“ bis „10“

Die 0 hat auf dieser Skala eine ganz entscheidenden Bedeutung – im Grunde genommen **den** Wert der Schmerztherapie: 0 bedeutet: Es ist kein Schmerz vorhanden! Das besagt, wer den Wert 0 angibt, der hat das wertvollste Ergebnis, das es bei der Schmerztherapie gibt, die Schmerztherapie war so erfolgreich, dass der Mensch keine Schmerzen hat. Besser geht es nicht! Die 0 ist somit nicht belanglos und folglich „wertlos“, sie ist der „höchste“ Zielerreichungsgrad der Schmerztherapie.

> **Merke:** Der Wert 0 auf der numerischen Rangskala ist der beste Wert, den der Patient erreichen kann: Ein Patient, der den Wert 0 angibt, hat keine Schmerzen.

Stärkster vorstellbarer Schmerz

Nicht nur die Patienten, auch die Pflegenden fragen gelegentlich: „Was bedeutet: Stärkster vorstellbarer Schmerz?" Kennen die Patienten die Bedeutung nicht, sagen sie meist schnell: „Ich weiß es nicht, sagen Sie doch, wie groß mein Schmerz ist." Den Patienten muss erklärt werden, welche Bedeutung das hat.

Die Erklärung ist nicht immer ganz einfach. Hilfreich ist, wenn man die Patienten bittet, den jetzigen – aktuellen – Schmerz ins Verhältnis – zu bis dahin am stärksten erlebten Schmerzen – zu setzen. Als Beispiel: Der Patient hat aktuell Schmerzen wegen eines Knochenbruchs und hatte bis dahin in seinem Leben bereits starke Schmerzen wegen einer Trigeminusneuralgie. Dann wird er gebeten, diese beiden Schmerzintensitäten miteinander zu vergleichen und den aktuellen Schmerz anhand des bereits bekannten zu bewerten. Wenn der aktuelle Schmerz der stärkste ist, den er bis dahin erlebt hat, dann kann er diesen mit 10 bewerten. Ist aber der Schmerz der Trigeminusneuralgie der stärkste Schmerz, den er bisher erlebt hat, dann bewertet er im Vergleich dazu den aktuellen Knochenbruch vermutlich „nur" mit 8.

> **Merke:** Wichtig ist letzten Endes, dass der Patient einen Wert angibt, der als „Ausgangswert" für die aktuelle Schmerzsituation festgehalten und dokumentiert wird. An diesem „Ausgangswert" kann die schmerztherapeutische Behandlung gemessen und der Verlauf der Schmerzsituation beobachtet werden.

Skala dem Patienten zur Verfügung stellen

Die beste Option besteht darin, dem Patienten die NRS in Form eines Lineals auszuhändigen und bei ihm zu belassen. Der Patient bekommt dadurch symbolisch die Kontrolle über seine Schmerzen „übertragen". Diese NRS als Lineal kann bei einigen Pharmafirmen bestellt werden – die bessere und auch unternehmenswirksamere Lösung ist die Herstellung einer eigenen Skala, ggf. mit Logo des Unternehmens. Hier unterstützen ortsansässige Druckereien gerne. Eine andere Lösung – allerdings nicht so ansehnlich – ist die Darstellung einer Linie mit den 11 Intervallen (von 0 bis 10) mit Hilfe eines Textverarbeitungsprogramms. Diese Art der Skala kann ebenfalls dem Patienten ausgehändigt werden. Befinden sich in der Pflegeeinheit Menschen, die nicht Deutsch sprechen, kann diese Skala in andere Sprachen übersetzt werden, eine Auswahl mit verschiedenen Sprachen kann auf der Homepage des DNQP unter „Expertenstandards und Bestellmöglichkeit" heruntergeladen werden („Instrumente").

Wird die Skala dem Patienten zum ersten Mal ausgehändigt, muss die Information zum Umgang mit der Skala und zumindest eine erste grobe Erklärung zum Schmerzmanagement erfolgen, damit der Patient weiß, warum er diese Skala ausgehändigt bekommen hat. Zur

Erklärung der NRS kann ein kurzes Begleitschreiben für den Patienten hilfreich sein (Abb. 6). Oftmals sind die Informationen so kompakt, dass ein Nachlesen in einer ruhigeren Stunde nützlich ist. Anwendung: Erwachsene und Kinder ab dem 6. Lebensjahr (Selbsteinschätzung).

Patienteninformation zum Schmerzmanagement

Liebe Patientin, lieber Patient, liebe Eltern und Angehörige,

Starke Schmerzen müssen nicht sein.
Unser Ziel ist es, den Schmerz mittels Schmerztherapie wirksam zu unterdrücken. Dazu ist es wichtig, dass Sie Ihre Schmerzempfindung klar äußern, damit wir entsprechend reagieren können. Aus diesem Grund werden wir Sie während Ihres Aufenthaltes bei uns auf der Station regelmäßig **befragen**, ob Sie Schmerzen haben und wie stark die Schmerzen von Ihnen empfunden werden.
Dazu benutzen wir eine Skala (s. Abbildung), mit der Ihre Schmerzen einem Zahlenwert zugeordnet werden.

Die Skala für die Schmerzerfassung hat eine Spanne von **0** bis **10**.
– **0** bedeutet, dass Sie keine Schmerzen haben,
– **10** ist der Wert für den größten vorstellbaren Schmerz.

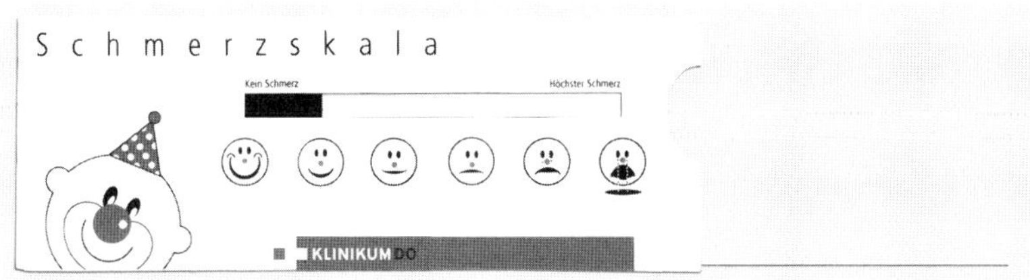

Abb. 6: Patienteninformation zur NRS (Druckerei Schmidt, Lünen)

Ziel ist es, dass Sie keine oder nur leichte Schmerzen haben. Deshalb bekommen Sie von uns nach ärztlicher Anordnung - Ihrem Krankheitsbild entsprechend regelmäßig Schmerzmedikamente. Bitte geben Sie uns Rückmeldung zur Wirkung der Schmerzmittel.

Ihr Stationsteam

4.3.1.2 Visuelle Analogskala – VAS

Die visuelle Analogskala (VAS, Abb. 7) zur Selbsteinschätzung besteht ähnlich wie die NRS auch aus einer Linie, die mit dem Punkt „kein Schmerz" beginnt und mit dem Punkt „stärkster vorstellbarer Schmerz" endet. Zur Veranschaulichung sind bei vielen Skalen die beiden Endpunkte mit Smileys (lachend und weinend) versehen. Im Unterschied zur NRS gibt es zwischen den beiden Punkten jedoch keine Zahlen. Der Patient markiert auf dieser Linie seine Schmerzintensität. Dies funktioniert mittels Lineal und „Schieber" oder auf einem Papier. Die Strecke zwischen dem Punkt „kein Schmerz" und der eingestellten Markierung veranschaulicht die Schmerzintensität (Strohbücker 2005). Diese Strecke kann mittels eines Lineals abgemessen und so in einen numerischen Wert transferiert werden. Die VAS eignet sich sehr für Menschen, die ihre Schmerzintensität nicht so gut mit Zahlen in Verbindung bringen können.

VAS und NRS in „eine" Skala integrieren

Im optimalen Fall verfügt man über eine Skala, die auf der einen Seite eine VAS und auf der anderen Seite eine NRS zeigt. Nutzt der Patient die VAS, dreht man die Skala einfach nur um und liest den Wert auf der NRS ab. Dann benötigt man kein Lineal, um die angegebene Schmerzintensität abzumessen. Anwendung: Erwachsene und Kinder ab dem 6. Lebensjahr[9] (Selbsteinschätzung).

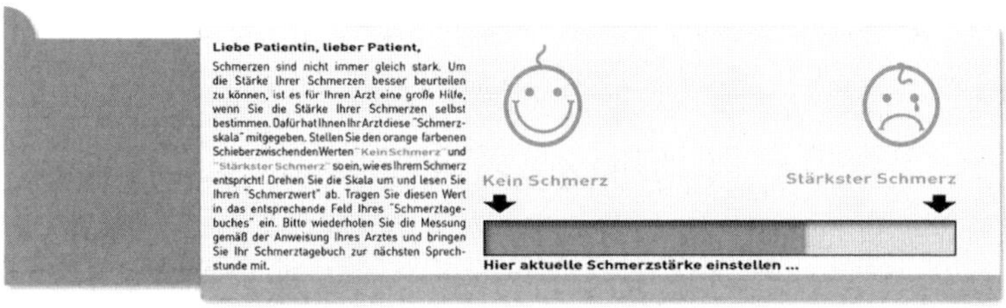

Abb. 7: Visuelle Analogskala (http://www.mundipharma.de/schmerztherapie/therapie/schmerz-messen.html)

4.3.1.3 Verbale Ratingskala – VRS

Die verbale Ratingskala (VRS) zur Selbsteinschätzung ist in ihrer Anwendung noch einfacher und für viele Patienten leicht zu verstehen. Sie empfiehlt sich besonders bei Patienten, die sich nicht sehr lange konzentrieren können, z. B. Intensivpatienten, weil sie noch sehr müde sind oder es ihnen noch nicht besonders gut geht. Die VRS beschreibt die Schmerzintensität anhand von Adjektiven, die leicht verstanden werden:

- kein Schmerz,
- leichter Schmerz,
- mittelstarker bzw. mäßiger Schmerz,
- starker Schmerz,
- stärkster vorstellbarer Schmerz.

[9] Je nach Entwicklungsstand des Kindes

Diese Begriffe sind seitens der Patienten gut und leicht mit Inhalten zu belegen. Nachteilig ist die sehr grobe Einschätzung der Schmerzintensität, kleinere Veränderungen lassen sich mit dieser Skala nicht darstellen. Die VRS kann auch bei Kindern ab dem 5. Lebensjahr zur Selbsteinschätzung genutzt werden. Die grafischen Ratingskalen (Smiley-Analog-Skala) sind dennoch bei den meisten Kindern vorrangig der VRS zu nutzen, weil sie besser verständlich sind (Müller-Mundt, Jung 2005, Strohbücker 2005).
Anwendung: Erwachsene und Kinder ab dem 6. Lebensjahr (Selbsteinschätzung).

4.3.1.4 Smiley-Analog-Skala – SAS

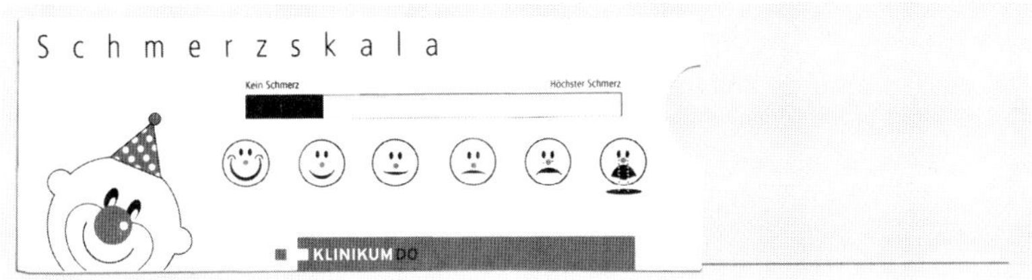

Abb. 8: Smiley-Analog-Skala (Druckerei Schmidt, Lünen)

Kinder können meist (je nach Entwicklungsstufe) ab dem 3.–4. Lebensjahr ihren Schmerz sehr gut selbst anhand der Smiley-Analog-Skala (SAS, Abb. 8) einschätzen. In Deutschland wird diese Skala sehr oft eingesetzt, sie besteht aus fünf bzw. sechs Kartoongesichtern, denen Zahlenwerte von 0 bis 10 zuzuordnen sind. Die Smileys stellen eine Mimik von einem lachenden Gesicht („kein Schmerz") bis hin zu einem weinenden Gesicht „schwere/schwerste Schmerzen") dar. Die Einschätzung der Kinder sollte immer um die Beobachtungen der Eltern ergänzt und in eine mehrdimensionale Diagnostik integriert werden. In der Kinderklinik in Datteln wurde unter der Leitung von Zernikow (2005) der Dattelner Schmerzfragebogen entwickelt, der für Kinder und Jugendliche mit chronischen Schmerzen gilt. Diese sehr guten und ausführlichen Schmerzanamnesebögen können auf der Homepage „Schmerzen bei Kindern" vollständig herunter geladen werden. Sie sind für Kinder mit chronischen tumorbedingten Schmerzen sehr zu empfehlen (http://www.kinderschmerz.org/?kapitel=download Zugriff: 16.9.2008).
Sind die Kinder älter, meist nach dem 6. Lebensjahr, können auch die Skalen NRS, VAS und VRS mit dem höheren Abstraktionsgrad eingesetzt werden (Müller-Mundt, Jung 2005).
Im Lauf der Jahre wurde immer wieder die Beobachtung gemacht, ohne es bisher wissenschaftlich belegt zu haben (s. auch Garten 2005), dass Jungen gelegentlich vermeiden, auf den Smiley mit den Tränen zu zeigen, also auf den Smiley, der die höchste Schmerzstufe anzeigt, weil dieser eher mit Traurigkeit und Tränen in Zusammenhang gebracht wird anstatt mit Schmerzen. Hier wurde eine vorsichtige Annahme formuliert: Vielleicht liegt es aber auch an der alten „Erziehungstradition", mit der allerdings auch heutzutage Jungen noch groß werden, die da lautet: „Indianer kennen keine Schmerzen"

und „Jungen weinen nicht". Sollte dieses Vermeidungsverhalten (auf den „schlimmsten" Smiley zu zeigen) beobachtet werden, dann sollte das Kind ermutigt werden, auf den Smiley zu zeigen, der am ehesten seine Situation widerspiegelt.
Anwendung: Kinder ab dem 3. Lebensjahr (Selbsteinschätzung).

4.3.1.5 Kindliche Unbehagen- und Schmerzskala – KUSS

Die von Büttner et al. (1998) entwickelte kindliche Unbehagen- und Schmerzskala (KUSS, Abb. 9) dient der Fremdeinschätzung der postoperativen Schmerzen bei Neugeborenen und Kleinkindern (von 0–4 Jahren). Die Skala besteht aus fünf Kriterien (Verhaltensweisen), die zu beobachten sind: Weinen, Gesichtsausdruck, Rumpfhaltung, Beinhaltung und motorische Unruhe. Anhand einer dreistufigen Skala (0–2) wird die Ausprägung der einzelnen Verhaltensweisen bewertet und in einer Summe zusammengefasst. Die Beobachtung soll insgesamt mindestens 15 Sekunden dauern, und es sind nur die Daten aus diesem Beobachtungszeitraum festzuhalten, auch wenn sich das Verhalten des Kindes nach der Beobachtung ändert. Um eine aussagekräftige Beobachtung zu erzielen, sollten die Kinder in festgelegten Zeitabständen erneut beobachtet und eingeschätzt werden. Zu jeder Beobachtung wird eine Aussage zum Wachheitsgrad des Kindes vorgenommen (Müller-Mundt, Jung 2005, Garten 2005). Die KUSS lässt sich gut und leicht in die Praxis integrieren. Die Beobachtungen der Kinder sind gut zu bewerten, und anhand der Skala lässt sich die Schmerzintensität bei den Kindern bestimmen.

KUSS

Kindliche Unbehagens- und Schmerz-Skala

Beobachtung	Bewertung	Punkte
Weinen	Gar nicht	0
	Stöhnen, Jammern, Wimmern	1
	Schreien	2
Gesichtsausdruck	Entspannt, lächelnd	0
	Mund verzerrt	1
	Mund und Augen grimassieren	2
Rumpfhaltung	Neutral	0
	Unstet	1
	Aufbäumen, Krümmen	2
Beinhaltung	Neutral	0
	Strampelnd, tretend	1
	An den Körper gezogen	2
Motorische Unruhe	Nicht vorhanden	0
	Mäßig	1
	Ruhelos	2
	Addition der Punkte:	

Abb. 9: Kindliche Unbehagens- und Schmerzskala – KUSS (Büttner 1998)

Einschränkung KUSS

Eine Einschränkung gibt es allerdings. Wird die KUSS angewendet, wenn die Kinder mit Gipsverbänden behandelt sind oder aufgrund einer Operation die Bewegung beeinträchtigt ist, dann sind nicht alle Kriterien immer gleich uneingeschränkt zu beurteilen. Hier sollte aufgrund des Gesamteindrucks im Zweifel die höhere Punktzahl angegeben werden, um auszuschließen, dass das Kind aufgrund einer zu niedrigen Punktzahl nicht mit einer adäquaten Schmerztherapie behandelt wird.

4.3.1.6 Weitere Assessmentinstrumente zur Schmerzeinschätzung kommunikationsbeeinträchtigter Menschen

Die bisher vorgestellten Skalen sind die, mit denen in der Praxis viele Erfahrungen gemacht wurden und die sich in der Anwendung bereits gut bewährt haben. Dennoch gibt es viele Menschen, die mit diesen Skalen nicht ihre Schmerzintensität einschätzen können bzw. deren Schmerz auch nicht zuverlässig durch Fremdeinschätzungsinstrumente beurteilt werden kann.

Schmerzeinschätzung von Menschen mit kognitiven Einschränkungen

Metzing (2005) hat sich in der Literaturanalyse zum Expertenstandard insbesondere mit den Assessmentinstrumenten für Menschen mit kognitiven Einschränkungen befasst. Viele Menschen, die z. B. aufgrund von demenziellen Erkrankungen kognitiv eingeschränkt sind, laufen Gefahr, aufgrund ihrer mangelhaften Äußerungsfähigkeiten zum Schmerz gar nicht als schmerzerlebend wahrgenommen zu werden und demzufolge keine adäquate Schmerztherapie zu bekommen. Studienergebnisse zeigen, dass bis zu einem gewissen Grad kognitiver Einschränkung die Patienten sehr wohl in der Lage sind, Selbstauskünfte zu ihrem Schmerz zu geben. Unbestritten ist dagegen die zunehmende Unfähigkeit zu einer Selbstauskunft bei fortschreitender Demenz. Auch wenn diese Situation eine Herausforderung darstellt, so gibt es doch Möglichkeiten, sich der Fremdeinschätzung anhand von festgelegten Kriterien zu bedienen.
In Deutschland existieren inzwischen einige Assessmentinstrumente zur Fremdeinschätzung, die sich durch verschiedene Kriterien voneinander unterscheiden. Basler (2007) hat die „Pain Assessment in Advanced Dementia (PAINAD) Scale“ ins Deutsche übersetzt und eine erste Untersuchung zur Überprüfung der Güte dieser Skala mit 99 dementen Menschen durchgeführt. In Deutschland heißt die Skala „BEurteilung von Schmerzen bei Demenz“ (BESD; s. Anhang).

Die BESD ist ein wenig im Vorteil zur Echelle comportementale de la douleur pour personnes âgées non communicantes (ECPA), die von Landendörfer und Hesselbarth (2003) vorgestellt wurde. Bei der ECPA werden Kriterien abgefragt, die im Prinzip nur jemand beantworten kann, der den Menschen gut kennt. Beispielsweise sind Kriterien zu bewerten, die sich auf die Auswirkungen der Kommunikations- und Kontaktfähigkeit sowie auf die Auswirkungen auf Bewegung und den Schlaf beziehen. Auch wenn die BESD bisher „nur“ bei Bewohnern von Pflegeeinrichtungen in der deutschen Version getestet wurde, so ist doch die Anwendung in Akutkrankenhäusern möglich, da sie kein Wissen zu Verhaltensweisen voraussetzt, die sich auf das normale Leben der Menschen beziehen. Hinzu kommt ein pragmatischer Gesichtspunkt: Die BESD ist ein wenig kürzer als die ECPA und kann demzufolge etwas schneller angewendet werden.

Schmerzeinschätzung von wahrnehmungsbeeinträchtigten und maschinell beatmeten Patienten

Bei den landläufig als „Bewusstlose“ bezeichneten Patienten wird immer wieder der Fehler gemacht, eine „Bewusstlosigkeit“ mit „Empfindungslosigkeit“ gleichzusetzen. Diese Gleichsetzung führt in einigen Fällen auch noch dazu, dass gleichzeitig eine „Schmerzlosigkeit“ angenommen wird. Eine fatale Situation für die betroffenen Menschen, denn in einem solchen Fall erfolgt in der Regel keine adäquate Schmerztherapie. Aktuelle Forschungsergebnisse zeigen, dass sich viele ehemalige Intensivpatienten an die Zeit auf der Intensivstation, auch als beatmete Patienten, erinnern können, und dazu zählt neben vielen anderen Erinnerungen auch die an Schmerzen (Besendorfer 2002). Ergänzend sei an dieser Stelle nur kurz erwähnt, dass es bis heute keine wissenschaftlichen Belege für eine schmerzlose Lebenswelt von bewusstlosen oder wahrnehmungsbeeinträchtigten Menschen gibt (Metzing 2005). Dementsprechend ist es ein wichtiges Anliegen, auch die Schmerzeinschätzung bei wahrnehmungsbeeinträchtigten Patienten voranzutreiben und insbesondere den Einzug der Assessmentinstrumente auf den Intensivstationen zu forcieren. In den Leitlinien der AWMF (2005) zur sedierenden und analgetischen Therapie im Rahmen der Intensivmedizin wird die Anwendung der Behavioral Pain Scale (BPS, Abb. 10) empfohlen.

Item	Beschreibung	Punkte
Gesichtsausdruck	- Entspannt	1
	- Teilweise angespannt	2
	- Stark angespannt	3
	- Grimassieren	4
Obere Extremität	- Keine Bewegung	1
	- Teilweise Bewegung	2
	- Anziehen mit Bewegung der Finger	3
	- Ständiges Anziehen	4
Adaptation an Beatmungsgerät	- Toleration	1
	- Seltenes Husten	2
	- Kämpfen mit dem Beatmungsgerät	3
	- Kontrollierte Beatmung nicht möglich	4

(AWMF 2005)

Abb. 10: Behavioral Pain Scale (BPS) (http://leitlinien.net aus dem Beitrag „Sedierende und analgetische Therapie im Rahmen der Intensivmedizin – Langfassung“)

Diese Skala soll die Möglichkeit schaffen, auch bei tiefer Sedierung eines Patienten eine Einschätzung der Schmerzintensität vorzunehmen. Die Einschätzung der Situation des Patienten wird vorgenommen, indem die Kriterien Gesichtsausdruck, Bewegung der oberen Extremität und Adaptation an das Beatmungsgerät beobachtet und bewertet werden. Die Bewertung jedes einzelnen Kriteriums erfolgt anhand von Zahlenwerten von 1 bis 4, alle Kriterien werden in einer Summe zusammengefasst.

4.3.1.7 Grenzpunkt/Trennpunkt/„Cut-Off-Punkt"

Umgangssprachlich wird bei den Grenz- und Trennpunkten meist von dem sog. Cut-off-Punkt gesprochen. Cut-off kann mit „schneiden, trennen, abgrenzen" übersetzt werden. Jedes Assessmentinstrument hat, je nach einzuschätzendem Phänomen, festgelegte Trenn- bzw. Grenzpunkte. So auch beim „Fieberthermometer": Man spricht von Fieber ab einer Körperkerntemperatur von über 38° C; von einem erhöhten Blutdruck ab einem Blutdruck-Wert von 160/90 mm/Hg (je nach aktueller Definition der WHO); Ähnliches gilt für den Blutzucker oder für die Dekubitusrisikoskalen nach Braden oder Norton. Man weiß, wenn ein bestimmter Wert über- oder ggf. auch unterschritten wird (z. B. bei zu niedrigen Blutzuckerwerten), ist in den meisten Fällen weiteres Handeln notwendig. Diese Werte sind die Cut-off-Punkte, die im Grunde genommen „normale" von „auffälligen" Werten trennen. Sind die Werte normal, erfolgt keine Intervention, überschreiten die Werte den Cut-off-Punkt, muss (meist) eine Maßnahme erfolgen.
Genauso ist es auch bei den Assessmentinstrumenten für die Messung der Schmerzintensität. Tabelle 4 zeigt eine Übersicht der Assessmentinstrumente zur Messung der Schmerzintensität, aus der die verschiedenen Cut-off-Punkte, die Unterscheidung zwischen Assessmentinstrument für Erwachsene und Kinder sowie die Unterteilung in Fremd- und Selbsteinschätzung zu entnehmen ist.

Tab. 4: Assessmentinstrumente Schmerzintensität

Skala	Erwachsene	Kinder	Selbsteinschätzung	Fremdeinschätzung	Cut-off
NRS	X	X ab dem 6. Lj.	X		> 3
VAS	X	X ab dem 6. Lj.	X		> 3
VRS	X	X ab dem 6. Lj.	X		Mittelstarker bis bzw. mäßiger Schmerz
SAS		X ab dem 3. Lj.	X		4
KUSS		X 0.–4. Lj.		X	4
BEDS	X			X	> 6
BPS	X			X	Nicht angegeben

Das WHO-Stufenschema (Abb. 3) unterteilt die Schmerzintensität in die drei Stufen: leichte, mittlere und starke Schmerzen. Diese Unterteilung ist auch den numerischen Scores der Einschätzungsinstrumente zuzuordnen.

> **Merke:** Im Expertenstandard ist festgelegt, dass spätestens bei einer Schmerzintensität von mehr als 3 von 10 (> 3/10) die Schmerztherapie eingeleitet werden muss. Bei einem Schmerz von mehr als 4/10 kommt es bereits zu beträchtlichen physischen und psychischen Funktionseinbußen. Hier werden insbesondere Mobilitäts- und Schlafstörungen, Veränderungen der sozialen Interaktion und Beeinflussung der Stimmung des Betroffenen genannt. Deutliche Einschränkungen erlebt der Patient bei Werten von > 6/10 (DNQP 2005).

Aufgabe der Schmerztherapie ist es, der Schmerzchronifizierung mittels einer adäquaten Schmerztherapie vorzubeugen. Die Beachtung der Cut-off-Punkte in den verschiedenen Skalen ist eine wesentliche Voraussetzung für eine effektive Schmerztherapie. Aus Tabelle 4 sind verschiedene Cut-off-Punkte zu entnehmen. Welcher Punkt als Cut-off-Punkt festgelegt wird, ist nicht dem Zufall überlassen worden, sondern die Festlegung war eine entscheidende Aufgabe der Entwickler dieser Instrumente. Assessmentinstrumente müssen nach bestimmten wissenschaftlichen Verfahren entwickelt und mittels Studien getestet werden.

> **Merke:** Der Cut-off-Punkt wird nicht beliebig festgelegt, sondern ist von den Entwicklern der einzelnen Skalen vorgegeben. Die vorgegebenen Werte werden in der praktischen Anwendung nicht verändert.
> Bei der Schmerzintensität gibt es keinen zu niedrigen Wert, der beste Wert ist die 0. Und um noch einmal auf die Einteilung der WHO zurückzukommen: Die Werte der NRS können wie folgt zugeordnet werden:
>
> - 0 keine Schmerzen,
> - 1 bis 4 leichte Schmerzen,
> - 5 bis 6 mittelstarke Schmerzen,
> - 8 bis 10 starke Schmerzen.

Patienteninformation zum Cut-off-Punkt

Die Patienten sollten ebenfalls wissen, wo der Cut-off-Punkt liegt. Sie brauchen die Informationen, um sich frühzeitig bei Erreichen, spätestens aber bei Überschreitung des Cut-off-Punkts zu melden. Sie sollen nicht warten, bis der Schmerz bei 7 ist, sondern sich spätestens bei 4 melden, um so das Auftreten von Schmerzspitzen zu vermeiden. Auf diese Art tragen die Patienten im hohen Maße dazu bei, ihre Schmerzen zu kontrollieren.

4.3.1.8 Verlaufskontrolle und Dokumentation

Ergebniskriterium E1

Das Ergebniskriterium (E1) beschreibt, dass eine aktuelle und systematische Schmerzeinschätzung und Verlaufskontrolle vorliegen, d. h. dokumentiert werden müssen. Beim ersten Standardkriterium geht es also primär um die Einschätzung der Schmerzsituation (Quantität und Qualität) und um die Auswahl des angemessenen Assessmentinstruments für Menschen mit Schmerzen. Im Ergebniskriterium steht, dass alle gemessenen Ergebnisse und die detaillierte Beschreibung des Schmerzes vorliegen müssen, d. h. sie sind in der Patientendokumentation schriftlich festzuhalten. Denn nur so kann sichergestellt werden, dass alle Mitglieder des multiprofessionellen Teams Kenntnis über alle wichtigen Informationen haben. Die Schmerztherapie kann auf dieser Basis sowohl für die medikamentöse Therapie als auch den nicht-medikamentösen Maßnahmen an die Patientensituation angepasst werden.

Häufigkeit der Schmerzeinschätzung

Laut Strohbücker (2005) gibt es bisher keine Untersuchungen zu Angaben der optimalen Messhäufigkeiten. Wie oben bereits beschrieben, ist der Patient mindestens (!) einmal pro Dienstzeit nach seinen Schmerzen zu befragen. Je nach Zustand des Patienten kann es aber sehr wohl sinnhaft sein, die Messung der Schmerzintensität, z. B. nach großen operativen Eingriffen, individuell ggf. bis zu zweistündlich vorzunehmen. Den Verlauf der Schmerzintensität zu erfassen ist auch deswegen wichtig, damit überprüft werden kann, wie die Schmerzmedikamente bei dem Patienten wirken.

Applikation der Schmerztherapie und Wirkungskontrolle

Je nach Applikationsart und Stärke des Schmerzmittels kann eine erneute Schmerzmessung nach Gabe eines Opioids bereits nach 15 Minuten notwendig sein. Im Allgemeinen geht man davon aus, regelhaft nach der Wirkung der Medikamente nach folgenden Zeitabständen zu fragen:

- i.v. Applikation: nach 30 Minuten,
- s.c. Applikation: nach ca. 45 Minuten
- p.o. Applikation: nach 60 Minuten,
- slg. Applikation: nach 30 Minuten.

Das besagt: Hat ein Patient aufgrund seiner Schmerzintensität ein Schmerzmedikament erhalten, wird die Schmerzintensität nach dem angegebenen Zeitschema erneut eingeschätzt und dokumentiert. So kann der Verlauf des Schmerzes erfasst und die Effektivität der Schmerztherapie gemessen werden.

Dokumentation

Bei der Dokumentation empfiehlt sich die Gratwanderung zwischen Pragmatismus und Notwendigkeit. Die Art und Weise, wie und „wo“ in der Patientendokumentation die Schmerzintensität und deren Verlauf zu dokumentieren ist, hängt entscheidend vom Dokumentationssystem der Unternehmen ab. In vielen Unternehmen sind inzwischen EDV-Programme eingeführt, die meist eine angemessene und geforderte Umsetzung der Dokumentation ermöglichen, bzw. es muss eine weitere Programmierung durch den Anbieter erfolgen. Zur Dokumentation im Rahmen des Schmerzmanagements sind viele EDV-Programme inzwischen gut programmiert, sodass die An-

sprüche der heutigen Zeit an die Dokumentation erfüllt werden. Auch bei den Systemen der Papierdokumentation gibt es viele Anbieter, die problemlos eine systematische Verlaufsdokumentation der Schmerzintensität zur Verfügung stellen. Bei den meisten Anbietern kann im Bedarfsfall nachträglich eine Änderung oder Neuerung der Formulare herbeigeführt werden. Oftmals haben die Mitarbeiter der Unternehmen auch eigene Ideen, wie die Formulare auszusehen haben, und diese werden von den Firmen umgesetzt.
Möchte man keine großen finanziellen Investitionen wegen der Neuanschaffung veranlassen, gibt es auch einfache Lösungen, die ihren Zweck erfüllen.

Einfache Lösung der Dokumentationsansprüche für die Papierversion

Die Ergebnisse der Schmerzintensität lassen sich im Prinzip in jedes „Kurvenblatt“ grafisch integrieren, indem man mit der Hand einfach eine neue Dimension in die Grafik einfügt. Arbeitet man mit Farben, kann die Unterscheidung zu den grafischen Darstellungen der Parameter, die dort ebenfalls dokumentiert werden, nämlich der des Blutdrucks, der Herzfrequenz und der Temperatur, visuell dargestellt werden. Meist erfolgt die Dokumentation der anderen Parameter ebenfalls in verschiedenen Farben, was die Unterscheidung erleichtert. Auf diese Art und Weise hat man die Parameter, die insbesondere mit Schmerzen im engen Zusammenhang stehen, Blutdruck, Puls und auch Temperatur visuell auf einen Blick.
Ergänzend können noch die wichtigsten und häufigsten Nebenwirkungen der Schmerzmedikamente erhoben werden. Wie in Abbildung 11 zu sehen, Ü (Übelkeit), E (Erbrechen), S (Schwitzen), und J (Juckreiz).

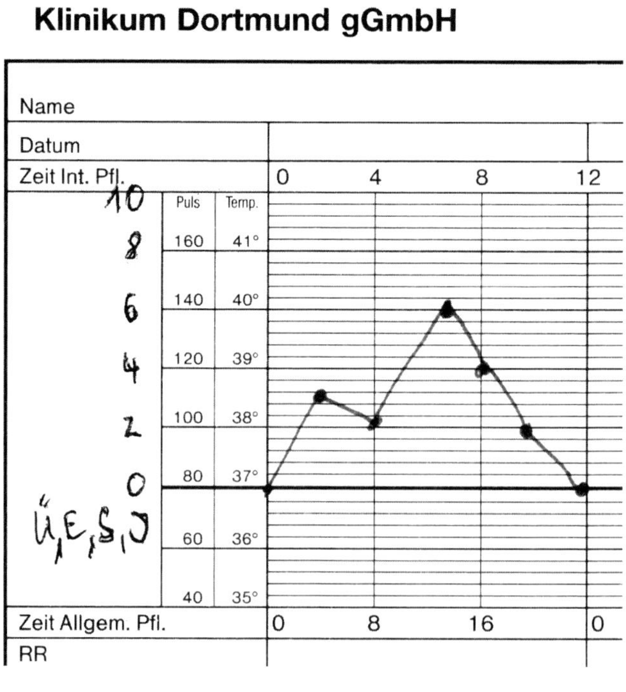

Abb. 11: „Schmerzdokumentation“ Kurvenblatt (Klinikum Dortmund, Projektgruppe Interdisziplinäres Schmerzmanagement)

Die Erfahrung hat gezeigt, dass diese Art der grafischen Kurvendarstellung immer dann ihre Grenzen hat, wenn der Patient sehr große Probleme mit seinen Schmerzen hat. Soll heißen, hat er Schmerzintensitäten von 7, 8 möglicherweise bis 10 und benötigt demzufolge Schmerzmedikamente, die stärker wirken bzw. die häufiger verabreicht werden müssen, dann reicht der Platz in der Kurve oftmals nicht aus. Dieses Problem stellt sich bei EDV-Systemen zum Glück nicht, normalerweise können dort so viele Werte eingetragen werden wie nötig. Arbeitet man aber mit einer Papierdokumentation, kann sich dieses Problem der „Papierenge" stellen. Man kann in der Papierform Abhilfe schaffen, indem man mit dem Parameter Schmerzintensität ähnlich verfährt wie beispielsweise mit den Parametern Blutzucker oder Ein- und Ausscheidung. Sind spezielle Parameter intensiv zu beobachten, häufig zu messen und zu dokumentieren und wird die Therapie infolgedessen engmaschig angepasst, werden zusätzlich meist weitere Formulare für diese Situation eingesetzt, meist „Überwachungsbögen" oder ähnlich genannt. Es ist ratsam, für die Pflegeeinheit festzulegen, ab wann ein zusätzliches Formular genutzt werden soll, beispielsweise dann, wenn ein Patient länger als 24 Stunden eine Schmerzintensität von 6 angibt. Ein solches Formular – Schmerzprotokoll (Abb. 12) – sollte neben der Darstellung der Schmerzintensität weitere Parameter, die mit dem Schmerzmanagement im Zusammenhang stehen, beinhalten (McCaffery et al. 1997).

Protokoll der Schmerzeinschätzung							
Verwendete Schmerzskala:							
Datum/Zeit	Schmerzintensität Ruhe/bei Belastung /R/B)	Schmerzqualität	Analgetikum	Wachzustand, Aktivitäten	Komplikationen, Nebenwirkungen (z. B. Obstipation, Übelkeit, Erbrechen, Schwitzen)	Andere schmerzlindernde Maßnahmen (z.B. Lagerungen, Kälte, Wärme)	Weiteres

Abb. 12: Schmerzprotokoll (nach McCaffery et al. 1997)

Neben der Schmerzintensität (in Ruhe und bei Belastung), die analog zum Zeitpunkt der Erhebung dokumentiert werden kann, sind weitere Parameter beim Patienten zu erfragen bzw. zu beobachten. Die Schmerzqualität und die möglichen Aktivitäten des Patienten werden erfasst, sein Wachzustand ist ein weiteres wichtiges Kriterium, insbesondere im Zusammenhang mit der Gabe von Opiaten. Bestehende Komplikationen und Nebenwirkungen werden dokumentiert. Werden neben der medikamentösen Schmerztherapie nicht-medikamentöse Maßnahmen, wie z. B. die Anwendung von Kälte oder Akupunktur, durchgeführt, sollten diese Maßnahmen ebenfalls in einem solchen Protokoll dokumentiert werden. Das hier abgebildete Protokoll enthält auch die Rubrik: Analgetikum. Diese Rubrik ist lediglich als Option gedacht, wenn man alle wichtigen Angaben auf einen Blick haben möchte. Sollten die verabreichten Medikamente aber standardisiert an einem anderen Ort in der Dokumentation festgehalten werden, sollte das in jedem Fall beibehalten werden.

Merke: In der Pflegeeinheit muss festgelegt werden, an welcher Stelle welche Parameter dokumentiert werden sollen, um unbedingt eine doppelte Dokumentation zu vermeiden (dies gilt übrigens für alle zu dokumentierenden Inhalte, nicht nur für den Schmerz).

Ergänzend sei an dieser Stelle die zeitnahe Dokumentation zu erwähnen, also dann zu dokumentieren, wenn beispielsweise die Schmerzerhebung erfolgt ist oder das Schmerzmedikament verabreicht wurde. Viel zu oft erlebt man immer noch die „Massendokumentation" am Ende der Arbeitszeit, die aufgrund des Zeitdrucks oftmals qualitative Verluste mit sich bringt.

Schmerztagebuch

Patienten, die chronische Schmerzen haben, sollten – wenn möglich – selbst ein Schmerztagebuch führen. In einem solchen Tagebuch werden die Schmerzintensität, die Schmerzqualität, begleitende Faktoren sowie mögliche Nebenwirkungen der Medikamente dokumentiert. Im Bereich der Schmerzambulanzen werden die Schmerztagebücher häufig eingesetzt, und wenn die Patienten ins Krankenhaus müssen, bringen sie manchmal bereits ihre Tagebücher mit. Haben die Patienten noch keine Erfahrung mit einem solchen Tagebuch, dann können sie im Krankenhaus damit vertraut gemacht werden. Die Patienten lernen die selbstständige Dokumentation und kennen die Bedeutung der Verlaufsdokumentation. Aufgrund dieser Informationen ist eine effektive und nebenwirkungsfreie Schmerztherapie besser möglich. Im Internet stehen verschiedene Varianten solcher Schmerztagebücher zum Herunterladen bereit, auch für verschiedene Themengebiete, wie z. B. für Kopfschmerzpatienten, und für Kinder. Wenn ein Patient ein Tagebuch selbstständig führt, dann sollte auch auf eine doppelte Dokumentation verzichtet werden. Im Dokumentationssystem erfolgt der Eintrag: Patient führt ein Schmerztagebuch. Im Bedarfsfall können die Einträge des Patienten kopiert und der Patientenakte beigelegt werden.

Ein Schmerztagebuch empfiehlt sich in der Regel nicht für Patienten mit akuten postoperativen Schmerzen. Der Aufwand steht meist nicht im Verhältnis zum Nutzen. Selbstverständlich kann im Einzelfall auch auf das Führen eines Schmerztagebuchs zurückgegriffen werden.

4.3.2 2. Standardkriterium – Schmerztherapie

Die Pflegefachkraft **S2a** – verfügt über das erforderliche Wissen zur medikamentösen Schmerzbehandlung. **S2b** Die Einrichtung verfügt über eine interprofessionell geltende Verfahrensregelung zur medikamentösen Schmerzbehandlung.	**Die Pflegefachkraft** **P2** – setzt spätestens bei einer Schmerzintensität von mehr als 3/10 analog der numerischen Rangskala (NRS) die geltende Verfahrensregelung um oder holt eine ärztliche Anordnung zur Einleitung oder Anpassung der Schmerzbehandlung ein und setzt diese nach Plan um. – überprüft bei Neueinstellung bzw. Anpassung der Medikation den Behandlungserfolg in den Zeitabständen, die dem eingesetzten Analgesieverfahren entsprechen. – sorgt dafür, dass bei zu erwartenden Schmerzen präventiv ein adäquates Analgesieverfahren erfolgt.	E2 Der Patient/ Betroffene ist schmerzfrei bzw. hat Schmerzen von nicht mehr als 3/10 analog der numerischen Rangskala (NRS).

Tab. 5: 2. Standardkriterium – Schmerztherapie (DNQP 2005, S. 25)

Strukturkriterium S2a und S2b

Schwerpunkt des zweiten Standardkriteriums ist die Schmerztherapie mit der dazugehörigen interprofessionellen Verfahrensregelung. Die Pflegefachkraft muss über das notwendige Wissen zur medikamentösen Therapie verfügen. Wie in Kapitel 4.2.4 bereits erwähnt, wäre es gut, wenn die Fortbildungen zu diesem Themenkomplex von einem Arzt und/oder Apotheker durchgeführt würden. Bevor die Fortbildungsinhalte konkrete Formen annehmen, sollte in der Projektgruppe analog zum WHO-Stufenschema festgelegt werden, welche Schmerzmedikamente und welche Adjuvantien zukünftig in der Pflegeeinheit verwendet werden sollen. Die Auswahl der jeweiligen Medikamente stellt anschließend auch die Basis für die Erstellung des Schmerzschemas bzw. der interprofessionellen Verfahrensregelung dar.

4.3.2.1 Patientenkontrollierte Analgesie – PCA

Die Abkürzung PCA kommt aus dem Englischen und steht für Patient Controlled Analgesie. Die PCA ist eine inzwischen weit verbreitet Form der medikamentösen Schmerztherapie, die für viele Patienten ein Kriterium für eine gute bzw. moderne Schmerztherapie darstellt. Heutzutage gehört diese Therapieform zu einem guten, insbesondere postoperativen Schmerzmanagement dazu. Dennoch ist die postoperative Schmerztherapie laut Teigeler (2008) immer noch eine große Herausforderung, die Qualität sei anhaltend noch eher mäßig als gut. Teigeler zitiert in ihren Ausführungen den Schmerztherapeuten Eberhardt: „50 % aller Anästhesisten sind europaweit mit der Schmerzbekämpfung unzufrieden." Die postoperativen Schmerzen seien auch heute noch unzureichend therapiert. „40 bis 60 % aller Patienten leiden zumindest zeitweise unter mittelstarken bis starken Schmerzen. Und bis zu 35 % aller Patienten,

die frisch operiert auf eine Intensivstation aufgenommen werden, erhalten dort keine Schmerzmittel." Die Patienten müssten immer noch zu lange auf die Verabreichung des Analgetikums warten. „Vom Klingeln des Patienten bei Schmerzen bis zur tatsächlichen Verabreichung vergehen im Durchschnitt 20 Minuten" (Teigeler 2008, S. 14).
Die PCA wird bisher überwiegend durch einer Art Spritzenpumpe angewendet, bei der sich der Patient seine individuelle Schmerzmitteldosierung entsprechend seines eigenen Bedarfs selbst über einen „Anforderungsknopf" geben kann. Die Verabreichung des Medikaments erfolgt überwiegend i.v., s.c. oder auch peridural. In der PCA-Therapie werden meist, aber nicht ausschließlich, Opioide eingesetzt.

Einstellung der PCA-Pumpe

Die PCA-Pumpe wird nach der Anordnung des Arztes mit dem entsprechenden Medikament gefüllt und eingestellt. Dabei muss der Arzt festlegen:

- Soll dem Patienten eine Basisrate verabreicht werden? Wenn ja, in welcher Dosierung? (Auf eine i.v. Opioidapplikation mit kontinuierlicher Basalrate soll auf Normalpflegestationen laut AWMF-Leitlinien (2007) wegen der schlechteren Überwachungsmöglichkeiten verzichtet werden.)
- Wie hoch ist die Bolusmenge, die der Patient abrufen kann? (z. B.: Bolusmenge: 3 mg Dipidolor®)
- Wie lange dauert das Sperrintervall? In welchem Zeitrahmen kann der Patient keinen Bolus abrufen? (z. B.: Sperrzeit: 10 Minuten)
- Wie hoch ist die Maximaldosis? Hier muss festgelegt werden, wie viel eines Medikaments der Patient in einem festgelegten Zeitrahmen maximal abrufen kann (z. B. in 4 Stunden maximal 15 mg Dipidolor®).

Durch diese Programmierung der PCA-Pumpe wird verhindert, dass der Patient fatalerweise eine Überdosierung des Schmerzmedikaments hervorrufen kann. Die PCA-Pumpen verfügen z. T. über unterschiedliche Abfragemöglichkeiten und Aufzeichnungen, z. B. wie oft der Patient versucht hat, eine Bolusgabe abzurufen, wie viel insgesamt bis zum Zeitpunkt X bereits verabreicht worden ist etc. Äußerst komfortabel ist es, wenn die Pumpe zur Auswertung an das EDV-System angeschlossen werden kann und die Daten direkt der elektronischen Patientenakte zugeordnet werden können.
Die PCA ist für die Patienten von erheblichem Vorteil. Durch diese Methode sind sie in der Situation, immer dann ein Medikament zu bekommen, wenn sie es brauchen. Sie sind weitestgehend unabhängig von den Pflegenden und Ärzten, weil sie diese nicht bitten müssen, ihnen ein Schmerzmedikament zu bringen und sie möglicherweise länger darauf warten müssen. Nehmen Patienten an, dass sie lange auf die Gabe der Schmerzmedikamente warten müssen, wenn sie darum bitten, kann das zur vermehrten Einnahme von Schmerzmedikamenten führen, weil die Patienten durch die Einnahme der

Medikamente potentielle Schmerzspitzen im Voraus vermeiden wollen.
Die präventive Gabe von Schmerzmitteln durch die PCA ist ebenfalls gut zu steuern. Will der Patient z. B. aufstehen, kann er sich zuvor einen Bolus zur Schmerztherapie abrufen. Der Bedarf der individuellen Schmerztherapie kann an jeden Patienten angepasst werden, sodass unerwünschte Nebenwirkungen oder eine Unterdosierung mit nachfolgenden hohen Schmerzintensitäten weitestgehend vermieden werden (Carr, Mann 2002).
Die Anwendung der PCA-Pumpen bedarf einer adäquaten Überwachung der Patienten, und sie sind in der Regel nicht zur Therapie geringer oder nur sehr selten auftretender starker Schmerzen geeignet (AWMF 2007).

Patientenauswahl für die PCA

Patienten, die eine PCA-Pumpe erhalten, müssen die Fähigkeit besitzen, den Sinn dieser Methode zu verstehen und entsprechend handeln können. Manche Menschen wollen eine solche PCA-Pumpe nicht, weil sie die Verabreichung des Medikaments nicht eigenverantwortlich übernehmen wollen. Patienten dürfen nicht dazu überredet werden. Die Gefahr einer „Unterversorgung" mit Schmerzmitteln wäre dann nicht unbedeutend. Die medizinischen Kontraindikationen müssen vom behandelnden Arzt abgeklärt werden. Auch bei Kindern ist die PCA möglich, auch hier geht man davon aus, dass ab dem „Gameboy-Alter" die Kinder im Allgemeinen die Fähigkeiten besitzen (je nach Entwicklungsstand), mit einer solchen Pumpe umzugehen.

Schulung der Mitarbeiter

Werden PCA-Pumpen angewendet bzw. neu angeschafft, dann muss sichergestellt werden, dass alle Mitarbeiter, die diese Pumpen bedienen werden, den Umgang damit erlernen. Es müssen Schulungen nach dem Medizinproduktegesetz (MPG) für alle Beteiligten stattfinden, damit die Sicherheit in der Anwendung für den Patienten gewährleistet ist. In der Verfahrensregelung (s. Kap. 4.3.2.5) wird genau festgelegt, wer die PCA-Pumpe anschließt und wie die Patienten zu überwachen sind. Beispielsweise erfolgt eine peridurale PCA nicht auf einer Normalpflegestation, sondern immer nur auf einer Überwachungsstation. Der Anschluss der PCA-Pumpe an den Periduralkatheter hat auch nur durch den Arzt zu erfolgen.

Erste nicht-invasive PCA

Der Nachteil der etablierten PCA-Therapie ist eine gewisse Einschränkung der Bewegungsfähigkeit des Patienten aufgrund der Pumpe und z. T. auch der Zuleitungssysteme. Zwar gibt es auch kleine Pumpen, aber die Akkulaufzeit schränkt manchmal die Entfernung von einer Stromquelle ein. In den Krankenhäusern sind die PCA-Pumpen meist sowieso etwas größer und unhandlicher, die kleineren Pumpen sind eher im ambulanten Bereich zu finden. Seit Januar 2008 gibt es ein PCA-System (IONSYS®), das ohne einen invasiven Zugang und ohne eine Pumpe funktioniert. Es ist für die postoperative Schmerztherapie in Krankenhäusern geeignet. Das System hat Scheckkartengröße und wird auf die Haut des Patienten geklebt. Auf Knopfdruck erfolgt die Applikation von Fentanyl®

mittels „Iontophorese[10]" (im Prinzip transdermal). Auch dieses System ist zu programmieren, sodass die Dosierung für den Patienten eingestellt werden kann und eine Überdosierung des Medikaments nicht möglich ist. Sowohl Patienten als auch Pflegende äußern sich sehr positiv zu diesem Verfahren, es sei auch eine Äquivalenz zur i.v. PCA-Analgesie mit Morphin nachgewiesen. Zusätzlich wird eine Prozessoptimierung im Schmerzmanagement ermöglicht – sowohl im personellen wie im materiellen Bereich –, die zusätzliche positive Auswirkungen auf die Kosteneffizienz hat (Teigeler 2008).

4.3.2.2 Applikationsarten der Schmerzmedikamente

Merke: Die Leitlinien zur postoperativen Schmerztherapie (AWMF 2007) besagen eindeutig, dass eine intramuskuläre Applikation von Analgetika nicht empfohlen wird.

Die i.m.-Injektion ist zum einen schmerzhaft, zum anderen birgt sie Komplikationen in der Methode wie Nervenverletzungen, Hämatome usw. Postoperativ sind verschiedene Applikationswege wählbar: oral bzw. rektal (je nach Operation), die parenterale Verabreichung, wie i.v. bzw. s.c., und auch transdermal (iontophoretisch). Welche Art der Applikation für den Patienten gewählt wird, liegt zum einen an der Schmerzintensität und zum anderen an der enteralen Resorptionsmöglichkeit. Mit Ausnahme der umgehend zu behandelnden starken Schmerzen sollte die orale Gabe der Medikamente immer bevorzugt werden, analog zum WHO-Konzept: by the mouth, by the clock, by the ladder. Je nach Operation und Narkosemittelnebenwirkungen ist die orale Gabe von Medikamenten nicht immer möglich. Übelkeit und Erbrechen verhindern in der postoperativen Phase oftmals die orale Gabe. In diesen Fällen bietet sich die rektale, die subkutane oder die intravenöse Applikation an. Die i.v. Injektion ist die Methode der Wahl, um auf dem schnellsten Weg Schmerzfreiheit bzw. Reduktion der Schmerzintensität zu erzielen (AWMF 2007). Die s.c. Injektion wird von vielen als ebenbürtiger Applikationsweg betrachtet.
Bei Patienten mit chronischen tumorbedingten Schmerzen werden in einem fortgeschrittenen Stadium rückenmarksnahe Applikationsformen gewählt, wie z. B. die Periduralanästhesie (PDS) oder die spinale Anästhesie

i.v. Injektion von Analgetika – wer führt sie durch?

An der Fragestellung, wer die i.v. Injektion von Schmerzmedikamenten im multidisziplinären Team durchführen soll bzw. darf, entfachen sich in deutschen Krankenhäusern wiederholt Diskussionen zwischen den Berufsgruppen der Ärzte und der Pflegenden. In den 1990er Jahren hat die Berufsgruppe der Pflegenden sehr dafür gekämpft, ihre eigenen spezifischen Tätigkeiten gegenüber den Tätigkeiten der Ärzte abzugrenzen. Ziel war es damals, möglichst wenige

[10] Die **Iontophorese** ist ein gezieltes Einschleusen von Ionen (ionisierbaren Arzneimitteln) durch die intakte Haut (Pschyrembel 2007)

Aufgaben aus dem ärztlichen Bereich zu übernehmen und sich verstärkt den originären pflegerischen Aufgaben zu widmen. In der Zeit davor haben viele Pflegende Blut abgenommen und auch i.v. Injektionen durchgeführt. Das war die Zeit, als der Begriff der „Behandlungspflege" erfunden wurde, die so manchem Pflegenden in der Ausführung ärztlicher bzw. arztnaher Tätigkeiten Flügel verliehen hat. In den 2000er Jahren ist man aus gesundheitsökonomischen Gründen wieder an dieser Stelle angekommen. Pflegende sollen Tätigkeiten aus dem ärztlichen Bereich übernehmen, um den monetären Wert der einzelnen Tätigkeit zu senken, bei gleicher bzw. besserer Qualität für den Patienten. Inzwischen sind sich die meisten Experten einig, dass die Blutentnahme im Prinzip problemlos von den Pflegenden übernommen werden kann. Bei der Durchführung der i.v. Injektion ist allerdings eine intensive differenzierte Betrachtung der Sachverhalte nötig. Aus diesem Grund soll an dieser Stelle lediglich eine kurze Gedankenanregung zum Thema i.v. Injektion von Analgetika erfolgen.
Um eine i.v. Injektion von beispielsweise Dipidolor® durch die Pflegenden zu „umgehen", hat sich hier und da folgendes Vorgehen in deutschen Krankenhäusern „eingeschlichen":

Warnung: Ärzte ordnen z. B. an, eine halbe Ampulle Dipidolor® (15 mg) per 100 ml Kurzinfusion (NaCl 0,9 %) i.v. zu verabreichen. Die Durchführung dieser Anordnung erfolgt meist durch die Pflegenden. Geschieht dies mit einem herkömmlichen Infusionssystem (ohne Infusionspumpe), kann es je nach Zuverlässigkeit der Rollenklemme zu einer Verabreichung dieser Kurzinfusion in sehr kurzer Zeit kommen. Das hieße, 7,5 mg Dipidolor® würden auf diese Weise sehr schnell intravenös verabreicht werden. Bedenkt man die typischen Nebenwirkungen von Opiaten, wird deutlich, dass die Patienten auf diesem Weg Gefahr laufen, atemdepressiv zu werden. Ereignet sich ein solcher Fall auf Normalpflegestationen, in der Regel ohne Überwachungsmöglichkeiten, kann das für den Patienten mitunter sehr gefährlich sein.

Es hat sich der Gedanke verfestigt, eine i.v. Infusion sei (im Hinblick auf die Atemdepression) „sicherer" als eine i.v. Injektion. Sie ist es aber nur dann, wenn die Geschwindigkeit der Infusion z. B. mittels einer Infusionspumpe sichergestellt werden kann.
Jetzt schließt sich eine logische Fragestellung an: Wäre es unter dem dargestellten Sachverhalt nicht wesentlich sicherer, wenn die Pflegenden statt einer sehr „unsicheren" i.v. Infusion eine „sichere" i.v. Injektion durchführten? Bleiben wir bei dem Beispiel Dipidolor®. Dieses Opiat wird sehr häufig in der Form verdünnt, indem 15 mg (eine Ampulle) auf 10 ml NaCl 0,9 % aufgezogen werden. So erhält man eine Verdünnung von 1,5 mg auf 1 ml NaCl 0,9 %. Wenn Pflegende beispielsweise eine Anordnung erhalten, dem Patienten 1,5 mg bis maximal 3,0 mg Dipidolor® über einen Venenzugang i.v. zu verabreichen, dann ist diese Methode deutlich si-

cherer für den Patienten als die zuvor beschriebene Art der Kurzinfusionen.
An einem solchen Beispiel wird deutlich, dass die Prozessveränderungen aus der Sicht des Patienten betrachtet werden müssen. Die Übertragung dieser Tätigkeit auf die Pflegenden hätte den Vorteil, dass der Patient nicht auf die Verabreichung von Opiaten warten muss (weil der Arzt im OP ist) und die Opiat-Applikation gleichzeitig sicherer ist.
Jedes Unternehmen muss diese Fragestellung für sich selbst klären, juristische Hintergründe müssen berücksichtigt, Schulungen durchgeführt und Verfahrensregelungen aufgestellt werden (um nur einiges zu nennen, was zu bedenken ist), und dennoch eröffnen sich hier Veränderungen der Prozesse im Sinne einer verbesserten Patientenversorgung hin zu einem besseren Schmerzmanagement.

4.3.2.3 Abhängigkeit und Toleranz

Die Angst vor einer Medikamentenabhängigkeit ist weit verbreitet. Aber nicht nur Patienten und deren Angehörige, auch Pflegende, Ärzte und Mitglieder anderer Berufsgruppen haben zu diesem Thema Vorstellungen und Meinungen, die Ausdruck unzureichenden Wissens sind. Aussagen, wie: „Der Patientin kann man im letzten Stadium ihrer Krankheit ruhig Opiate geben, sie kann dann nicht mehr süchtig werden", zeigen, dass der richtige und angemessene Umgang mit Opiaten nicht gelernt und nicht verstanden wurde. Wäre die Patientin nicht im letzten Stadium ihrer Krebserkrankung, würde sie dann keine Opiate bekommen, weil sie abhängig werden könnte?
Aufgrund von Unwissenheit hinsichtlich der Schmerztherapie mit Opioiden werden diese Medikamente oftmals unzureichend verordnet und verabreicht.

Unterversorgung mit Opioiden

Opioide können nur dann zu einem zufriedenstellenden Ergebnis für den Patienten führen, wenn sie richtig eingesetzt werden. McCaffery et al. (1997) beschreiben folgende Gesichtspunkte der Unterversorgung:

- Opioide werden in einer zu niedrigen Dosierung verordnet: Entweder ist die Einzeldosierung zu gering, oder die Zeitspanne zwischen den Einzeldosen ist länger als die Wirkdauer des Medikaments.
- Die verabreichte Opioiddosis ist geringer als die verordnete Dosierung: Zum einen wird das Opioid in größeren Abständen verabreicht als angeordnet, zum anderen wird eigenständig die Dosierung reduziert.
- Menschen lehnen Opioide ab, obwohl sie starke Schmerzen haben: Sie nehmen die Medikamente gar nicht ein, reduzieren die verordnete Dosierung oder vergrößern die Abstände zwischen den Einnahmen.

> **Merke:** „Alle Gruppen – Pflegende, Ärzte, Patientinnen und Familien – neigen dazu, Opioide zu gering zu dosieren. Daher benötigen sie bessere Informationen“ (McCaffery et al. 1997, S. 106).

Opiate müssen so verabreicht werden, dass Menschen mit Schmerzen eine adäquate und angemessene Schmerztherapie bekommen. Um dieses Ziel zu erreichen, benötigen alle Beteiligten Wissen und Kompetenz zu den Phänomenen Toleranz, psychische Abhängigkeit (umgangssprachlich: Sucht) und physische Abhängigkeit.

Toleranz

Patienten, die Opioide bekommen, können sich im Verlauf der Zeit an diese gewöhnen. Bei akuten Schmerzen, die gut auf Opioide ansprechen, ist es möglich, dass die Patienten ein Bedürfnis nach höheren Opioiddosen entwickeln. Dieses Bedürfnis ist in der Regel bedenkenlos, es ist erfahrungsgemäß auch ein Hinweis auf das Fortschreiten der Erkrankung. Die Verschlechterung des Gesundheitszustands des Patienten geht meist mit einer gesteigerten Schmerzintensität einher, sodass sich daraus der Bedarf nach einer höheren Opioiddosierung und einer gleichzeitigen Toleranzsteigerung gegenüber den Medikamenten ableiten lässt. Carr und Mann (2002) berichten von Studien, die gezeigt haben, dass die Dosissteigerung bei den Patienten umso langsamer erfolgt, je länger die Behandlung insgesamt dauert. Das Phänomen der Toleranz ist kein gravierendes und einschneidendes Problem für die Patienten, weil die Toleranzsteigerung nichts mit einer psychischen Abhängigkeit zu tun hat. Patienten mit unheilbaren Erkrankungen befürchten, wenn sie lange Zeit ein Opioid einnehmen, keine adäquate Schmerztherapie mehr zu bekommen, weil es keine Dosierungssteigerung mehr gibt. Die meisten Opioide zeichnen sich allerdings durch ein hohes Maß an möglichen Dosierungssteigerungen aus, sodass die angemessene Schmerzlinderung erreicht werden kann.

Physische Abhängigkeit

Die Entzugssymptome, die auftreten können, wenn nach Einnahme eines Opioids dieses schnell abgesetzt bzw. in seiner Dosierung deutlich niedriger als zuvor verordnet wird, beschreibt man als physische Abhängigkeit. Diese Symptome lassen sich im Allgemeinen gut überwinden, indem die Medikamente nicht abrupt abgesetzt werden, sondern die Dosis langsam reduziert wird. Ein ähnliches Phänomen kann man auch bei vorschnellem Absetzen von Steroiden beobachten (Carr, Mann 2002).

Körperliche Symptome entsprechen nicht einer psychischen Abhängigkeit, und es gibt keine Kausalzusammenhänge zur Entwicklung einer psychischen Abhängigkeit. Die physische Abhängigkeit tritt bei längerer Medikamenteneinnahme häufig auf, ist allerdings nur schwer vorherzusagen (McCaffery et al. 1997).

> **Merke:** „Das häufigste Problem, das durch Entzugserscheinungen verursacht wird, besteht darin, daß ihre Bedeutung mißverstanden wird.“ Entzugssymptome wie Zittern, Unruhe, Schüttelfrost und starkes Schwitzen usw. dürfen nicht als psychische Abhängigkeit (Sucht) interpretiert werden (McCaffery et al. 1997, S. 111).

Psychische Abhängigkeit

Die psychische Abhängigkeit ist durch ein überwältigendes Verlangen nach einer bestimmten Substanz gekennzeichnet. Der Mensch ist gedanklich beinahe ausschließlich damit beschäftigt, diese Substanzen zu bekommen, und zwar aufgrund der psychischen Wirkung und nicht wegen der Schmerzlinderung. Patienten, die wegen starker Schmerzen Opioide bekommen, sind nur in einem ganz geringen Maße gefährdet, psychisch abhängig zu werden. Laut Carr und Mann (2002) liegt die Wahrscheinlichkeit bei etwa 0,3 %. Dies sind die Ergebnisse aus einer retrospektiven Überprüfung von 24.000 Patienten, die Opioide erhalten haben und bei denen kein bekannter Drogenmissbrauch vorgelegen hat. Selbst bei Patienten mit einem bekannten Drogenmissbrauch, die zur Schmerztherapie Opioide bekommen haben, liegt die Wahrscheinlichkeit für eine psychische Abhängigkeit unter 1 % (Carr, Mann 2002). Auch McCaffery et al. (1997) beschreiben ähnlich geringe Patientenzahlen, die bei einer Opioidtherapie psychisch abhängig geworden sind (eine Untersuchung beschreibt vier von 12.000 Patienten, die mindestens ein Opioid erhalten haben, als psychisch abhängig). Zusätzlich verweisen sie auf die Erkenntnis, dass auch bei längerer Einnahme von Opioiden die Wahrscheinlichkeit für eine psychische Abhängigkeit nicht erhöht ist (McCaffery et al. 1997).

Merke: „Die meisten Menschen nehmen von sich aus keine Opioide mehr, wenn keine Schmerzen mehr vorhanden sind“ (McCaffery et al. 1997; S. 109).

Fehler, die eine psychische Abhängigkeit nach sich ziehen können

Abhängigkeit oder Sucht wird beschrieben als „ein Zustand, der dadurch charakterisiert ist, dass ein Mensch trotz körperlicher, seelischer oder sozialer Nachteile ein unüberwindbares Verlangen nach einer bestimmten Substanz oder einem bestimmten Verhalten empfindet, das er nicht mehr steuern kann und von dem er beherrscht wird. Durch zunehmende Gewöhnung an das Suchtmittel besteht die Tendenz, die Dosis zu steigern. Einer Abhängigkeit liegt der Drang zugrunde, die psychischen Wirkungen des Suchtmittels zu erfahren, zunehmend auch das Bedürfnis, unangenehme Auswirkungen ihres Fehlens (Entzugserscheinungen wie Unruhe, Schlafstörungen, Kopfschmerzen, Angstzustände, Schweißausbrüche) zu vermeiden. Abhängigkeit wird heute als Krankheit angesehen“ (http://wissen.de/wde/generator/wissen/ressorts/gesundheit/medizin/index, page= 1041144.html Zugriff am 29.9.2008).

Die Entwicklung einer solchen Abhängigkeit kann gelegentlich einer schlechten Schmerztherapie geschuldet sein. Die Vorgaben der WHO lauten, den Patienten die Schmerzmedikamente zu festgelegten Zeiten zu geben, also regelmäßig, und möglichst oral zu verabreichen. Die regelmäßige Einnahme eines Schmerzmedikaments – auch eines Opioids – verhindert bei adäquater Dosierung die Entwicklung von Schmerzspitzen. Hat der Patient jedoch über eine lange Zeitspanne hohe Schmerzintensitäten von 7, 8 und mehr und erhält dann – endlich – das „erlösende“ Medikament, kann sich nicht nur eine schmerzlindernde Wirkung, sondern auch eine Wirkung psychischen Ausmaßes entwickeln. Manche Patienten beschreiben diese Zustände als auf einer „rosa Wolke" oder im „siebten Himmel schweben". Wird ein solches Erlebnis ein oder zweimal wahrgenommen, ist sicher nicht mit der Entwicklung einer psychischen Abhängigkeit zu rechnen. Ist die Schmerztherapie aber schlecht, weil keine angemessene Dosierung der Medikamente verordnet, verabreicht oder eingenommen wird und es letztendlich bis zur Gabe von Opioiden Stunden dauert (bis die Anordnung eingeholt und das Medikament bei dem Patienten ist), besteht ein gravierendes Versorgungsproblem. Die Patienten erleben hohe Schmerzintensitäten, und erst nach längerer Zeit des Leidens kommt irgendwann die „Erlösung" durch das Medikament. Solche Situationen, die aus Unwissenheit und mangelnder Kompetenz entstehen, können die Entwicklung einer psychischen Abhängigkeit begünstigen. Hier kann ein gutes Schmerzmanagement durch klare Strukturen und festgelegte Verfahrensregelungen ausgezeichnet Vorsorge treffen – hin zu einer guten Schmerztherapie und weg von einer unbegründeten Sorge vor einer Abhängigkeit.

4.3.2.4 Placebo und Nocebo

Keine Anwendung von Placebos in der Schmerztherapie

Gleich zu Beginn sollen die Grundmauern zur Placebogabe nachhaltig eingerissen werden: Placebos, so wie sie in den meisten Fällen Patienten innerhalb von Studien verabreicht werden, sind in der Schmerztherapie nicht einzusetzen. „Wenn Ärzte und Pflegende Placebos verschreiben und verabreichen und den Patienten/Bewohner in dem Glauben lassen, dass es sich um ein nachweislich wirksames Medikament handelt, belügen sie ihn" (DNQP 2005, S. 79). Nun werden sich einige fragen: „Belügen? Wieso denn das? Placebos haben schon vielen geholfen. Vor allem haben sie dann geholfen, als die Patientin schon so viel Schmerzmedikamente bekommen hat und trotzdem immer wieder nach Medikamenten verlangt hat, weil angeblich die Schmerzintensität noch hoch sei." Bei dieser Darstellung kommen zwei entscheidende Phänomene – im Grunde genommen Fehler – zum Tragen:

1. Die Schmerzintensität, die von der Patientin angegeben wird, wird nicht „geglaubt", und
2. es wird ihr dann auch noch ein Placebo gegeben („es kann ja gar nicht sein, dass sie immer noch Schmerzen hat, bei dem, was sie schon alles bekommen hat").

Nein? Es kann nicht sein, dass sie immer noch Schmerzen hat?
Bei diesem Beispiel liegt es auf der Hand, noch einmal den wichtigsten Satz im Schmerzmanagement zu wiederholen, damit er sich in der Haltung derjenigen verstetigt, die Menschen mit Schmerzen behandeln und pflegen: „Schmerz ist das, was der Betroffene über die Schmerzen mitteilt, sie sind vorhanden, wenn der Patient mit Schmerzen sagt, dass er Schmerzen hat" (McCaffery et al. 1997, S. 12). Weil die Effektivität eines Placebos auf der Unwissenheit des Patienten basiert und somit seine Zustimmung zu dieser Thera-

pie gar nicht eingeholt werden kann, ist diese Art der Placebogabe ethisch nicht zu vertreten. Aus diesem Grund sollen Placebos auch nur z. B. in klinischen Studien angewendet werden, weil die Patienten in diesen Fällen immer ihre informierte Zustimmung gegeben haben müssen. Sie wissen somit, dass es sein kann, eine Intervention (Behandlung, Medikament) mit oder ohne nachweislichen Wirkstoff zu bekommen (AWMF 2007, DNQP 2005).
Um sich der Thematik etwas eindringlicher zu nähern, muss man zwischen dem Placebo und dem Placebo-Effekt unterscheiden.

Placebo

Übersetzt heißt Placebo: „Ich werde gefallen“ (darin enthalten ist eine positive Überzeugung von etwas).
Die mögliche Effektivität von Placebos wird international nicht angezweifelt, allerdings existiert derzeit kein gesicherter theoretischer Hintergrund, wie diese Wirkung zu erklären ist. Ein Faktor, der einen starken Einfluss haben kann, ist die Erwartung, die ein Mensch an die Effektivität der Therapie stellt.
Als Placebo wird eine Tablette oder ein medizinisches Produkt bezeichnet, das keinen pharmazeutischen Wirkstoff enthält. Bei Produkten dieser Art unterstellt man, dass ohne pharmazeutischen Wirkstoff auch keine pharmazeutische Wirkung herbeigeführt werden kann, d. h. die Wirkung beruht nicht auf Arzneistoffen. Placebos können trotz nicht vorhandener naturwissenschaftlicher Nachweise zu einer positiven Reaktion bei den Patienten führen. Das ist der sogenannte Placebo-Effekt, bei dem die Erwartungshaltung eines Patienten an die Effektivität der Therapie positiv unterstützend wirkt.

Placebo-Effekt

Der Placebo-Effekt kann die Wirkung von Therapien, deren spezifische Wirkung erwiesen ist, zusätzlich verstärken. Auch die Leitlinien zur Schmerztherapie (AWMF 2007) weisen darauf hin, den Placebo-Effekt durch positive und realistische Informationen bei dem Patienten weitestgehend auszuschöpfen. Der Patient soll ausreichende und gute Informationen erhalten, die ihm das Gefühl geben, eine gute Schmerztherapie zu bekommen: „Das ist Klasse, die haben die Schmerztherapie extra für mich zusammengestellt.“
Die Art und Weise, wie und ggf. auch durch wen der Patient die Informationen und Aufklärungen zum Analgetikum bekommt, kann die Wirkung des Medikaments durch den Placebo-Effekt erhöhen. Das heißt, eine positive Erwartungshaltung des Patienten kann ein durchaus positives Ergebnis für die Schmerztherapie bringen. Dieser Effekt funktioniert allerdings auch in der negativen Weise (AWMF 2007).

Nocebo-Effekt

Nocebo bedeutet: „Ich werde schaden“ (darin enthalten ist eine negative Überzeugung von etwas). Für den Nocebo-Effekt gilt das gleiche wie für den Placebo-Effekt, eben nur in die negative Richtung. Informationen und Erklärungen können bei dem Patienten so ankommen, dass seine Erwartungshaltung gegenüber den Medikamenten negativ ist: „Das wirkt ja sowieso nicht.“ So kann es zu einer Reduktion der Wirksamkeit und zu einer Steigerung der Nebenwirkungen kommen (AWMF 2007).

Placebo- und Nocebo-Effekte haben im gewissen Sinn etwas mit selbsterfüllender Prophezeihung gemeinsam. Diese kann ebenfalls sowohl positiv als auch negativ wirken.

4.3.2.5 Verfahrensregelung, Schmerzschema, Algorithmus

Verfahrensregelung

Im Kommentar des Expertenstandards sind die notwendigen Inhalte, die in einer Verfahrensregelung enthalten sein müssen, beschrieben. Grundsätzlich sollen in der Verfahrensregelung die Zuständigkeiten und Verantwortlichkeiten für das Schmerzmanagement festgeschrieben werden. Eine solche Verfahrensregelung muss in der interdisziplinären Projektgruppe erarbeitet werden. Die Zustimmung der Beteiligten in der Pflegeeinheit wird eingeholt, ebenso die der Betriebsleitung bzw. Geschäftsführung. Das bedeutet konkret: Die Ärzte, die für die Schmerztherapie verantwortlich sind, müssen benannt werden und deren Erreichbarkeit muss beschrieben sein. Die Behandlungsschemata, insbesondere das Schmerzschema für den jeweiligen Bereich, muss festgeschrieben sein. Darin wird konkret die Basis- und die Bedarfsmedikation festgelegt; diese orientiert sich an den aktuellen Leitlinien der jeweiligen Fachgesellschaften. Hinzu kommen Festlegungen, wie die präventive Schmerztherapie, z. B. vor geplanten Verbandwechseln oder vor der Mobilisation, durchzuführen ist (DNQP 2005).

Schmerzschema

Die Aufgabe der Projektgruppe ist es, das Schmerzschema zu erarbeiten, verantwortlich dafür sind die ärztlichen Teilnehmer. Die Pflegenden haben dabei die Aufgabe, über Erfahrungen zu bisher verwendeten Medikamenten zu berichten. Denn sie sind diejenigen, die sehen, wie die Patienten in der Regel auf bestimmte Medikamente reagieren.
Das Schmerzschema selbst enthält alle wesentlichen Angaben zu den Dosierungen und Verabreichungsmodalitäten der Schmerzmedikamente. Das Schema (Abb. 13) sollte sich an den zu erwartenden Schmerzen für die jeweilige Patientengruppe orientieren. Es ist festzulegen, in welcher zu erwartenden Schmerzsituation (leicht – mittel – hoch) welches Medikament, zu welcher Zeit, in welcher Dosierung und in welcher Applikationsform verabreicht wird. Das ist die so genannte Basistherapie, die für jeden Patienten festgelegt wird. Zusätzlich wird eine Option für eine höhere Schmerzintensität aufgenommen, die Bedarfsmedikation.
Sinn und Zweck der Schmerzschemata ist im Großen und Ganzen die Standardisierung der Schmerztherapie. Dies beinhaltet selbstverständlich die Option auf individuelle Veränderungen der Therapie im Sinne des Patienten.

Kosten der Medikamente

Es hat sich in der intensiven Auseinandersetzung mit den verschiedenen Medikamenten gezeigt, dass sich in fast allen Disziplinen eine gemeinsame Basis für bestimmte Medikamentengruppen finden lässt. Dies hat auch ökonomische Vorteile. Die Einkaufsstrategien für die Medikamente können höchstwahrscheinlich zugunsten des Unternehmens gestaltet werden.
Bei der Auswahl der Medikamente empfiehlt es sich, nicht nur die Kosten der Medikamente für das eigene Unternehmen zu berück-

sichtigen, sondern immer auch die Kosten, die außerhalb des Unternehmens für ein Medikament anfallen.

Schwere der Operation	Beispiele für Operationen	Einteilung in Schmerzschemata
- Patienten mit kleinen Operationen	- Struma - Leistenhernie	Schmerzschema 1
- Patienten mit mittleren Operationen	- laparoskopische Darmresektionen - konventionelle Gallenblasenoperationen	Schmerzschema 2
- Patienten mit großen Operationen	- chirurgische Eingriffe am Ösophagus - chirurgische Eingriffe am Pankreas	- Alle Patienten ohne Periduralkatheter erhalten eine patientenkontrollierte Analgesie (PCA) - Für alle Patienten, die keine PCA bekommen, gilt Schmerzschema 3

Auszug Schmerzschema 1
Operationstag
- schmerzfreie Verlegung des Patienten aus dem Aufwachraum (nicht mehr als 2,5 g Novalgin® im Aufwachraum) - zwei Stunden nach Aufnahme in die Station: o vierstündlich 1 g Novalgin® in 100 ml NaCl 0,9 % intravenös oder o 40 Tropfen Novalgin® per os (z. B. 15, 19, 23, 3 Uhr) o bei Schmerzen > 3/10: 0,2 mg Temgesic® sublingual, maximal achtstündlich
Erster postoperativer Tag
Option: Entscheidung bei der Visite vierstündlich 40 Tropfen Novalgin® per os

Abb. 13: Schmerzschema (Besendorfer/Schmid 2005, S. 79)

> **Merke:** Viele Medikamente sind im klinischen Bereich deutlich kostengünstiger als im ambulanten Bereich. Aus diesem Grund kann es für den Patienten zu Medikamentenumstellungen nach der Entlassung aus dem Krankenhaus kommen.

Die unterschiedlichen Medikamentenkosten hängen mit Einkaufsstrategien, Mengenabnahmen beim Hersteller etc. zusammen. Für den Patienten ist diese Tatsache nicht belanglos. Wird ein Patient in einem Krankenhaus mit bestimmten Medikamenten gut therapiert und hat wenig Schmerzen, dann sollte diese Schmerztherapie nach seiner Entlassung weitergeführt werden. Sind aber die Kosten für diese Medikamente deutlich höher und kommt der behandelnde Arzt im ambulanten Bereich in einen Budgetkonflikt, wird der Patient vermutlich ein anderes, kostengünstigeres Präparat bekommen. Viele Menschen mit Schmerzen mussten aufgrund dieser Situation

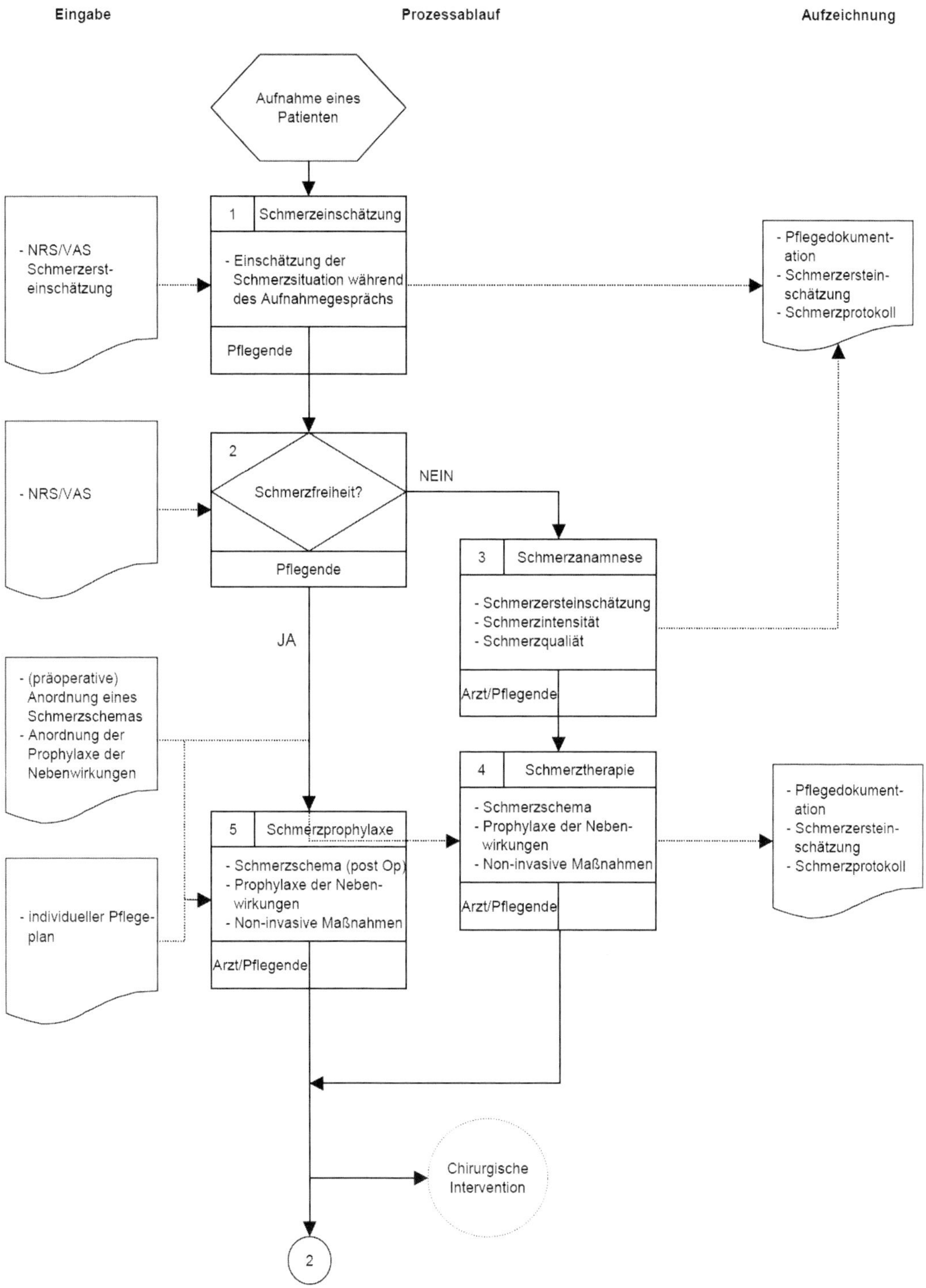

Abb. 14: Auszug aus dem Algorithmus Schmerzmanagement (Klinikum Dortmund, Projektgruppe Interdisziplinäres Schmerzmanagement)

schon die Erfahrung machen, dass es zu einer Umstellung der Medikamente kam. Wenn dies zu einer Verschlechterung der Schmerzsituation führt, ist das für den Patienten von Nachteil, er erlebt einen klassischen Qualitätseinbruch. Das muss vermieden werden, indem vorher über die Kosten für die Medikamente nachgedacht wird.

Was bedeutet „Bedarfsmedikation"?

Ganz entscheidend ist die korrekte Verordnung der Bedarfsmedikation. Die Anordnung: „Bei Bedarf 1 g Novalgin®" öffnet Tür und Tor für eine Fehldosierung eines Medikaments. Wer entscheidet denn bei einer solchen Anordnung, wann der Bedarf gegeben ist? Woran orientiert sich die Feststellung des Bedarfs? Und wie oft kann der „Bedarf" am Tag auftreten? Jede Stunde? Einmal am Tag? Was passiert, wenn 1 g Novalgin® für den Patienten nicht ausreicht und weiterer Bedarf festgestellt wird?

Die vom Arzt schriftlich angeordnete Bedarfsmedikation muss den Einsatz des „Bedarfsmedikaments" klar und deutlich definieren. Die Anordnung eines solchen Medikaments impliziert, dass sich der Arzt im Vorfeld darüber informiert hat, ob beim Patienten Kontraindikationen gegen das „Bedarfsmedikament" bestehen.

Die Anordnung für den Patienten ist so zu formulieren, wie Abbildung 14 zeigt. Sind die Schmerzen bei dem Patienten > 3/10, kann ihm 0,2 mg Temgesic® slg. verabreicht werden. Die Verabreichung dieses Medikaments soll aber maximal alle 8 Stunden erfolgen, um eine Überdosierung zu vermeiden. Ist die Schmerztherapie trotz der Basis- und der Bedarfsmedikation nicht ausreichend, d. h. schätzt der Patient weiterhin seinen Schmerz > 3/10 ein, muss der behandelnde Arzt informiert werden und weitere Entscheidungen treffen.

Algorithmus

In Abbildung 14 ist auszugsweise der „Start" eines Algorithmus zum Schmerzmanagement abgebildet. Die Art und Weise, wie solche Algorithmen erstellt werden sollen, wird meist in enger Absprache mit der Abteilung für Qualitätsmanagement oder der Unternehmensleitung erarbeitet. Aus einem Algorithmus ist zu entnehmen, wer die Verantwortung für welchen Prozessschritt trägt, an welchen Stellen im Prozess Entscheidungen zu treffen sind und wo die Dokumentation der jeweiligen Prozessschritte zu erfolgen hat. Algorithmen helfen, die einzelnen Prozessschritte übersichtlich und systematisch abzubilden und sie vor allem in ihren Abläufen zu hinterfragen und ggf. zu korrigieren. Die Erstellung der Algorithmen ist oftmals mühsam und „kniffelig", was dazu verleiten kann, einen Algorithmus nicht zu erstellen. Hier empfiehlt sich eine gewisse Hartnäckigkeit, weil die schematische Darstellung von Prozessen zeigt, wo aus Patientensicht Versorgungseinbrüche liegen können. Zur Erstellung eines Algorithmus ist folgende Systematik recht hilfreich:

- Algorithmen sollten aus Sicht der Patienten beschrieben werden.
- Der „Hauptpfad" sollte den Prozess darstellen, der den regelhaften Verlauf für den Patienten widerspiegelt.
- Ist eine Entscheidung zu treffen, z. B. „Ist der Patient schmerzfrei?" („Schmerzfreiheit"), sollte der „Ja-Pfad" gerade nach „unten" weiterlaufen.
- Der „Nein-Pfad" sollte nach rechts oder links abweichen und wenn möglich wieder auf den „Hauptpfad" zurückfließen. D. h.

der Patient kommt trotz vorangegangener Abweichungen wieder auf den Hauptpfad zurück.

- Muss der Pfad verlassen werden, weil ein anderer Pfad gegangen werden muss, kann dies ebenfalls angezeigt werden („chirurgische Intervention").
- Zusätzlich sollte zu erkennen sein, welche „Dokumente bzw. Instrumente" benötigt werden, beispielsweise Instrumente zur Einschätzung der Schmerzintensität und Dokumente, in welche die Ergebnisse eingetragen werden.
- Die Nummerierung der einzelnen Prozessschritte ermöglicht eine leichtere Zuordnung.
- Die Benennung der Verantwortlichkeiten bringt Klarheit und Transparenz. Es zeigt auf, wer welchen Prozessschritt zu tun hat.

Eine Herausforderung ist es, den Prozess systematisch darzustellen, dass nicht ein Prozessschritt plötzlich im „Nichts" endet. Bei der Erarbeitung des Algorithmus muss man sich immer wieder fragen: Ist dieser Schritt logisch, und welcher Schritt folgt als nächstes? Dann kommt man letztendlich zu einer übersichtlichen Darstellung des gesamten Prozesses des Schmerzmanagements (das gilt selbstverständlich auch für andere Prozessabläufe).

4.3.2.6 Cut-off-Punkt: 3 von 10

Prozesskriterium 2

Das Prozesskriterium beschreibt, wann die Pflegende spätestens die Schmerztherapie einleiten muss: Entweder so, wie es in der Verfahrensregelung festgeschrieben wurde oder – wenn diese nicht vorhanden ist – durch eine ärztliche Anordnung, die sie einholen muss.

Im Expertenstandard ist der Cut-off-Punkt von 3/10 der numerischen Rangskala festgelegt, weil eine höhere Schmerzintensität für den Menschen mindestens physische Funktionseinbußen mit sich bringt und darüber hinaus langfristig eine Chronifizierung der Schmerzen provozieren kann (s. Kap. 4.3.1.7; DNQP 2005). Um dieses Kriterium zu erfüllen, ist es am einfachsten, wenn bereits zu Beginn der Behandlung des Patienten ein Schmerzschema vom Arzt schriftlich angeordnet wird. So wird sichergestellt, dass der Arzt Schmerzmedikamente angeordnet hat, die der Patient voraussichtlich vertragen wird, d. h. Allergien, Unverträglichkeiten, Kontraindikationen etc. sind abgeklärt. Besonders bei chronischen Schmerzpatienten, die mit einer gut eingestellten Schmerztherapie in ein Krankenhaus kommen, um sich einer Operation zu unterziehen, muss das Schmerzschema mit der bisherigen Schmerztherapie abgeglichen und angepasst werden.

> **Merke:** Existiert im Unternehmen ein Schmerzschema, so muss für jeden Patienten immer eine explizite schriftliche Anordnung des Schemas durch den behandelnden Arzt erfolgen. So wird sichergestellt, dass der Patient die Schmerzmedikamente auch tatsächlich bekommen darf.

Die Anordnung erfolgt innerhalb der Patientendokumentation an der im Unternehmen üblichen Stelle für ärztliche Anordnungen.
Wird eine Schmerztherapie neu eingestellt oder eine Anpassung vorgenommen, hat die Pflegende diese in den Zeitabständen zu überprüfen, die der Applikationsart des Medikaments entsprechen (s. Kap. 4.3.1.8).
Wird eine transdermale Applikation („Schmerzpflaster") angeordnet, ist mit der Wirkung erst nach 12 bis 16 Stunden zu rechnen. Dies ist bei der Schmerztherapie zu berücksichtigen, indem ggf. andere Medikamente zusätzlich verordnet werden.
Das Ziel, die Wirkung der Schmerztherapie zu überprüfen, wird im Pflegealltag im Allgemeinen problemlos erreicht.

Dokumentation der Überprüfung

Hier zeigt sich in der Realität manchmal ein Problem. Es ist unproblematisch, Patienten, die über Schmerzen klagen, zu fragen, ob das zuvor verabreichte Medikament gewirkt hat. Dies ist eine klassische pflegerische Aufgabe, die u. a. mit der Beobachtungskompetenz von Pflegenden zu tun hat. Bei einem Patienten wird eine Besonderheit wahrgenommen (Schmerzen, hoher Blutdruck, Fieber etc.). Darauf wird reagiert – eine Maßnahme folgt – und anschließend wird überprüft, ob durch diese Maßnahme die Besonderheit wieder in den Normalzustand gebracht werden konnte. Verläufe dieser Art werden dokumentiert. Diese Dokumentation ist bei hohem Blutdruck und Fieberzuständen längst absolute Routine. Bei hohen Schmerzintensitäten bedarf es an einigen Stellen dazu ein wenig mehr Disziplin. So ist aufgefallen, dass hohe Schmerzintensitäten und die entsprechende Gabe von Schmerzmedikamenten dokumentiert wurden, aber die Dokumentation des Ergebnisses – „hat das Medikament denn überhaupt gewirkt" – fehlte. Die meisten bestätigen, „selbstverständlich" den Patienten gefragt zu haben. Die Dokumentation sagte dies leider mancherorts nicht aus.
Da die übrigen auffälligen Parameter gut dokumentiert werden, ist auch zum Thema Schmerz eine Verbesserung der Dokumentationsqualität zu erwarten. Wahrscheinlich ist es der Tatsache geschuldet, dass die Schmerzintensität in manchen Bereichen eher ein „neuer" Parameter ist, der (auch noch) dokumentiert werden muss und somit hier und da mal vergessen wird.

Präventive Schmerztherapie

Im dritten Punkt des Prozesskriteriums wird festgelegt, dass die Pflegende dafür zu sorgen hat, dem Patienten bei zu erwartenden Schmerzen ein adäquates Analgesieverfahren zukommen zu lassen. An diesem Punkt hat die Pflegende die Verantwortung für den Prozess, der sich meist auf die Koordination der verschiedenen Berufsgruppen bezieht. Schmerzhafte Prozeduren sind nicht nur die Mobilisation des Patienten, sondern auch Untersuchungen oder therapeutische Eingriffe. Es ist wichtig, dem Patienten **vor** einer solchen Maßnahme Schmerzmedikamente zu verabreichen und nicht danach. Diese präventive Schmerztherapie ist gleichermaßen von den Ärzten anzuordnen, am besten auch schon im Voraus. Die Koordination des zeitlichen Ablaufs ist ganz entscheidend. Bekommt der Patient ein orales Schmerzmittel zur präventiven Schmerztherapie vor einem Verbandwechsel, muss die Wirkzeit beachtet werden (oral: 60 Minuten). Wird der Verbandwechsel allerdings 10 Minuten nach der Einnahme des Medikaments durchgeführt, ist davon auszugehen, dass der Patient keine ausreichende Schmerzfreiheit während des Verbandwechsels hat. Es muss also der Wirkungseintritt des Medikaments abgewartet werden, bis eine schmerzhafte Maßnahme durchgeführt werden kann. Klingt banal, im klinischen Alltag ist es manchmal eine Herausforderung.

Empfehlung: In den Schmerzschemata sind meist die Verabreichungszeiten angegeben. Man könnte bestimmte Maßnahmen diesen Zeiten nachrangig zuordnen.
Beispiel: Morgens wird um 7:00 das Schmerzmedikament oral verabreicht. Die Mobilisation des Patienten oder den Verbandwechsel könnte man somit für die Zeit zwischen 8:00 und 8:30 planen. Bis dahin wirkt das Medikament, und die Maßnahmen sind für den Patienten gut zu ertragen. Diese Vorgehensweise hat sich in der Praxis bewährt.

Ergebniskriterium 2

Die meisten Patienten können bei konsequenter Umsetzung des Schmerzmanagements zur Schmerzfreiheit gelangen. Bei Menschen mit komplexen, chronischen Schmerzzuständen kann dieses Ziel nicht immer erreicht werden. Für diese Patienten kann das Ziel manchmal nur darin bestehen, eine Schmerzlinderung von 3/10 und weniger zu erreichen. In der Kommentierung des Expertenstandards wird beschrieben, dass der Cut-off-Punkt als allgemein gültiger Richtwert gilt, dennoch ist insbesondere mit chronischen Schmerzpatienten möglicherweise ein individueller Cut-off-Punkt festzulegen. Grundsätzlich gilt das Selbstbestimmungsrecht des Patienten, und deshalb sollte das Therapieziel gemeinsam festgelegt werden. Dazu muss der Patient über das Schmerzmanagement und die für ihn angeordnete Schmerztherapie informiert sein.

4.3.2.7 Patienten mit einer „anderen" Einstellung zur Schmerztherapie

Herr Müller „will" nicht

„Herr Müller liegt mit Schweißperlen auf der Stirn im Bett, krümmt sich vor Schmerzen, sagt aber nicht, dass er Schmerzen hat. Außerdem will er nichts einnehmen, obwohl die Medikamente in seinem Zimmer sind. Er soll endlich was einnehmen, das ist ja unmöglich". So oder ähnlich könnte sich die Situation darstellen. Das Schmerzmanagement „läuft" gut, wenn alle das gleiche wollen. Sind aber die Ziele und Vorgehensweisen nicht identisch, passiert es schnell, dass Patienten als schwierig bzw. in populärer Manier als „non-compliant" bewertet werden. Was so viel heißt, wie „nicht kooperationsbereit". Das heißt, es wird erwartet, dass ein Patient, der von den Professionellen im Gesundheitsdienst ein Angebot bekommt – nämlich eine Schmerztherapie – sich kooperativ verhält und dieses Angebot annimmt. Nimmt er es nicht an – warum auch immer –, ist er nicht kooperationsbereit. Die Frage, die sich anschließt, ist, wieso nicht die Ärzte und Pflegenden als „non-compliant" bezeichnet wer-

den. Sie könnten überlegen, warum es zu einer Diskrepanz zwischen dem Angebot der Schmerztherapie und dem Annehmen des Patienten kommt. Waren die Informationen für den Patienten vielleicht nicht verständlich (Analgesie? Adjuvantien? Antieemetika? NRS? usw.)? Hat das Gespräch in Hektik stattgefunden? Hat überhaupt ein Gespräch stattgefunden? Das Thema „non-compliant“ soll hier nicht vertieft werden, dennoch sollte man sich fragen, wem in welchen Situationen dieses Attribut zuzuschreiben ist bzw. ob es sich wirklich um eine angemessene Bewertung der Situation handelt.
Es kommt immer wieder vor, dass Patienten sich nicht zu ihrer Schmerzsituation äußern. Entweder wollen sie keine Angaben dazu machen oder sie lehnen eine Schmerzbehandlung ab. Warum Patienten diese Haltung einnehmen, sollte ergründet werden. Man sollte versuchen herauszufinden, warum die Menschen so denken und sich nicht äußern wollen oder können. Hierzu haben McCaffery et al. (1997) folgende Ausführungen gemacht.
Es gibt Menschen, zu deren Sprachschatz das Wort „Schmerz“ überhaupt nicht gehört. Das hat zur Folge, dass sie Fragen zum Schmerz nicht beantworten können. Für diese Menschen ist es günstig, Worte zu wählen, die sie vielleicht benutzen und mit denen sie etwas anfangen können, z. B. „weh tun, Beschwerden, Unbehagen, Druck“. Menschen mit Sprachproblemen, sei es z. B. wegen geistiger Beeinträchtigungen oder weil sie eine andere Muttersprache haben, können mit dem Begriff „Schmerz“ nicht immer etwas anfangen.

Ängste

Manche Menschen haben so große Angst vor Opioiden, dass sie es ablehnen, diese Medikamente einzunehmen (s. Kap. 4.3.2.3). Jeder hat natürlich das Recht, die Einnahme solcher Medikamente abzulehnen, aber er sollte es mit „Wissen“ und nicht aus Unwissenheit oder irrationalen Ängsten tun. Gegen die Ängste kann durch gute und verständliche Information in den meisten Fällen etwas getan werden, ganz im Sinne des Informierens und nicht des Überredens. Liegt die Vermutung nahe, dass der Patient sich scheut, zu dem Thema etwas zu sagen oder zu fragen, empfehlen McCaffery et al. folgende Vorgehensweise: Zu Beginn kann es hilfreich sein, dem Patienten z. B. folgende Frage zu stellen: „Was denken Sie über die Einnahme von Medikamenten, um Ihre Schmerzen/Beschwerden zu behandeln?“ (McCaffery et al. 1997, S. 31). Mit einer solchen Frage kann man gut die Einstellung der Patienten erfahren. Im Weiteren können relevante Themen zu Ängsten erfragt werden:

- Angst vor Sucht,
- Angst vor nachlassender Wirkung des Medikaments bei längerer Einnahme,
- Angst vor sedierender Wirkung des Medikaments,
- Angst vor Kontrollverlust und/oder „merkwürdigen Gefühlen“ aufgrund der Medikamentenwirkung,
- Angst vor Injektionen. Nicht nur Kinder haben Angst vor Injektionen, auch Erwachsene, allerdings wird dieses Phänomen bei den Erwachsenen meist ignoriert, so Carr und Mann (2002).
- Angst vor dem „Gift“. In der Alltagssprache hat es sich leider eingeschlichen, statt von einem Opiat von einem „Gift“ zu spre-

chen. Wann? Immer dann, wenn man ein Opiat aus dem Betäubungsmittelschrank für einen Patienten haben möchte, schallt es über den Flur: „Wer hat den Giftschlüssel? Kannst du mir mal das Gift für Frau Schulze aus dem Giftschrank geben." Was mag Frau Schulze wohl denken, wenn sie diese Sätze hört?

Gegen alle hier aufgeführten Ängste helfen den Patienten in den meisten Fällen Informationen. Sie müssen wissen, wie Schmerzmittel verabreicht werden und wieso daraus in den allermeisten Fällen keine Abhängigkeit entsteht. Patienten brauchen die Informationen, dass Schmerzmittel umgestellt oder niedriger dosiert werden können, wenn sie davon müde werden oder sich „merkwürdig" fühlen. Sie müssen wissen, dass die Wirkung von Opioiden nicht irgendwann aufhört und ihnen nichts mehr hilft, wenn ihre Krankheit fortgeschritten ist. Dies gelingt aber nur, wenn man sich die Zeit nimmt herauszufinden, wo die Sorge bzw. das Problem beim Patienten liegt. Erst dann kann man eine gute Lösung für den Patienten finden. Lehnt er weiterhin ein Schmerzmittel oder ein Opioid ab, ist dies seine eigene Entscheidung und sein Recht. Aber man kann unterstellen, dass der Patient es nicht aufgrund von Ängsten oder Unwissenheit tut, es sei denn er hat weiterhin Angst vor „Giften" (McCaffery et al. 1997).

Verschweigen von Schmerzen

Patienten sagen nicht immer, wenn sie Schmerzen haben, auch wenn sie aufgefordert wurden, dies umgehend den Pflegenden und Ärzten mitzuteilen, damit etwas dagegen getan werden kann. Eine klassische Situation ist häufig die Visite. Kommen die Ärzte und fragen nach den Schmerzen, sagen Patienten, sie hätten keine. Ist die Visite beendet, klingeln die Patienten und beklagen sich über hohe Schmerzintensitäten. Ähnliches wird beobachtet, wenn Patienten Besuch haben. Ist der Besuch da, haben sie keine Schmerzen, ist er wieder weg, sind die Schmerzen wieder da. Umgekehrt gibt es die Situationen auch. Die Gründe für solche oder ähnliche Verhaltensweisen können vielfältig sein. Vielleicht fühlen sich die Patienten in Anwesenheit von Ärzten und Angehörigen wohl und haben tatsächlich keine Schmerzen. Sind sie wieder weg, ist das Wohlgefühl vorbei und die Schmerzen sind wieder da.
Für manche Menschen haben Schmerzen etwas sehr Bedrohliches. Sei es, dass sie eine Komplikation (z. B. eine Entzündung) befürchten oder dass sie das Fortschreiten ihrer Erkrankung daran messen. Auch solche Aspekte führen dazu, dass Menschen nicht sagen, ob sie Schmerzen haben bzw. wie stark ihre Schmerzen tatsächlich sind. Andere Menschen wollen nicht als „Memmen" gelten, sondern als stark und belastbar. Deswegen beißen sie möglicherweise lieber die Zähne zusammen als ihre Schmerzen mitzuteilen. Andere Patienten wollen den Pflegenden und Ärzten keine Arbeit machen, weil sie denken, die haben sowieso schon genug zu tun. Deswegen melden sie sich nicht oder sie warten bis zu dem Zeitpunkt, bis sowieso eine Pflegende vorbeikommt und sagen erst dann, wie es ihnen geht. Die Menschen, die meinen, die Schmerzen gehören zur Erkrankung und Therapie dazu, werden auch nicht von sich aus sagen, wie es ihnen geht. Gleiches gilt für die Menschen, die meinen, die „anderen"

(Pflegende und Ärzte) wissen schon, wie es um den Schmerz und dessen Behandlung steht.
Zum Phänomen Schmerz gibt es unendlich viele Auffassungen, wie Menschen sich verhalten können. Im Grunde genommen ist es genauso, wie es unendlich viele Charaktere von Menschen gibt – eben eine unendliche Vielfalt. Wichtig dabei ist, all den verschiedenen Menschen ein Angebot zu machen, sie aufzuklären, zu informieren und sie in ihrem Sinne zu unterstützen. Dann ist für die Menschen mit Schmerzen viel erreicht.

4.3.3 3. Standardkriterium – Nebenwirkungen der Schmerztherapie

Tab. 6: 3. Standardkriterium – Nebenwirkungen der Schmerztherapie (DNQP 2005, S. 25)

Die Pflegefachkraft S3 – kennt schmerzmittelbedingte Nebenwirkungen, deren Prophylaxe und Behandlungsmöglichkeiten.	Die Pflegefachkraft P3 – führt in Absprache mit dem zuständigen Arzt Maßnahmen zur Prophylaxe und Behandlung von schmerzmittelbedingten Nebenwirkungen durch.	E3 Schmerzmittelbedingte Nebenwirkungen wurden verhindert bzw. erfolgreich behandelt.

Strukturkriterium S3

Im 3. Standardkriterium wird explizit auf die Nebenwirkungen der Schmerztherapie eingegangen. Das bedeutet, die Pflegenden sollen schmerzmittelbedingte Nebenwirkungen, deren Prophylaxe und Behandlungsmöglichkeiten kennen. Dieses Strukturkriterium bedeutet, dass sich die Pflegenden intensiv mit den Medikamenten der Schmerztherapie und deren möglichen Nebenwirkungen auseinanderzusetzen haben. Sie brauchen Kenntnisse zu den Wechselwirkungen mit anderen Medikamenten. Die Inhalte dieses Strukturkriteriums müssen in den Themenkomplex der Fortbildungen zu den schmerztherapeutischen Medikamenten integriert werden.

Keine Macht den Nebenwirkungen

Keine Wirkung ohne Nebenwirkung. Dieser Grundsatz der Pharmakologie ist selbstverständlich auch auf Opioide zu übertragen. Die typischen Nebenwirkungen treten meist zu Beginn der Therapie auf, bis sich der Körper an die Medikamente angepasst hat. Erfolgt die Therapie nach den Empfehlungen des Herstellers und den Grundprinzipien der WHO, also einschleichend, dann werden diese Substanzen von den meisten Patienten gut toleriert. Auch können andere Medikamente das Ausmaß der Nebenwirkungen eingrenzen (Osterbrink 2004). Am häufigsten treten Atemdepression, Übelkeit, Erbrechen und Obstipation auf (DNQP 2005). Weitere, relativ häufig vorkommende Nebenwirkungen sind: Harnverhalt, Juckreiz, Sedierung, Hemmung der Magen-Darm-Tätigkeit. Andere, wie Verwirrtheit, Schwitzen, Alpträume und Mundtrockenheit, treten etwas seltener auf.
Auch Nicht-Opioide haben Nebenwirkungen, die mitunter für die Patienten ähnlich unangenehm sind. Beispielsweise tritt bei einigen Medikamenten starkes Schwitzen auf oder der Blutdruck fällt ab.

Auch diese Nebenwirkungen sind ggf. zu behandeln, mindestens aber zu dokumentieren.

Atemdepression

Vor Atemdepression haben alle den größten Respekt, manche auch die größte Angst. Es ist durchaus möglich, dass manche Hausärzte erst gar nicht über Betäubungsmittelrezepte verfügen, um nicht in die Verlegenheit zu kommen, Opioide zu verschreiben und zu befürchten, der Patient könnte unter Umständen zu Hause an einer Atemdepression versterben. Mit einem solchen Szenario werden so viele Befürchtungen verknüpft, dass es manchen lieber ist, ganz die „Finger" davon zu lassen. Das ist für die Patienten allerdings sehr nachteilig. Bekommen sie bei starken tumorbedingten Schmerzen keine Opioide, wird es ihnen nicht gut gehen, sie werden wahrscheinlich mehr Schmerzen erleben als mit der Einnahme von Opioiden.
Zunächst einmal ist klar, dass Opioide Atemdepressionen auslösen können und im gewissen Umfang die Atemtätigkeit beeinflussen. Bei korrekter Dosierung und Anwendung ist dies für die meisten Patienten nicht bedrohlich und klinisch nicht relevant. „Eine Atemdepression entsteht aufgrund der Hemmung atemregulatorischer Zentren im zentralen Nervensystem. Genau an diesem Atemzentrum besteht eine erhöhte Dichte körpereigener Opioidrezeptoren. Der Schmerz stellt jedoch ein gegensteuerndes Element gegen diese Atemdepression dar. Das bedeutet für die Praxis, daß jeweils für den einzelnen Patienten der Punkt gefunden werden muss, an dem der Schmerz durch ein Opioid beseitigt ist, ohne daß durch eine zu hohe Dosierung der Atemantrieb reduziert ist" (McCaffery et al. 1997, S. 113). Wann, bei welchem Patienten, mit welcher Dosierung eine Atemdepression auftritt, ist nicht vorhersehbar. Deswegen gilt gerade bei den ersten Gaben eines Opioids, dass der Patient intensiv beobachtet werden muss, um frühzeitig eine Beeinträchtigung der Atmung zu erkennen und zu behandeln. Eine Atemdepression muss umgehend behandelt werden.

Übelkeit, Erbrechen und Obstipation

Übelkeit, Erbrechen und Obstipation sind häufig auftretende, für den Patienten sehr belastende Nebenwirkungen von Opioiden. Übelkeit und Erbrechen verschwinden meist nach 2–3 Wochen, wenn die Toleranz für das Medikament eingetreten ist. Das heißt, der Körper hat sich an das Medikament gewöhnt, und die Nebenwirkungen werden geringer und verschwinden letztendlich ganz. Hier können antiemetische Medikamente unterstützend eingesetzt werden.
Bei der Nebenwirkung Obstipation jedoch gibt es keine Toleranzentwicklung. Deshalb sollte zur Obstipationsprophylaxe von Beginn an ein Laxans verordnet werden. Zusätzlich ist dem Patienten eine ballaststoffreiche Ernährung und eine ausreichende Flüssigkeitszufuhr zu empfehlen (Osterbrink 2004).

Prozesskriterium und Ergebniskriterium 3

Die Pflegende soll in Absprache mit dem zuständigen Arzt Maßnahmen zur Prophylaxe und Behandlung von schmerzmittelbedingten Nebenwirkungen durchführen. Ziel soll es laut Ergebniskriterium 3 sein, dass schmerzmittelbedingte Nebenwirkungen verhindert bzw. erfolgreich behandelt worden sind (DNQP 2005).
Für die Pflegenden bedeutet das, die Nebenwirkungen, die bei dem Patienten auftreten, zu dokumentieren und unverzüglich an den Arzt

weiterzugeben, damit eine adäquate Therapie eingeleitet werden kann. Manchmal wird wahrscheinlich auch eine Umstellung der Medikamente oder eine andere Dosierung unumgänglich sein. Bei Medikamenten, bei denen Magenbeschwerden auftreten können, sollte gleich zu Anfang ein entsprechender Magenschutz für die Patienten angeordnet werden. Möglichst sollte im Sinne des Patienten eine prophylaktische Therapie der Nebenwirkungen am besten direkt mit der Anordnung des Schmerzschemas erfolgen.
Die Dokumentation der Nebenwirkungen muss in der Patientenakte derart erfolgen, dass eine Zuordnung zu den Medikamenten und den Schmerzspitzen möglich ist. So kann der behandelnde Arzt zielgerichtet die Behandlung einleiten.

> **Merke:** Nebenwirkungen sind (möglichst) sofort zu behandeln. Klinisch relevante Atemdepressionen sind unverzüglich zu behandeln.

Nebenwirkung oder Allergie?

„Frau Schmidt ist allergisch auf Novalgin®, sie schwitzt danach immer sehr stark.“ Solche oder ähnliche Argumente hört man von Zeit zu Zeit. Auch Patienten interpretieren solche Nebenwirkungen als Allergien. Das Schwitzen nach der Einnahme von Novalgin® ist keine Allergie. Eine Allergie zeichnet sich meist durch Juckreiz, Hautveränderungen bis hin zum anaphylaktischen Schock aus und ist bei Novalgin® sehr selten. Aber weil die Nebenwirkung des Schwitzens als äußerst unangenehm empfunden wird, hinterlässt dies bei den Patienten und oftmals auch bei den Pflegenden den Eindruck, es handle sich um eine allergische Reaktion. Hier muss gut differenziert und informiert werden. Denn bei einer „echten“ Allergie auf ein spezielles Medikament muss die Verabreichung unbedingt vermieden werden.

4.3.4 4. Standardkriterium – Nicht-medikamentöse Maßnahmen

Tab. 7: 4. Standardkriterium – Nicht-medikamentöse Maßnahmen (DNQP 2005, S. 25)

Die Pflegefachkraft S4	**Die Pflegefachkraft** P4	**E4** Die angewandten Maßnahmen haben sich positiv auf die Schmerzsituation und/oder die Eigenaktivität des Patienten/Betroffenen ausgewirkt.
– kennt nicht-medikamentöse Maßnahmen zur Schmerzlinderung sowie deren mögliche Kontraindikationen.	– bietet in Absprache mit den beteiligten Berufsgruppen dem Patienten/Betroffenen und seinen Angehörigen als Ergänzung zur medikamentösen Schmerztherapie nicht-medikamentöse Maßnahmen an und überprüft ihre Wirkung.	

Strukturkriterium 4

Die Pflegefachkraft kennt nicht-medikamentöse Maßnahmen zur Schmerzlinderung sowie deren mögliche Kontraindikation (DNQP 2005).

Im Expertenstandard wird darauf hingewiesen, dass die Wirksamkeit der nicht-medikamentösen Maßnahmen nur eingeschränkt wissenschaftlich nachweisbar ist. Nichtsdestoweniger werden diese Maßnahmen, in Abstimmung mit allen beteiligten Berufsgruppen, für die Pflege und Behandlung des Patienten empfohlen. Die Reaktion der Patienten hat gezeigt, wie gut sich diese Methoden auf das Schmerzerleben auswirken. Das Wissen um das verbesserte Wohlbefinden der Patienten, das sog. „Praxiswissen", reicht aus, um diese Maßnahmen zur Unterstützung der Schmerztherapie anzuwenden[11]. Aus diesem Grund werden auch in internationalen Leitlinien nicht-medikamentöse Maßnahmen empfohlen. Für die Pflegenden bedeutet die Anwendung dieser Maßnahmen eine Vergrößerung des pflegerischen Angebots. Man hat jedoch festgestellt, dass diese Maßnahmen in Deutschland bisher nur unsystematisch genutzt werden (DNQP 2005). Im Expertenstandard wird ausdrücklich darauf hingewiesen, „dass die nicht-medikamentösen Maßnahmen nur in Ergänzung zu, nicht aber anstelle einer medikamentösen Therapie angeboten werden sollen. Des Weiteren sollen ergänzende Maßnahmen nicht mit dem Ziel eingesetzt werden, Intervalle der Medikamentengabe zu verlängern" (DNQP 2005, S. 81).

Tab. 8: Mögliche positive Auswirkungen nicht-medikamentöser Maßnahmen (DNQP 2005, S. 25)

Emotionale/psychische Auswirkungen	Physische Auswirkungen
• Emotionale Belastung ↓	Stimulation des sympathischen Nervensystems ↑
• Wahrgenommene Bedrohung ↓	Muskelentspannung ↑
• Müdigkeit ↓	Herzfrequenz ↓
• Angst ↓	Blutdruck ↓
• Stärkung von Bewältigungsstrategien ↑	Sauerstoffzufuhr ↑
• Kontrolle über Schmerzen ↑	Freisetzen von endogenen schmerzreduzierenden Substanzen ↑
• Veränderung von Erwartungen	
• Wohlbefinden ↑	
• Hoffnung ↑	
• Schlafqualität ↑	
• Lebensqualität ↑	

In der Pflegepraxis werden einzelne nicht-medikamentöse Maßnahmen sehr häufig angewendet. Die Anwendung von Wärme und Kälte sowie der atemstimulierenden Einreibung sind hier längst etabliert.

[11] Eine ähnliche Situation zeigt sich ebenfalls im Rahmen der Basalen Stimulation®. Diese Maßnahmen konnten aus methodischen und inhaltlichen Gründen bisher auch nicht eindeutig wissenschaftlich nachgewiesen werden. Dennoch sind die Erfahrungen und Berichte der Patienten bei Weitem ausreichend, um vom Sinn dieses pflegerischen Konzepts überzeugt zu sein.

Dennoch bleibt eine systematische Anwendung der nicht-medikamentösen Maßnahmen im Rahmen der Schmerztherapie oftmals ungenutzt. Hier besteht in einigen Unternehmen noch Nachholbedarf. Dennoch sollte im Vorfeld überlegt werden, welchen dieser Maßnahmen intensivere Aufmerksamkeit geschenkt wird, um sie den Patienten anzubieten. Es ist wenig sinnhaft, sämtliche Maßnahmen vorzuhalten. Jedes Unternehmen bzw. jede Pflegeeinheit sollte sich überlegen, welche Maßnahmen ohnehin angewendet werden und sich der Frage öffnen, welche zusätzlich in die Angebotspalette der Pflege passen würden.
Von McCaffery gibt es eine Zusammenstellung der möglichen positiven Auswirkungen von nicht-medikamentösen Maßnahmen, die im Expertenstandard (DNPQ 2005) zusammenfassend aufgeführt ist (Tab. 8).

4.3.4.1 Exkurs: Gate-Control-Theorie

Warum wirken nicht-medikamentöse Maßnahmen überhaupt? Warum reibt man sich den Ellenbogen, wenn man sich am Türrahmen gestoßen hat? Warum tut es Kindern gut, wenn die Mutter auf den schmerzhaften Unterarm pustet? Warum hält man sich den Bauch, wenn man Bauchschmerzen hat?
Um diese Wirkungsweisen ein wenig besser verstehen zu können, muss man sich mit der Gate-Control-Theorie beschäftigen.
Diese wurde 1965 ursprünglich von Melzack und Wall (in: Carr, Mann 2002) entwickelt. Sie wird auch heute noch weiter beforscht und ergründet, weil sich durch sie noch nicht alle Phänomene der Schmerzweiterleitung und Schmerzhemmung erklären lassen. Bisher kann mit dieser Theorie erklärt werden, dass die Weiterleitung bzw. die Hemmung der Schmerzimpulse zum Gehirn im Rückenmark („Tor im Rückenmark") durch bestimmte Mechanismen gehemmt bzw. gefördert werden kann. Der Körper hat dadurch ein eigenes Schmerzsystem, das individuell und in verschiedenen Situationen mehr oder weniger stark aktiv ist. Kognitive bzw. höhere Zentren des Gehirns sind in der Lage, das „Öffnen und Schließen des Tores zu beeinflussen". Zentrale Aktivitäten des Gehirns – Emotionen wie Angst und Aufregung – können das „Tor" öffnen und somit die Schmerzwahrnehmung verstärken. Kognitive Aktivitäten, wie Ablenkung, Entspannung und Imagination, können umgekehrt dazu führen, dass sich das „Tor schließt". Dadurch wird die sensorische Übertragung von Schmerzen weitestgehend verhindert (Carr, Mann 2002; McCaffery et al. 1997).

Schmerzfasern

Drei verschiedene Arten von Nervenfasern sind für die Schmerzwahrnehmung wichtig. Die A-delta-Fasern und die C-Fasern sind für die Schmerzleitung verantwortlich, die A-beta-Fasern übermitteln Empfindungen wie Wärme und Berührung, die nicht unbedingt schmerzhaft sind, aber je nach Intensität durchaus schmerzhaft sein können.

A-delta-Faser

Die A-delta-Fasern leiten Schmerzimpulse sehr schnell weiter, sie sind myelinisiert. Der Schmerz wird unmittelbar wahrgenommen, und zwar hell, scharf, und er ist gut zu lokalisieren. Diese Fasern sind auch für den Fluchtreflex verantwortlich, der unmittelbar eintritt, wenn man z. B. versehentlich eine heiße Herdplatte oder ein Bügeleisen angefasst hat. Man zieht unmittelbar seine Hand weg. Dieser Schmerz wird auch als „erster Schmerz" bezeichnet.

C-Faser

Die C-Fasern sind nicht myelinisiert und leiten die Schmerzimpulse deutlich langsamer weiter als die A-delta-Fasern. Diese Schmerzen werden als dumpf, brennend, ziehend und pulsierend wahrgenommen. Dieser Schmerz wird auch als „zweiter" Schmerz bezeichnet, weil er nachhaltiger und in einem weiteren Ausmaß zu spüren ist.

A-beta-Fasern

Die A-beta-Fasern befinden sich in der Haut, leiten die Impulse am schnellsten und sind die größten der drei Faserarten. Diese Fasern werden durch Berührungen und Empfindungen aktiviert, die normalerweise nicht als schmerzhaft wahrgenommen werden. Berührungen dieser Art sind das Reiben, wenn man sich den Ellenbogen gestoßen hat, wenn man sich den Bauch hält, wenn er schmerzt oder wenn die Mutter „pustet", weil sich das Kind wehgetan hat. Dadurch werden die schnell agierenden A-beta-Fasern stimuliert. Diese Fasern werden auch als Fasern des Berührungsempfindens bezeichnet; Sie verursachen das Schließen des Tores im Rückenmark. Im Rückenmark treffen dann die Impulse aller drei Fasern zusammen. Aufgrund der „Enge", die dort herrscht, stellen Carr und Mann (2002) den Vergleich mit einer großen Verkehrskreuzung an. Wenn zu viele Autos – hier Nervenimpulse – ankommen, dann kommen in der Regel nur die durch die gestaute Kreuzung, die den schnellsten und kürzesten Weg nehmen können, und das sind im Fall der Schmerzfasern die A-beta-Fasern. Wenn man sich den Ellenbogen reibt und dabei auch noch Wärme erzeugt, erreichen weniger Schmerzempfindungen das Gehirn, als wenn man diese Berührung unterließe. Lenkt man sich zusätzlich noch bewusst ab, würden auch die in der Gate-Control-Theorie benannten kognitiven Anteile zentral im Gehirn stimuliert, und das würde die Schmerzwahrnehmung zusätzlich verändern und Auswirkungen des Schmerzes verringern (Carr, Mann 2002).
Diese kurze Darstellung zur Gate-Control-Theorie soll das Verständnis für die Wirkungsweisen der nicht-medikamentösen Maßnahmen erhöhen. Diese Theorie bietet wesentliche Argumente dafür, dass die nicht-medikamentösen Maßnahmen ihren festen Platz in der Schmerztherapie zur Unterstützung der medikamentösen Therapie haben.

4.3.4.2 Auswahl an nicht-medikamentösen Maßnahmen

Grundsätzlich sind zwei Wirkmechanismen der nicht-medikamentösen Maßnahmen zu unterscheiden: die peripher und die zentral wirkenden Maßnahmen.

Peripher wirkende nicht-medikamentöse Maßnahmen

Peripher wirkende nicht-medikamentöse Maßnahmen sind kutane Stimulationen. Laut McCaffery et al. ist die kutane Stimulation „die Stimulation der Haut zum Zweck der Schmerzlinderung" (McCaf-

fery et al. 1997). Vor allem die Vorteile der kutanen Stimulation sind überzeugend. In der Regel verursachen sie keine Verletzungen. Sie sind problemlos anzuwenden, sei es zu Hause, in stationären Pflegeeinrichtungen oder im Krankenhaus. Die Anwender der kutanen Stimulation brauchen keine große Erfahrung, um eine sichere und effektive Anwendung für den Patienten zu ermöglichen. Welche Maßnahmen bei dem Patienten eingesetzt werden, hängt zum einen von deren Beschwerden in Abwägung mit den Kontraindikationen ab und zum anderen auch von den Vorlieben und Erfahrungen des Patienten. Sie haben oftmals schon Erfahrungen mit diesen Maßnahmen gemacht, an die angeknüpft werden sollte.
Folgende peripher wirkende nicht-medikamentöse Maßnahmen sind vergleichsweise populär.

- Wärmeanwendungen:
  Wärmflasche, elektrische Heizkissen, Wickel und Auflagen, Bäder.
- Kälteanwendungen:
  Eisbeutel, Cold-Packs, Wickel.
- Vibrationen/Stimulationen:
  Elektrische Massagen (Vibratoren, TENS [transkutane elektrische Stimulation], Massagen) (DNQP 2005, McCaffery et al. 1997).

All diese Maßnahmen besitzen einen potentiell schmerzlindernden Effekt durch die Reduzierung der Sensibilität für die Schmerzen. Bei der Vibration und der Kälteanwendung kommt eine anästhesierende Wirkung hinzu. Die Wärme- und Kälteanwendungen sind in der Pflege – man könnte beinah sagen – standardisiert. Allerdings ist in den meisten Unternehmen die Nutzung von elektrischen Heizkissen aus Brandschutzgründen nicht mehr erlaubt. Die Kontraindikationen sind sowohl bei Kälte- als auch Wärmeanwendungen abzuklären, aber wenn dem nichts entgegensteht, kann der Patient diese Anwendungen erhalten, wenn er möchte.
Wickel und Auflagen sowie Massagen finden oftmals in speziellen Unternehmen Anwendung, meist dort, wo neben der „klassischen“ Schulmedizin sog. komplementäre Behandlungsmethoden einen hohen Stellenwert besitzen. In einem „normalen“ Krankenhaus der Maximalversorgung haben diese Maßnahmen eher einen geringeren Stellenwert, was überwiegend den Prozessabläufen dieser Institutionen geschuldet ist.
Häufig angewendet werden dagegen Lagerungen, die eine Schmerzreduzierung für den Patienten bewirken. Diese Lagerungen können sehr gut gemeinsam mit dem Patienten ausprobiert und für ihn unterstützend eingesetzt werden. Hier geht es nicht um spezielle Lagerungen, manchmal reicht schon ein zusätzliches Kissen oder eine Oberkörperhochlagerung, die zu einer Schmerzlinderung beitragen. In der Viszeralchirurgie dienen darüber hinaus Bauchtücher als ganz einfache, aber dennoch wirksame schmerzlindernde Hilfen, insbesondere bei der Mobilisation und beim Husten.
Die transkutane elektrische Nervenstimulation (TENS) ist ein etabliertes Verfahren, das zur Behandlung von akuten und chronischen

Schmerzen eingesetzt wird. Mittels TENS sollen die A-beta-Fasern erregt werden, wodurch sich das Tor für die Weiterleitung der Schmerzimpulse schließt (s. o. Gate-Control-Theorie). Die TENS-Geräte sind relativ klein und werden über Elektroden mit der Haut des Patienten verbunden. Die elektrischen Impulse lassen sich individuell einstellen (Intensität, Dauer, Frequenz). Für den Patienten ist die Anwendung sehr vorteilhaft, weil er mit dem Gerät unabhängig und mobil ist (Carr, Mann, 2002).

Zentral wirkende nicht-medikamentöse Maßnahmen

Bei diesen Maßnahmen stehen Ablenkung und Entspannung im Mittelpunkt.
Die Ablenkung hat zum Ziel, dass der Patient seine Aufmerksamkeit auf etwas anderes – Angenehmes – richtet als auf den Schmerz, wodurch dieser sehr stark aus dem Bewusstsein verdrängt werden kann. Dieser Effekt wird mit der begrenzten Aufmerksamkeitsfähigkeit des Menschen erklärt. Ablenkung wird auch als eine Art sensorisches Schutzschild bezeichnet. Patienten schützen sich vor der Schmerzempfindung, indem sie ihre Aufmerksamkeit auf andere Reize richten. Hierzu gehören insbesondere das Hören, Sehen, Berühren und Bewegen; Ablenkung kann in Form von Imaginationsübungen, Musik hören, Videos sehen oder fernsehen erfolgen. Die potentiellen Effekte werden in der Schmerzreduktion, der erhöhten Schmerztoleranz, der veränderten Schmerzwahrnehmung und einer möglichen Stimmungsaufhellung gesehen (DNQP 2005, McCaffery et al. 1997).
Ziel ist es, eine größtmögliche Muskelentspannung und Angstfreiheit zu erreichen. Es gilt, den Teufelskreis zwischen Angst und Schmerzen zu durchbrechen. Eine klare Trennung zwischen Entspannung und Ablenkung gibt es nicht, Musik kann beispielsweise sowohl zur Ablenkung als auch zur Entspannung dienen. Typischerweise gehören zur Entspannung die Progressive Muskelentspannung, das Autogene Training und die Meditation (Carr, Mann 2002; DNQP 2005). Bestimmte Atemübungen gehören gleichermaßen zu diesem Bereich, hier kann insbesondere auch auf die atemstimulierende Einreibung (ASE) hingewiesen werden. Die ASE soll den Patienten bei einer gleichmäßigen, ruhigen und tiefen Atmung unterstützen. Dadurch wird die Körperwahrnehmung unterstützt und die Konzentrationsfähigkeit und Bereitschaft für Außenreize gefördert – also weg vom inneren Reiz, dem Schmerz. Patienten mit Schmerzen sind eine ganz wichtige Zielgruppe für die Anwendung der ASE (Bienstein, Fröhlich 1993).
Bei der Entspannung erwartet man als potentielle schmerzlindernde Effekte eher eine Stressreduktion, physiologische Reaktionen der Entspannung (Normalisierung der Vitalzeichen, Muskelentspannung etc.), eine verbesserte Schlafqualität sowie eine Stimmungsaufhellung. Die Schmerzreduktion an sich ist eher selten (DNQP 2005).
Insgesamt erwartet man von den nicht-medikamentösen Maßnahmen auch dadurch positive Effekte, dass der Patient Möglichkeiten bekommt, selbst etwas gegen die Schmerzen zu tun und er dadurch einen eigenen Beitrag zur Schmerzbehandlung leisten kann. Auch Angehörige können an dieser Stelle aktiv in die peripher wirkenden

nicht-medikamentöse Maßnahmen eingreifen und für den Menschen mit Schmerzen und auch für sich selbst etwas Positives, Angenehmes tun (DNQP 2005).

4.3.4.3 Nicht-medikamentöse Maßnahmen – das Herzstück der Pflege?

Prozesskriterium 4

Die nicht-medikamentösen Maßnahmen könnten tatsächlich ein Herzstück der Pflege sein. Sie sind in Absprache mit den beteiligten Berufsgruppen durchzuführen und dienen als Ergänzung zur medikamentösen Schmerztherapie (DNQP 2005). Wenn festgelegt ist, welche Maßnahmen für den Patienten sinnvoll sind, können die Pflegenden selbstständig diese Maßnahmen durchführen oder den Patienten und seine Angehörigen bei der Durchführung unterstützen. Patienten, die eine Schmerzintensität von > 3/10 haben, sollten im Rahmen der Schmerztherapie auch nicht-medikamentöse Maßnahmen erhalten.

Empfehlenswert ist, den Patienten zu fragen, ob er selbst bestimmte Maßnahmen kennt und anwendet. Falls ja, können diese Maßnahmen gut in die Pflegeplanung integriert werden.

Kennt der Patient keine solchen Maßnahmen, dann sollte sich jedes Stationsteam im Vorfeld überlegen, welche Maßnahmen es durchführen will. Es macht Sinn, sich gemeinsam schon während der Fortbildungsphase zu überlegen, welche Maßnahmen angewendet werden sollen. Auch wenn diese Maßnahmen keine gravierenden Fehlerquellen in sich bergen, so ist es doch wichtig, dass jeder sich damit auseinandergesetzt hat und weiß, was zu tun ist. Es wäre nicht zielführend, wenn Pfleger Müller eine Progressive Muskelentspannung mit dem Patienten einüben will, aber in der nächsten Dienstzeit niemand da ist, der den Patienten dabei unterstützen kann, weil außer Pfleger Müller keiner diese Methode vermitteln kann.

Folgende Maßnahmen lassen sich recht leicht in die Pflege integrieren:

- Lagerungen zur Schmerzlinderung,
- Bauchstützverbände,
- Wärme- und Kälteanwendungen,
- Atemstimulierende Einreibung,
- Imagination.

Die atemstimulierende Einreibung muss inzwischen jede Pflegende beherrschen. Für diese hervorragende pflegerische Maßnahme gibt es keine Kontraindikationen, und man kann dem Patienten damit tatsächlich sehr viel Gutes tun. „Grundvoraussetzung für eine ASE ist die Fähigkeit der Pflegenden, sich auf die Maßnahme in Ruhe einlassen zu können. Eine ASE benötigt ca. 5 Minuten Zeit" (Bienstein, Fröhlich 1993, S. 64). Hier liegt übrigens eine Chance zur Entspannung für beide Personen, den Patienten und die Pflegende. Sich fünf Minuten Zeit zu nehmen und eine atemstimulierende Einreibung durchzuführen, kann auch für die Pflegenden einen „entschleunigende" Wirkung haben. Im rasanten Pflegealltag, in dem alles schnell geht und die Beschleunigung des pflegerischen Handelns schon eine Maxime ist, ist eine ASE auch für die Pflegende mitunter eine sehr beruhigende Tätigkeit – hin zu einem Stück Achtsamkeit im Arbeitsalltag. Die positive Wirkung für den Patienten ist unumstritten. Die ASE sollte jedem Patienten mit Schmerzen angeboten werden. Ein Angebot impliziert immer, dass ein Patient eine solche Maßnahme ablehnen kann.

Patienten haben oftmals Schmerzen bei kurzen diagnostischen Eingriffen, oder jeder von uns kennt vielleicht „Angst vor den Schmerzen" beim Zahnarzt. Für solche Situationen sind Imaginationen sehr hilfreich und unterstützend. Man kann dem Patienten z. B. eine imaginäre „Reise" zu seinem Lieblingsurlaubsort anzubieten. Das kann vorher mit ihm besprochen werden, und wenn der Eingriff beginnt, erinnert man ihn kurz daran und „schickt" ihn dann auf seine Reise. Imaginationen dieser Art helfen vielen Menschen beispielsweise auch bei der Kernspintomographie. Die Geräte sind meist sehr eng und geschlossen, viele Menschen fürchten sich davor. Eine „Reise", z. B. nach Tibet, kann es etwas einfacher machen, die Untersuchung auszuhalten.

Ergebniskriterium 4

Ziel ist es, dass sich die angewendeten Maßnahmen positiv auf die Schmerzsituation und/oder die Eigenaktivität des Patienten auswirken. Die Schwierigkeit, einen Nachweis und eine Messgröße zu den speziellen Effekten dieser Maßnahmen zu liefern, ist bekannt. Deswegen ist das zentrale Kriterium zur Beurteilung der Effektivität die subjektive Einschätzung durch den Patienten (DNQP 2005).
Werden nicht-medikamentöse Maßnahmen angewendet, ist auf deren positive Wirkung zu achten. Es macht keinen Sinn, Maßnahmen gegen den Willen des Patienten anzuwenden. Nicht jeder kann Wärme oder Kälte vertragen, auch sind nicht alle Menschen bereit, eine imaginäre Reise zu machen. Hier muss gemeinsam mit dem Patienten ausgewählt werden, welche Maßnahmen für ihn in Betracht kommen könnten.
Die medikamentöse Schmerztherapie ist selbstverständlich in ihrem Einsatz unverzichtbar, aber sie kann durch die nicht-medikamentösen Maßnahmen sinnvoll ergänzt und unterstützt werden. Eine gezielte Auswahl von Maßnahmen in einer Pflegeeinheit erhöht die Chance, dass sie umgesetzt werden. Legt man kein Maßnahmenspektrum fest, dann birgt das die Gefahr, dass letztendlich nur wenige oder gar keine Maßnahmen für den Patienten bereit gehalten werden.

Empfehlung: Auch wenn das Buch von McCaffery aus dem Jahr 1997 ist, hat es dennoch seine Aktualität nicht verloren. In diesem Buch sind viele der nicht-medikamentösen Maßnahmen detailliert beschrieben. Durch diese detaillierten Beschreibungen können sowohl Pflegende als auch Patienten und Angehörige alle diese Maßnahmen konkret durchführen. Die Beschreibungen haben beinah den Charakter einer „Gebrauchsanweisung".

4.3.5 5. Standardkriterium – Beratung und Schulung

Tab. 9: 5. Standardkriterium – Beratung und Schulung (DNQP 2005, S. 25)

Die Pflegekraft **S5a** – verfügt über die notwendigen Beratungs- und Schulungskompetenzen in Bezug auf Schmerz und schmerzbedingte Probleme. **S5b** Die Einrichtung stellt die erforderlichen Beratungs- und Schulungsunterlagen zur Verfügung.	Die Pflegekraft P5 – gewährleistet eine gezielte Schulung und Beratung für den Patienten/Betroffenen und seine Angehörigen.	E5 Dem Patienten/Betroffenen sind gezielte Schulung und Beratung angeboten worden, um ihn zu befähigen, Schmerzen einzuschätzen, mitzuteilen und zu beeinflussen.

Strukturkriterium 5

Wie in allen Expertenstandards wird auch beim Schmerzmanagement ein großer Schwerpunkt auf die Beratung und Schulung von Patienten gelegt. Voraussetzungen dafür sind Beratungs- und Schulungskompetenzen, über die eine Pflegende in Bezug auf Schmerzen und schmerzbedingte Probleme verfügen muss. Wie bereits an verschiedenen Stellen angesprochen, ist Wissen zum Thema Schmerz für Menschen mit Schmerzen eine unabdingbare Voraussetzung für ein erfolgreiches Schmerzmanagement. Falsche Annahmen, wie z. B. die Angst vor Sucht (s. o.), verhindern dies häufig. Das zentrale Ziel von Beratung und Schulung ist es, den Patienten und seinen Angehörigen darin zu unterstützen, für ihn passende Bewältigungsstrategien für den Alltag zu entwickeln und umzusetzen (DNQP 2005).
Im Zusammenhang mit den Begriffen Beratung und Schulung muss an dieser Stelle ein Exkurs zum Thema Patientenedukation erfolgen.

Exkurs: Patientenedukation

Patientenedukation – Information, Beratung und Schulung

Abt-Zegelin (2003) beschäftigt sich intensiv mit dem Thema Patientenedukation. An der Universität Witten/Herdecke arbeitet man am Konzept der pflegebezogenen Edukation, unter dem die Aspekte: Information, Beratung und Schulung zusammengefasst und wie folgt beschrieben werden:

- „Information: gezielte Mitteilung, Bereitstellung verschiedener Medien, Vermittlung relevanter Adressen in einem offenen Angebot, Recherchehilfen.
- Schulung: zielorientiertes, strukturiertes und geplantes Vermitteln von Wissen/Fertigkeiten.
- Beratung: ergebnisoffener, dialogischer Prozess, in dem eine individuelle und bedürfnisgerechte Problemlösung vorbereitet wird" (Abt-Zegelin 2003, S. 103 f.).

Letzten Endes werden aufgrund von Gesundheitsstörungen und veränderten Lebensumständen neue Strategien notwendig, die dem betroffenen Menschen helfen, seine Selbstbestimmung zu erhalten bzw. zu erweitern. Folgende Annahmen werden der Patientenedukation zugrunde gelegt: In jeder Gesundheitsstörung liegt auch eine Lernaufgabe für den Menschen. Langfristige Prozesse, wie z. B. chronische Schmerzen, erfordern eine dauerhafte Auseinandersetzung. Die meisten Menschen wünschen sich, aktiver an der Behandlungssituation beteiligt zu werden. Mehr oder weniger alle Menschen möchten die Kontrolle über ihre Lebenssituation; das Gefühl, keinen Einfluss auf sein Leben nehmen zu können, ist für die meisten Menschen nicht zu ertragen (Abt-Zegelin 2003).

4.3.5.1 Beratung und Schulung für Patienten mit chronischen Schmerzen

Stärkung der Selbstmanagementkompetenzen

Für Patienten mit chronischen Schmerzen ist die Stärkung der Selbstmanagementkompetenzen von zentraler Bedeutung. Sie sind diejenigen, deren Leben insgesamt intensiver und länger von der Schmerzsituation beeinträchtigt wird, als bei Patienten mit akuten Schmerzen. Aufgrund der Herausforderungen, die von Menschen mit chronischen Schmerzen bewältigt werden müssen, sind folgende Kernpunkte von Müller-Mundt (2008) aus ihren Interviews als Herausforderungen analysiert worden:

- Wissen, um ein angemessenes Krankheits- und Schmerzverständnis entwickeln zu können.
- Fähigkeiten zur Symptom- bzw. Schmerzwahrnehmung sowie zur Schmerzdeutung.
- Fähigkeit, die eigene Befindenslage ausdrücken zu können.
- Wissen um die Therapie, um vor allem auch Therapieentscheidungen mittragen zu können.
- Fähigkeiten, um das Schmerzmanagement bewältigen und in den Alltag integrieren zu können.

Aus der Patientenperspektive wird deutlich, dass Aufklärung und Informationen alleine nicht ausreichend sind. Beratung und Anleitung sind für die Patienten besonders wichtig, d. h. die Reflexion und die Suche nach einer gemeinsamen Lösung für die Probleme der Patienten. Ziel ist es, seine Handlungskompetenzen hinsichtlich der praktischen Anwendung von Wissen und Fertigkeiten in Bezug auf das Schmerzmanagement zu fördern, damit die Patienten Unterstützung in ihrem Alltag erfahren (Müller-Mundt 2008).

Um ein angemessenes Krankheits- und Schmerzverständnis für sich entwickeln können, brauchen die Patienten Informationen und Aufklärung über die Erkrankung. Sie müssen wissen, wie Schmerzen entstehen und was das Besondere an chronischen Schmerzen ist. Nur so können sie das gesamte Schmerzmanagement verstehen und selbst Strategien für eine effektive Therapie entwickeln.

Müller-Mundt (2008) weist im Weiteren darauf hin, dass ein effektives Schmerzmanagement im Alltag für die Menschen mit chronischen Schmerzen nur dann funktionieren kann, wenn sie in der Lage sind, ihre Symptome so zu deuten, dass sie ihre Alltagsstrukturen und ihr Verhalten mit dem Ziel des positiven Einflusses auf ihre Schmerzsituation ausrichten. Eine weitere Herausforderung besteht für die Patienten darin, die Schmerzsituation entsprechend ihrem Erleben zu beschreiben und darüber zu sprechen. Die Aufgabe der

Pflegenden ist es hier, die Patienten darin anzuleiten, wie sie ihre Situation schildern und zum Ausdruck bringen können, damit die Akteure des Gesundheitswesens auch nachvollziehen können, wie es den Patienten geht. Dennoch besteht eine ganz wesentliche Aufgabe der Pflegenden und Ärzte darin, die nonverbalen Äußerungen und mögliche sprachliche Schwierigkeiten der Patienten wahrzunehmen, sie zu beachten und darauf zu reagieren. Damit die Patienten Entscheidungen bezüglich der Therapie treffen können und in der Lage sind, das Schmerzmanagement zu bewältigen, müssen sie aufgeklärt werden. Sie müssen wissen, welche Therapiemöglichkeiten es gibt und wie diese wirken. Wo liegen die Grenzen und Risiken der zur Verfügung stehenden Therapien? Welche Anwendungsprinzipien existieren für welche Therapien und welche Interventionen können durchgeführt werden, um unerwünschte Therapieeffekte zu vermeiden oder zu mildern?

Ein weiterer und wichtiger Aspekt der Patientenedukation für Patienten mit chronischen Schmerzen liegt darin, Fähigkeiten und Fertigkeiten des Therapie- und Selbstmanagements zu vermitteln. Die Herausforderung liegt für die Patienten darin, diese Fertigkeiten in ihr alltägliches Leben zu integrieren. Die Patienten beschreiben vor allem, wie schwierig es ist, das Wissen im Alltag umzusetzen. Die physiotherapeutischen Interventionen sowie psychologische Techniken der Schmerzkontrolle zu kennen ist das eine, die Patienten benötigen aber auch Unterstützung, um diese in ihrem Alltag zu Hause umsetzen zu können. Der chronische Schmerz und die Erkrankungen haben mitunter starke Veränderungen des Lebensstils der Patienten zur Folge. Hier spielen sehr häufig Angehörige und nahestehende Bezugspersonen eine wichtige Rolle, die gleichermaßen mit in das Edukationskonzept integriert werden müssen, um allen Beteiligten Unterstützungsmöglichkeiten anzubieten. Insbesondere für das Leben zu Hause benötigen die Patienten und ihre Angehörigen das Wissen um die Versorgungsstrukturen des Gesundheitswesens, damit sie professionelle Unterstützung in Anspruch nehmen können (Müller-Mundt 2008).
Durch die hier dargestellten Untersuchungsergebnisse wird deutlich, wie anspruchsvoll die Bewältigung der Situationen für die betroffenen Menschen mit chronischen Schmerzen und ihre Angehörigen ist. Gleichzeitig stellt dies auch immense Herausforderungen an die Professionellen dar, die im Sinne der Patienten bewältigt werden müssen.

Merke: „Statt eines strikten Schulungsprogramms ist eine situationsangepasste und auf die individuellen Probleme zugeschnittene Information, Beratung und Anleitung angezeigt“ (Müller-Mundt 2008, S. 45).

Chronische Schmerzen zu haben ist für die betroffenen Menschen eine schwierige und sehr einschneidende Erfahrung. An den hier aufgezeigten Herausforderungen wird deutlich, wie komplex die

Situation ist und wie sehr die gesamte Lebenssituation der Menschen und ihres sozialen Umfeldes davon beeinträchtigt sind. Zur Bewältigung dieser Situation bedarf es der Unterstützung und Information aus dem gesamten Gesundheitssystem. Hierzu gehören auch die Professionellen aus dem akuten Krankenhausbereich. Die heute üblichen kurzen Verweildauern sind kein Argument, auf die Beratung und Schulung der Patienten zu verzichten. Im Akutbereich muss zumindest der Anfang gemacht werden.

4.3.5.2 Beratung und Schulung für Patienten mit akuten Schmerzen

Die Beratung und Schulung für Patienten mit akuten Schmerzen ist nicht weniger wichtig, dennoch – wenn man die Situationen der Patienten betrachtet – etwas einfacher in der Umsetzung. Das liegt im Allgemeinen daran, dass sich die Beratung und Schulung für den akuten Schmerzbereich tendenziell etwas leichter strukturieren und prinzipiell eher standardisieren lassen. Im Expertenstandard bezieht sich die Beratung und Schulung für Patienten mit akuten Schmerzen auf eine Operation oder eine Behandlung.
Laut Strohbücker (2005) wird in den Schulungen nach folgenden Inhalten unterschieden:

- Informationen zum Verlauf und Vorgehen,
- Informationen zum Empfinden,
- Empfehlungen für Verhaltensweisen,
- psychosoziale Beratung.

Informationen zum Verlauf und Vorgehen

Der Patient erhält Informationen zum Ablauf, z. B. der Operation oder der Behandlung: Was wird wann und wie gemacht, was kommt auf den Patienten zu?

Informationen zum Empfinden

Der Patient soll Informationen dazu bekommen, was er spüren wird, wie sich der Schmerz anfühlt und wie stark die Schmerzintensität sein wird. Auch sollte der Patient darüber informiert werden, wie lange die Schmerzsituation anhalten wird. Insbesondere zu diesem Punkt ist es wichtig, realistische Angaben zu machen. Der oft zitierte Satz: „Es tut nur kurz weh" hat sich schon für manchen Patienten als „unwahr" herausgestellt. Eine solche Erfahrung fördert nicht das Vertrauen der Patienten und trägt kaum zur Bewältigung von Ängsten bei.

Empfehlungen für Verhaltensweisen

Dem Patienten wird gesagt, was er selbst tun kann, damit z. B. seine Bewegungen schmerzreduzierend sind. Was kann er unterstützend tun, damit das Husten nach einer Bauchoperation nicht so schmerzhaft ist? Welche Entspannungstechnik kann angewendet werden, um gleichzeitig Körper und Geist in einen entspannten und schmerzreduzierenden Zustand zu bringen? Diese Verhaltensweisen sollten mit dem Patienten **vor** der Operation oder der Behandlung geübt werden, damit es ihm leichter fällt, diese in der Schmerzsituation anzuwenden.

Psychosoziale Beratung

Hier geht es im Rahmen der akuten Schmerztherapie darum, die Ängste, Sorgen und Vorbehalte der Patienten und ihrer Angehörigen wahrzunehmen und darauf einzugehen. Ziel ist es, Ängste zu reduzieren, dem Patienten Sicherheit zu vermitteln und allen Beteiligten zu helfen, Lösungsstrategien für die jeweilige akute Situation zu entwickeln (Strohbücker 2005).

4.3.5.3 Umsetzung von Beratung und Schulung

Prozesskriterium und Ergebniskriterium 5

Die Pflegefachkraft soll eine gezielte Beratung und Schulung für den Patienten und seine Angehörigen gewährleisten. Ziel soll sein, ihm gezielte Schulungen und Beratungen anzubieten, die ihn befähigen, seine Schmerzen einzuschätzen, diese mitzuteilen und sie zu beeinflussen (DNQP 2005).
Die Inhalte der Beratung und Schulung orientieren sich an den einzelnen Standardkriterien:

- Ziele, Möglichkeiten und Grenzen des Schmerzmanagements,
- Selbsteinschätzung von Schmerz mittels standardisierter Skalen,
- konsequente und zeitgerechte Einnahme der verordneten Medikamente,
- Identifizieren, Einschätzen sowie Vorbeugen und Lindern von Nebenwirkungen,
- Kenntnisse über Anwendung nicht-medikamentöser Maßnahmen,
- Anleitung zu praktischen Übungen, z. B. Erlernen von schmerzreduzierenden Bewegungsabläufen, schmerzreduzierendes Atmen (DNQP 2005, S. 35).

Im Expertenstandard sind die Inhalte der Patientenschulungen noch detaillierter in einer Übersicht zusammengefasst:

- Ermitteln der persönlichen Einstellung von Patient und Familie (bzgl. der Schmerzen und Schmerzmedikamente),
- Richtigstellen von Vorbehalten (z. B. zu den Themen Abhängigkeit und Toleranz bei der Einnahme von Opioiden),
- Ermitteln von Ängsten vor Operationen, Vermitteln von Sicherheit,
- Informationen zum Verlauf und Vorgehen, z. B. im Zusammenhang mit einer Operation,
- Anleitung zu praktischen Übungen (z. B. Drehen im Bett, Aufstehen, Atmen, Husten),
- Informationen über Ziele des Schmerzmanagements (wirksame Linderung der Schmerzen, Prävention, Schmerzkontrolle, Frühmobilisation),
- Information über Schmerzmedikation (Art der Anwendung, Zeitplan, Vorbeugung von bzw. Umgang mit Nebenwirkungen),
- Anleitung zur Schmerzmessung (Umgang mit Schmerzskalen),
- Anleitung zum Führen eines Schmerztagebuchs,
- Anleitung, Schmerzen anderen mitzuteilen,
- Informationen, wann die Schmerzen den Ärzten und Pflegenden mitgeteilt werden müssen,
- Definition, Entstehung und Ursachen von Schmerzen,
- Folgen unbehandelter Schmerzen,

- Anleitung zu nicht-medikamentösen Maßnahmen (Strohbücker 2005, S. 94).

Die tatsächliche Realisierung dieses Teils des Expertenstandards ist die eigentliche Herausforderung, und hier bedarf es vorbereitender Maßnahmen, um dieses Standardkriterium umzusetzen.
Nachfolgend werden einige wesentliche Fragen aufgeführt, die – wenn sie im Vorfeld beantwortet werden – es leichter machen, Schulung und Beratung zu realisieren.

Vorbereitung von Schulungen und Beratungen

- Welche Patientengruppe mit welcher Schmerzart wird auf der Pflegeeinheit überwiegend behandelt und betreut?
  (operative oder internistisch-geriatrische Abteilung?)
- Welche Schmerzskalen werden angewendet?
  (NRS?, VAS?, SAS? BESD?)
- Werden Schmerztagebücher benutzt?
- In welcher Art und Weise soll das Schmerzschema erklärt werden?
  (Mündlich? Schriftlich?)
- Wie werden die Patienten über die potentiellen Nebenwirkungen der Medikamente informiert?
- Welche Informationsmaterialien sollen genutzt werden?
  (Selbst erstellte? Von Firmen oder aus dem Internet? Verständliche Sprache ist für die Patienten wichtig)
- Welche Medien stehen zur Verfügung?
  (DVD, Video, Plakate, Literatur, Demonstrationsmaterial usw.)
- Welche nicht-medikamentösen Maßnahmen werden dem Patienten auf der jeweiligen Pflegeeinheit angeboten?
  (Die zuvor festgelegt Auswahl an Maßnahmen wird den Patienten präsentiert und sie erhalten detaillierte Informationen dazu.)
- Welche Abläufe werden dem Patienten erklärt?
  (z. B. Video, das den Weg in den OP aus Sicht des Patienten zeigt? Ist eine präoperative „Besichtigung" der Intensivstation möglich?)
- Welche Räume stehen zur Verfügung?
- Sollen Einzel- oder Gruppenschulungen stattfinden?
  (Schulung und Beratung sollten bei chronischen Schmerzpatienten eher einzeln stattfinden. Bei Patienten mit akuten Schmerzen bieten sich Gruppenschulungen an, z. B. präoperativ. Selbstverständlich müssen die Entscheidungen für eine Gruppen- oder Einzelschulung immer individuell getroffen werden.)
- Welche Person(en) des Teams führen die Beratung und Schulung durch?
  (Die Anforderungen des Expertenstandards lauten, dass jede Pflegefachkraft die Beratung und Schulung durchführen sollte. Letztendlich sollten es die Personen tun, die es können, die es sich zutrauen und die sich in den Inhalten bereits sicher sind.)

Die Beantwortung dieser Fragen hilft bei der Durchführung von Schulung und Beratung zum Schmerzmanagement. Für Patienten mit akuten Schmerzen könnte z. B. eine abendliche Veranstaltung vor einer Operation eine gute Möglichkeit sein, den Patienten die

wichtigen und relevanten Inhalte zu präsentieren. Anstatt durch jedes Zimmer zu gehen und jeden Patienten einzeln zum Schmerzmanagement zu informieren, ist es deutlich zeitsparender, wenn alle Patienten, die eine Operation vor sich haben, zu diesem Thema zusammenkommen. Man kann sich ein Konzept mit den Themen zusammenstellen, die besprochen werden sollen. So besteht die Möglichkeit, systematisch und gut strukturiert eine ca. einstündige Beratung und Schulung für möglichst viele Patienten der Pflegeeinheit durchzuführen.
In stationären Pflegeeinrichtungen kann eine derartige Veranstaltung für Bewohner und deren Angehörige angeboten werden, um sie gezielt zum Thema Schmerzmanagement zu informieren und hinsichtlich der Behandlung zu beraten.

4.3.6 Zusammenfassung

Die hier präsentierten Inhalte, mit denen man sich auseinandersetzen muss, um die Standardkriterien des Expertenstandards an die Bedürfnisse der Zielgruppe anzupassen, sollen als Impulse verstanden werden. Es ist ein Angebot von Inhalten, von denen sich der größte Teil in der Praxis eines Akutkrankenhauses bewährt hat und die dort gut umgesetzt werden können. In jedem Unternehmen müssen Entscheidungen getroffen werden, welche Inhalte wie umgesetzt werden sollen. Dies gilt insbesondere für die Bereiche nicht-medikamentöse Maßnahmen und Schulung und Beratung. Zur Schmerzeinschätzung und Schmerztherapie sind die Anforderungen klar und präzise.
Betrachtet man allein die quantitative Dimension der einzelnen Ausführungen zu den Standardkriterien, so fällt auf, dass die Inhalte zu den Themen Schmerzeinschätzung und Schmerztherapie inkl. Nebenwirkungen den größten Raum einnehmen. Die Themen nicht-medikamentöse Schmerztherapie und Beratung und Schulung sind in einem deutlich geringeren Umfang abgehandelt worden.
Beim Schmerzmanagement ist die wichtigste Basis die Schmerzeinschätzung und die Schmerztherapie. Erst wenn der Patient – am besten selbst – seine Schmerzen einschätzen und sie mitteilen kann, ist die Grundlage für eine kompetente Schmerztherapie geschaffen. Die Themen nicht-medikamentöse Schmerztherapie sowie Schulung und Beratung haben einen wichtigen ergänzenden Stellenwert im Schmerzmanagement, dennoch sind sie den oben genannten Punkten gleichwertig. Diese verschiedenen Ebenen kann man auch im klinischen Alltag feststellen. Auch wenn nicht-medikamentöse Maßnahmen sowie Schulung und Beratung eigentlich das Herzstück der pflegerischen Arbeit sein müssten, weil die Pflegenden hier relativ eigenständig und verantwortungsvoll Aufgaben übernehmen können, sind sie dennoch in einer gewissen Weise nachrangig gegenüber der medikamentösen Schmerztherapie. Wissenschaftliche Aussagen zu Studienergebnissen sind dazu ebenfalls nicht in der Güte vorhanden wie zu den erstgenannten Themen. Auch diese Tatsache hat Auswirkungen auf deren Stellenwert. Schnell kann der Eindruck entstehen: keine wissenschaftlichen Beweise, also auch keine Anwendung. Sol-

che Schlüsse sind selbstverständlich weder solide noch zulässig, denn man muss sich natürlich auch die Frage stellen, warum es keine randomisiert kontrollierten Studien zu dem einen oder anderen Thema gibt. Vielleicht liegt es daran, dass es ethisch gar nicht zu vertreten ist, eine bestimmte nicht-medikamentöse Maßnahme „bewusst" einer Gruppe von Patienten gar nicht zukommen zu lassen, weil man weiß, dass eine solche Maßnahme den Menschen gut tut.

Diese Einschätzung soll allerdings nicht dahingehend interpretiert werden, dass man diesen Themengebieten wenig Aufmerksamkeit schenkt. Eher im Gegenteil, diese Themen sollen der Art in die Pflege integriert werden, dass sie dem Patienten eine gute Unterstützung in seiner Lebenssituation sind. Während es im laufenden Projekt meist keine Schwierigkeit ist, nicht-medikamentöse Maßnahmen und Schulung und Beratung umzusetzen, kann die Gewährleistung der Nachhaltigkeit dieser beiden sehr wichtigen Themenbereiche auch nach dem Projektende mitunter eine große Aufgabe sein.

4.4 Anwendung des Expertenstandards bei den Patienten

Wenn der Hauptteil der theoretischen Denkarbeit abgeschlossen ist, folgt die praktische Anwendung und Umsetzung des Expertenstandards bei den Patienten in der Pflegeeinheit. Das bedeutet, analog zum Phasenmodell des DNQP, jetzt folgt die 3. Phase – „Einführung und Anwendung" – des Expertenstandards.

2. Kick-off-Veranstaltung

Die 2. Kick-off-Veranstaltung ist unbedingt durchzuführen und sollte nicht entfallen, nur weil bereits eine Kick-off-Veranstaltung stattgefunden hat. Ist man im geplanten Zeitrahmen des Phasenmodells des DNQP (2007), sind zum Zeitpunkt der 2. Kick-off-Veranstaltung bereits 8 Wochen zur 1. Kick-off-Veranstaltung vergangen. In dieser Zeit hat überwiegend die Projektgruppe an den Inhalten zum Expertenstandard gearbeitet, und es kann durchaus vorkommen, dass einzelne Mitglieder der Pflegeeinheit vergessen haben, dass dieses Projekt läuft. Das bedeutet, dass die Projektleitung gemeinsam mit den Projektgruppenmitgliedern diese Veranstaltung vorbereiten und durchführen sollte.
Folgende Inhalte sind bei der 2. Kick-off-Veranstaltung zu vermitteln:

- Kurzer Überblick: Grund für das Projekt, Auswahl der Pflegeeinheit, Expertenstandard Schmerzmanagement, Gründe für die in der Zwischenzeit bereits durchgeführten Fortbildungsveranstaltungen.
- Vorstellung, womit sich die Projektgruppe bisher beschäftigt hat; wie oft sie sich getroffen hat.
- Präsentation des konkretisierten Expertenstandards:
  Hierzu gehört auch, jedem Mitglied der Pflegeeinheit ein Exemplar als Kopie zur Verfügung zu stellen. Empfehlenswert ist, den

Expertenstandard in der konkretisierten Fassung tatsächlich vorzulesen bzw. vorlesen zu lassen. So erreicht man, dass mindestens einmal das gesamte Werk von allen gelesen wird. Nur die Kopien zur Verfügung zu stellen und den Hinweis zu geben, sich die Inhalte zu einem späteren Zeitpunkt durchzulesen, reicht bei Weitem nicht aus. Das Lesen des Expertenstandards muss unterstützt werden, und dies kann man erreichen, indem man sich Zeit für das gemeinsame Lesen nimmt. Es wäre eine Illusion zu glauben, dass sich alle Pflegenden gerne und freiwillig mit den Texten des Expertenstandards beschäftigen, auch wenn dies die Idee des DNQP ist. Panfil (FH Frankfurt/M.) ging in der Konsensuskonferenz (10.10.2007) zum Expertenstandard „Pflege von Menschen mit chronischen Wunden" sogar noch einen großen Schritt weiter. Sie geht davon aus, dass Pflegende in der Lage sein müssen, sich die pflegewissenschaftlichen Ergebnisse der englischsprachigen Literatur zu erschließen. Ob dies ein erreichbares Ziel ist, sollte jeder für sich selbst beantworten.

In der Pflegepraxis muss man dem einen oder anderen sogar die deutschsprachige Lektüre mit einer gewissen charmanten Penetranz ans Leseherz legen.

Nachdem der Expertenstandard gelesen wurde, ergibt sich in der Regel eine inhaltliche und manchmal auch strukturelle Diskussion („Wann soll ich das denn noch alles machen?"). Der Raum – insbesondere für die Diskussion um die zeitliche Problematik – muss gegeben werden, denn sonst wird die Diskussion nach der Veranstaltung geführt und kann dann meist nicht lösungsorientiert zu Ende gebracht werden.

- Vorstellung und Erklärung, was konkret aufgrund des Expertenstandards zu tun ist:
  Diese Inhalte beziehen sich auf die Dimensionen der Prozessqualität der Standardkriterien (P1–P5). Hier steht konkret, welche Handlungen von den Pflegenden durchzuführen sind. Dazu muss parallel dargestellt werden, welche Formulare, Dokumente (Menüs im EDV-Programm) und Assessmentinstrumente genutzt werden. Hat die Projektgruppe neue Formulare erarbeitet, müssen diese auch den Pflegenden zur Verfügung gestellt werden. Gleiches gilt auch für Broschüren, Schmerztagebücher und Skalen, die für die Patienten ausgewählt wurden. Jedes Mitglied der Pflegeeinheit sollte jeweils ein Exemplar selbst in den Händen halten, um zu wissen und zu sehen, welche Neuerungen und welche Veränderungen sich zum bisherigen Verfahren ergeben.
- Start: Ab morgen wird der Expertenstandard umgesetzt:
  Die Mitglieder sollten so schnell wie möglich nach der Veranstaltung mit der Umsetzung beginnen. Es gibt keinen Grund zu warten, denn es muss eine gewisse Zeit der Übung eingeplant werden.
- Vorstellen des Audits:
  Das Audit ist zwar erst die nächste und dann auch letzte Phase innerhalb des Phasenmodells zur Einführung des Expertenstandards. Man sollte sich aber unbedingt die Zeit nehmen, bereits in der 2. Kick-off-Veranstaltung Informationen zum Audit zu ge-

ben: Warum wird es durchgeführt? Auf welche Kriterien bezieht sich das Audit? Wer führt es durch? Ist das Audit anonym? Welche Patienten werden einbezogen, d. h auditiert? Alle Mitglieder der Pflegeeinheit sollten eine Kopie auch des Auditbogens erhalten. So kann ihnen genau erklärt werden, welche Fragen zu beantworten sind und wie das Audit durchzuführen ist.

- Anwesenheit der Projektleitung in der Pflegeeinheit:
  In der Kick-off-Veranstaltung sollten alle Beteiligten darüber informiert werden, dass die Projektleitung in der Phase der Anwendung des Expertenstandards deutlich öfter in der Pflegeeinheit anwesend ist.

Anwesenheit der Projektleitung in der Pflegeeinheit

Die Projektleitung soll den Pflegenden begleitend zur Seite stehen. Wenn konkrete Fragen aufkommen, soll gemeinsam überlegt werden, wie diese zu beantworten sind. Beispielsweise ist es manchen Pflegenden ein Anliegen, dass sie beobachtet werden, wenn sie Patienten erklären, wie die Schmerzskala benutzt werden soll. Sie brauchen eine Rückmeldung, ob die Erklärung für die Patienten gut war. Diese Rückmeldung gibt es einerseits vom Patienten selbst, aber die Projektleitung übernimmt hier auch eine Schlüsselfunktion. Je länger und öfter sie sich in der Pflegeeinheit aufhält, umso mehr verliert sich für die Pflegenden das Gefühl der Kontrolle. So kann die vertrauensvolle Zusammenarbeit intensiviert werden, und diese ist eine gute Grundlage für das anschließende Audit.

Arbeiten mit dem Expertenstandard

Nach dem offiziellen Start wird mit dem Expertenstandard gearbeitet. Das bedeutet, dass die Inhalte, die unter dem Prozesskriterium beschrieben sind, ab jetzt umgesetzt werden. In dieser Phase kommt es darauf an zu bewerten, ob das, was sich die Projektgruppe zu den einzelnen Standardkriterien überlegt hat, auch tatsächlich umzusetzen ist. Möglicherweise gibt es Aspekte, die sich theoretisch zwar gut angehört haben, die aber in der praktischen Umsetzung nicht durchführbar sind, weil die Durchführung beispielsweise viel zu umständlich ist. Unwegsamkeiten dieser Art lassen sich jetzt gut ausräumen. Man darf allerdings nicht versäumen, alle beteiligten Personen über anfallende Veränderungen zu informieren. Hier empfiehlt sich wieder einmal die E-Mail oder ein Aushang in der Pflegeeinheit.

Patienten und Angehörige

Nicht nur für die Mitglieder der Pflegeeinheit ist Transparenz von Bedeutung; gleiches gilt für Patienten und Angehörige. Es ist sehr sinnvoll, Patienten und Angehörige zu Projekten auf der Pflegeeinheit zu informieren. Erstens erhöht das in der Regel die Anerkennung für die Arbeit, und zweitens erleichtert es die Einführung von neuen bzw. veränderten Abläufen. Es ist ganz normal, wenn sich bei Neuerungen zu Beginn Unsicherheiten bei den Beteiligten ergeben. Wenn man zum ersten Mal einem Patienten die Handhabung einer Schmerzskala erklärt, ist wahrscheinlich jeder mehr oder wenig aufgeregt. Man fragt sich, ob man die richtigen Worte findet: „Versteht der Patient, wie es funktioniert?" „Hoffentlich stellt er keine Fragen, die man nicht beantworten kann!" Dies sind alles völlig normale Gedanken, die sich Menschen machen, wenn sie etwas Neues tun. Man kann sich die Situation allerdings etwas einfacher gestalten,

indem man die Patienten und deren Angehörige über das Projekt informiert und ihnen die Veränderungen und Neuerungen in der Pflegeeinheit erklärt. Es spricht überhaupt nichts dagegen, den Patienten von Projekten und Qualitätsentwicklungen zu berichten. Schließlich sind sie diejenigen, die davon profitieren sollen. „Wir führen in unserer Pflegeeinheit ein Projekt zum Thema Schmerz durch. Sie sollen möglichst schmerzfrei sein bzw. nur minimale Schmerzen haben. Dazu haben wir Schmerzskalen eingeführt, damit Sie uns sagen können, wie hoch Ihre Schmerzintensität ist. Dann können wir Ihnen zielgerichtet die vom Arzt angeordneten Schmerzmedikamente geben.“ Es wird die Patienten freuen, von solchen Projekten zu hören, und sie werden eher Verständnis dafür haben, wenn Prozesse zu Beginn noch nicht so reibungslos funktionieren, wie es sich die Beteiligten wünschen.
Die Informationen können aber auch auf andere Art und Weise weitergegeben werden. Es können Informationsblätter erstellt werden, auf denen die wichtigsten Veränderungen und wesentlichen Zeitabläufe beschrieben sind. Manche Pflegeeinheiten möchten vielleicht ihr Projekt auf einem großen Plakat vorstellen, das im Eingangsbereich für jeden sichtbar aushängt. Dies erzeugt eine hohe Transparenz und ist gleichzeitig eine gutes „Aushängeschild“ für die Arbeit. Wenn das Projekt beendet ist, muss man nur daran denken, die Plakate und Informationsblätter wieder zu entfernen. Plakate können verändert werden, sodass sie informierenden Charakter zu der speziellen Arbeit der Pflegeeinheit haben. („In unserer Pflegeeinheit liegt der Schwerpunkt im Schmerzmanagement, der Basalen Stimulation® ...“).

Unterschied zwischen Qualitätsprojekt und Studie

Während der Arbeit mit dem Expertenstandard beschäftigt man sich intensiv mit Studien, wissenschaftlichen Abhandlungen, evidenzbasierter Arbeit usw. Die Verwendung dieser Begriffe kann zu einer falschen Interpretation des Projekts führen. Diese Fehlinterpretationen treten oftmals erst während der Gespräche mit den Patienten auf. So hört man: „Wir machen eine Studie zum Schmerz.“ Diese Aussage ist falsch. Die Einführung des Expertenstandards ist ein Qualitätsprojekt, noch genauer – ein Qualitätsentwicklungsprojekt. Warum ist das keine Studie?
Bei der Durchführung einer Studie geht es im Prinzip immer darum, eine (Forschungs-)Frage zu beantworten. Wirkt ein Medikament? Misst die Skala Schmerzintensität? Hat eine Schulung Auswirkungen auf die Schmerzintensität? etc.
Mit der Einführung eines Expertenstandards wird keine Frage beantwortet. Der Expertenstandard basiert auf wissenschaftlichen Ergebnissen und Expertenmeinungen, die gezeigt haben, warum es sinnvoll ist, eine Skala, eine Maßnahme usw. einzuführen. Das heißt, die Studien und Expertenbefragungen sind bereits durchgeführt worden, und die zusammengefassten Ergebnisse in der Literaturstudie des Expertenstandards sind der Grund, warum der Expertenstandard diese und keine anderen Inhalte hat. Die Expertengruppe, die den Expertenstandard erstellt hat, bewertete diese Inhalte als qualitätsverbessernd und schrieb sie im Expertenstandard fest. Es ist also

bereits klar, dass die Anwendung des Expertenstandards eine Verbesserung der pflegerischen Arbeit bewirkt.
Führt man eine Studie durch, müssen die Patienten sehr genau darüber informiert werden (Freiwilligkeit, Anonymität, Rücknahme der Zustimmung etc.). Wenn die Patienten teilnehmen wollen, müssen sie eine informierte Zustimmung zur Teilnahme an der Studie unterschreiben. Patienten müssen an keiner Studie teilnehmen, wenn sie dies nicht wollen.
Wird ein Qualitätsentwicklungsprojekt durchgeführt, muss kein Patient einwilligen und seine Teilnahme mit einer Unterschrift bestätigen. Projekte dieser Art werden gemacht, weil man weiß, dass sie zu einer Qualitätsverbesserung beitragen. Ein Unternehmen entscheidet, welche Projekte durchgeführt werden. Im Rahmen von Zertifizierungen, z. B. nach KTQ®, wird die Qualität hinsichtlich der neuesten Entwicklungen ebenfalls erwartet und überprüft.
Diese Unterschiede zwischen Studien und Projekten zu kennen ist wichtig. Es sollte vermieden werden, Patienten und Angehörigen von einer Studie zu erzählen, die gar keine ist. Damit könnten Fragen aufgeworfen werden, die unnötige Probleme bereiten. So könnte der Patient sich wundern, dass er beispielsweise nicht zuvor gefragt wurde, ob er teilnehmen möchte und warum er keine Einwilligung unterschreiben muss. Es ist wichtig, die korrekten Begriffe zu wählen, um Unsicherheiten und Missverständnisse bei allen Beteiligten zu vermeiden. Wenn im Nachhinein versucht wird, die Sachlage richtigzustellen, besteht die Gefahr, dass Ungewissheit und Skepsis zurückbleibt.

4.5 Überprüfung der Einführung des Expertenstandards anhand des standardisierten Auditinstruments

Am Ende eines Projekts werden die Antworten auf die Fragen zur Qualität der Projektarbeit gegeben. Wie „gut" ist die Arbeit gewesen, in die man so viel Zeit und Mühe investiert hat? Konnten alle Ziele erreicht werden, die man sich zuvor gesteckt hat, und inwieweit? Dies sind Fragen, die man gerne beantworten möchte. Bei der Einführung eines Expertenstandards in einer Pflegeeinheit möchte man wissen, ob die Einführung gut geklappt hat oder ob Schwächen vorhanden sind, die ggf. nachzuarbeiten sind. Die Fragen sind zum einen mit den Mitgliedern der Pflegeeinheit und der Projektgruppe zu besprechen, zum anderen ist das Auditinstrument des Expertenstandards das Prüfinstrument und eine außerordentlich wichtige Methode, anhand dessen diese Fragen zu einem großen Teil beantworten werden können.
Durch das Audit kann der Zielerreichungsgrad der Standardkriterien ermittelt werden. Jeder Expertenstandard verfügt über ein eigenes standardisiertes Auditinstrument. Als Grundlage dieser Auditinstru-

mente dienen die Strukturen der Auditinstrumente des Royal College of Nursing. Zur Datenerhebung wird die Dokumentation der Patienten genutzt, und es werden Patienten- und Personalbefragungen durchgeführt. Als Antwortkategorien stehen „Ja-“ oder „Nein-“Antworten zur Verfügung. Trifft eine Frage auf einen Patienten nicht zu, wird diese Frage mit „NA“ (Nicht anwendbar) beantwortet. Zu allen Fragen können im Auditinstrument Kommentare abgebildet werden (DNQP 2007b; Moers et al. 2005).

Komponenten des Auditinstruments

Das Auditinstrument besteht aus verschiedenen Komponenten. Es gibt zwei standardisierte Fragebögen. Einen für die Patienten (Auditfragebogen 1: Patienten, Abb. 15) und einen für das Pflegepersonal (Auditfragebogen 2: Pflegepersonal, Abb. 17).
Zu beiden Fragebögen gibt es jeweils ein Auditprotokoll. Anhand dieser Protokolle werden die Ergebnisse des Audits zusammengefasst dargestellt und der Zielerreichungsgrad berechnet. Nimmt man mit einer Pflegeeinheit an der modellhaften Implementierung des Expertenstandards teil, müssen diese Protokolle nach dem Audit an das DNQP geschickt werden. Wird das Audit unabhängig von einer modellhaften Implementierung durchgeführt, empfiehlt es sich, eine Excel-Tabelle anzulegen. So kann man die Ergebnisse direkt ausrechnen und sofort eine grafische Darstellung veranlassen. Auf die handschriftliche Dokumentation in Form von Protokollen kann so verzichtet werden.
Ferner enthält das Auditinstrument allgemeine Hinweise, die das Vorgehen des Audits detailliert beschreiben. Zusätzlich sind Hinweise bzw. Erklärungen formuliert, die helfen sollen, die Fragen im Rahmen des „Auditfragebogens Patienten“ zu stellen.
Das Auditinstrument beinhaltet keine konkreten Fragen an die anderen Berufsgruppen, die den Patienten behandeln und betreuen. Dennoch lassen sich aufgrund der Fragen im Audit durchaus Rückschlüsse auf die Schmerztherapie ziehen.
In den allgemeinen Hinweisen zum Vorgehen beim Audit (Moers et al. 2005) sind wesentliche Aspekte angesprochen, die bei der Durchführung des Audits wichtig sind.

Vorbereitung

Bevor ein Audit durchgeführt wird, müssen alle Beteiligten darüber informiert werden. Am besten erhalten alle ein Exemplar der Auditfragebögen (Patient und Pflegepersonal), damit sie sich mit den Fragen auseinandersetzen können und das Audit nicht einer geheimen Mission gleicht. Die Beteiligten müssen wissen, dass „jemand“ kommen wird, mit den Patientenunterlagen arbeitet, die Pflegenden selbst befragt, sie auch selbst einen Fragebogen ausfüllen müssen und dass die Patienten ebenfalls befragt werden. Alle Informationen werden dokumentiert und im Auditfragebogen festgehalten.

Anzahl der Auditierungen

Im Rahmen der modellhaften Implementierung sollen 40 Patienten pro Pflegeeinheit auditiert werden – ein ehrgeiziges, aber erfüllbares Ziel. Diese Stichprobengröße von 40 Patienten ist wichtig, um aussagefähige Daten zu bekommen. Möchte man ein Audit durchführen, nachdem man das Schmerzmanagement in einem großen Unternehmen eingeführt hat, kann man keine Stichprobengröße von 40

pro Pflegeeinheit erzielen. Das wäre wahrscheinlich in den meisten Fällen unrealistisch: Man stelle sich vor, man hat 60 Pflegeeinheiten und wollte abschließend 2400 Auditierungen durchführen! In einer solchen Situation sollte man sich zuvor gut überlegen, wie man die Stichprobe bildet, um möglichst auch das Ziel der „Repräsentativität" zu erreichen. In das Audit sollen möglichst Patienten bzw. Bewohner einbezogen werden, die ein breites Spektrum der Menschen im Unternehmen abbilden. Zu berücksichtigen wären junge und alte Menschen, verschiedene Fachdisziplinen, ggf. Ergebnisse von Pflegeeinheiten aus vorher durchgeführten Audits, die eine weitere Überprüfung notwendig machen. Es könnten auch Pflegeeinheiten ausgewählt werden, die sich durch unterschiedliche pflegespezifische Schwerpunkte auszeichnen. Am besten formuliert man die Überlegungen schriftlich und stellt allen Beteiligten die Inhalte zur Verfügung. So ist nachvollziehbar, warum eine Pflegeeinheit in das Audit einbezogen wird und eine andere nicht. Ist die Stichprobenbildung abgeschlossen, muss man sich überlegen, wie viele Patienten pro Pflegeeinheit in das Audit einbezogen werden. Man sollte von fünf bis zehn Patienten ausgehen. Je weniger Pflegeeinheiten eines Unternehmens auditiert werden, desto größer sollte die Stichprobe der zu auditierenden Pflegeeinheit sein. Unternehmen mit kleineren Patienten- bzw. Bewohnerzahlen können sich dazu entscheiden, eine Vollerhebung bei allen Patienten, die Schmerzen bzw. schmerzbedingte Probleme haben, durchzuführen. Eine Vollerhebung ist die beste Möglichkeit, ein Ergebnis zu einem Thema oder einer Fragestellung zu bekommen, weil sie die gesamte Population einschließt.
Jeder Patient wird nur einmal in das Audit einbezogen. Um das sicherzustellen, empfiehlt es sich, eine Liste anzufertigen, auf der man die Namen der bereits auditierten Patienten vermerkt. Arbeitet man innerhalb des Unternehmens mit den Auditbögen, können die Namen der auditierten Patienten auch auf dem Bogen vermerkt werden, weil die Auditbögen das Unternehmen nicht verlassen und somit keine Gefahr besteht, dass die Namen an die „Öffentlichkeit" geraten.

Ausreichend Zeit einkalkulieren

Für ein Audit muss man genügend Zeit einplanen. Die Erfahrung hat gezeigt, dass im Durchschnitt 30 Minuten pro Patient dafür benötigt werden. Ist man in der Auditierung bereits etwas versierter, wird oftmals etwas weniger Zeit benötigt. 15 Minuten sind allerdings das Minimum. Bei einem Audit muss folgender entscheidender Faktor berücksichtigt werden: Die Menschen, die befragt werden, nutzen häufig die Gelegenheit, mit dem Auditor intensiver zu sprechen. Nicht selten münden die Fragen zum Audit in ein längeres Gespräch zur allgemeinen Gesundheitssituation des Patienten. An sich eine gute Gelegenheit, mit dem Patienten oder seinen Angehörigen zu sprechen, man muss halt nur die Zeit dafür mit einplanen.
Während des Gesprächs mit dem Patienten sollte Diskretion gewährleistet sein, damit der Patient die Möglichkeit hat, sich frei zu äußern.

Konkretes Vorgehen

Für jeden Patienten, der ins Audit einbezogen wird, wird ein Auditfragebogen ausgefüllt. Im ersten Arbeitsschritt ist zu empfehlen, zunächst alle Patientendokumentationen der Pflegeeinheit anzusehen und die Patienten auszuschließen, die keine akuten bzw. chro-

nisch-tumorbedingte Schmerzen haben. Ist die Schmerzfreiheit nicht konkret aus den Unterlagen des Patienten zu entnehmen, muss man sich bei den Mitarbeitern der Pflegeeinheit danach erkundigen. Es werden all jene Patientendokumentationen bearbeitet und auditiert, aus denen zu entnehmen ist, dass der Patient akute oder chronisch-tumorbedingte Schmerzen bzw. schmerzbedingte Probleme hat.
Zunächst bearbeitet man Fragen des Auditfragebogens, bei denen die Antworten aus der Patientendokumentation zu entnehmen sind. Anschließend geht man zu den Patienten und den Pflegenden, die den Patienten betreuen, um Antworten auf die entsprechenden Fragen zu erhalten.
Die Patienten müssen nicht vorher über das Audit informiert werden. Ein Audit gehört zur Pflege, und es ist ausreichend, den Patienten darüber zu informieren, wenn man ihn im Rahmen des Audits „besucht". Selbstverständlich fragt man den Patienten, ob er bereit ist, einige Fragen zu beantworten. Es gibt Patienten, die auf Fragen nicht antworten möchten oder aus verschiedenen Gründen (Krankheitszustand, Sprache etc.) nicht antworten können.

Wer führt das Audit durch?

Das Audit sollte primär von der Projektleitung durchgeführt werden. Wenn die Projektleitung das Audit nicht durchführt, ist darauf Wert zu legen, dass keine „Vorgesetzte" der Pflegeeinheit das Audit durchführt. So soll der kontrollierende Faktor des Audits möglichst gering gehalten werden. Im Audit geht es zwar um Kontrolle, aber um inhaltliche Kontrolle. Dies ist insbesondere bei den ersten Audits für die Mitarbeiter sehr ungewohnt. Das Gefühl, persönlich kontrolliert zu werden, würde zusätzlich verstärkt, wenn eine Vorgesetzte das Audit durchführt.
Möchte man ein Audit in mehreren Pflegeeinheiten gleichzeitig durchführen, ist die gegenseitige Auditierung durch die Mitarbeiter der jeweils anderen Pflegeeinheit eine sinnvolle Lösung. Bei gleichzeitiger Einführung eines Expertenstandards auf mehreren Pflegeeinheiten sind Pflegende dieser Pflegeeinheit Mitglieder der Projektgruppe. Das Audit können sie somit in einer Pflegeeinheit, in der sie selbst nicht arbeiten, durchführen. Dazu lässt man am besten die Pflegeeinheiten von den Pflegenden zufällig aus einem „Topf" ziehen. Zieht eine Pflegende die eigene Pflegeeinheit, wird neu gezogen, weil nicht die eigene Pflegeeinheit und damit die eigene Arbeit auditiert werden kann (dann bliebe die Objektivität meist auf der Strecke). Diese Art der gegenseitigen Auditierung ist deswegen von Vorteil, weil die Pflegenden sich sozusagen auf „Augenhöhe" auditieren und zusätzlich andere Abteilungen sehen. Das hat Vorteile: Zum einen können die Pflegenden den Eindruck bekommen, „wir sind selbst schon sehr gut", zum anderen können sie sehen, dass „die anderen gute Ideen haben" und davon möglicherweise einige übernehmen.

Personalbefragung

Die Personalbefragung erfolgt mittels des Auditfragebogens für das Pflegepersonal. Diese Befragung erfolgt anonym. Je nach Organisationsstruktur des Unternehmens sollte der Betriebsrat (Personalrat etc.) bezüglich der Zustimmung in die Vorbereitungen einbezogen werden. Um eine hohe Rücklaufquote zu erzielen, ist es von Vorteil, wenn man die Fragebögen möglichst persönlich an die Mitarbeiter der Pflegeeinheit verteilt. Eine Art „Wahlurne“ unterstützt das anonyme Einwerfen des Fragebogens. Je nach Rücklaufquote sollte noch einmal an die Befragung z. B. per E-Mail oder Aushang erinnert werden.

4.5.1 Auditfragebogen für Patienten

Audit-Fragebogen 1 - Patienten[1]

Name der Einrichtung und Pflegeeinheit: ....

Datum: ....**Benötigte Zeit:** ....

Schmerzart: ☐ Akut ☐ Tumorbedingt chronisch ☐ Kombination aus akuten und tumorbedingt chronischen Schmerzen

Behandlung im Rahmen einer **ambulanten Operation** : ☐ Ja ☐ Nein

Quelle/ Methode	*Code/Frage*	*Ant-wort*	*Kommentare*
Dokumen-tenanalyse	E1.1 Wurde zu Beginn der pflegerischen Versorgung erhoben, ob der Patient Schmerzen oder schmerzbedingte Probleme hat?		
	E1.2 Wurde bei festgestellten Schmerzen eine systematische Schmerzersteinschätzung durchgeführt?		Wenn ja: Welches Instrument wurde verwendet?
	E1.3 Liegt eine aktuelle und systematische Verlaufskontrolle vor?		
	E2.1 Wurde spätestens bei Schmerzen von > 3/10 NRS unverzüglich eine medikamentöse Schmerzbehandlung angeboten?		
	E3 Wurden Maßnahmen zur Prophylaxe und/oder Behandlung von schmerzmittelbedingten Nebenwirkungen durchgeführt?		
	E5.1 Wurden Beratungen und/oder Schulungen zum Umgang mit Schmerzen angeboten?		
Personal fragen	E2.2 Konnten Sie die geltende Verfahrensregel zum Schmerzmanagement umsetzen?		Bei Problemen mit der Umsetzung bitte kurz die Gründe nennen.
Patient (alternativ Angehörige) fragen	E1.4 Wurden Sie regelmäßig nach Schmerzen und schmerzbedingten Problemen (z. B. Bewegungseinschränkungen) gefragt?		
	E2.3 Wurde Ihnen bei angegebenen Schmerzen unverzüglich ein Schmerzmedikament angeboten?		
Befragt wurde:	E2.4 Waren Sie nach der Einnahme der Medikamente schmerzfrei oder waren die Schmerzen zumindest erträglich?		
☐ Patient ☐ Angeh.	E2.5 Sind Ihnen vor schmerzhaften Maßnahmen Schmerzmittel angeboten worden?		
	E4 Wurden Ihnen nicht-medikamentöse Maßnahmen zur Schmerzlinderung angeboten?		Wenn vom Patienten nicht-medikamentöse Schmerztherapien angenommen wurden: Haben diese die Schmerzen gelindert?
	E5.2 Sind Ihnen/Ihren Angehörigen Informationen zum Umgang mit Schmerzen angeboten worden?		

J = ja N = nein NA = nicht anwendbar (N und NA bitte im Kommentar erläutern)

Moers et al. 2005, S. 114

[1] ©Deutsches Netzwerk für Qualitätsenwicklung in der Pflege (DNQP), 2005

Abb. 15: Auditfragebogen 1: Patienten (Moers et al. 2005, S. 114)

Code	*Hinweise*
	Die erste Frage in der Kopfzeile bezieht sich auf die Schmerzart. Bitte geben Sie an, ob der Patient unter akuten Schmerzen, tumorbedingt chronischen Schmerzen oder der Kombination aus beiden Schmerzarten leidet. Bitte in der Kopfzeile vermerken, ob sich der Patient zum Zeitpunkt des Audit im Rahmen einer ambulanten Operation in Behandlung befindet. Wenn eine Audit-Frage mit „Nein" oder „Nicht anwendbar" beantwortet wird, bitte im Kommentar eine Begründung angeben.
E1.1	Die Frage bezieht sich auf Schmerzen bzw. Schmerzprobleme zu Beginn der pflegerischen Versorgung in der Pflegeeinheit, die im Rahmen der regulären Pflegeanamnese erhoben werden. Wenn keine Schmerzen oder zu erwartende Schmerzen festgestellt wurden, sollte kein Audit erfolgen (s. Punkt 5 der „Allgemeinen Hinweise zum Vorgehen beim Audit"), es sei denn, im weiteren Verlauf wurden Schmerzprobleme festgestellt. In Einrichtungen, in denen Patienten/Bewohner auf Dauer betreut werden (z. B. Altenhilfe), sollte die Ersteinschätzung mit Beginn der Einführung und Anwendung des Standards in der Modelleinheit erfolgen. In Modelleinheiten, in denen Patienten erst unmittelbar vor einer Operation und/oder in prämediziertem Zustand aufgenommen werden, muss die Auditorin, evtl. in Absprache mit der zuständigen Pflegefachkraft klären, ob bereits vor der Operation mit der Anwendung des Standards begonnen werden konnte. Bei diesen Patienten und Patienten, die im Rahmen einer ambulanten Operation versorgt werden, kann es sinnvoll sein, den in P1 genannten Zeitpunkt „für den Beginn des pflegerischen Auftrag" auf die Zeit nach der Operation zu legen.
E1.2	
E1.3	Auch bei Patienten, die sich für eine ambulante Behandlung (z. B. ambulantes Operieren) in der Pflegeeinheit befinden, muss eine Verlaufskontrolle vorliegen, wenn diese Patienten Schmerzen oder zu erwartende Schmerzen haben.
E2.1	Für den Fall, dass ein Analgetikum angeboten, die Einnahme aber vom Patienten nicht gewünscht wurde, gilt das Kriterium als erfüllt und es muss mit „J" geantwortet werden. In der Kommentarspalte sollte der Hinweis erfolgen, dass der Patient die medikamentöse Schmerztherapie nicht gewünscht hat.
E3	Gemeint sind Nebenwirkungen, die Schmerzmitteln zugerechnet werden können (z. B. Obstipation, Übelkeit). Lagen keine Nebenwirkungen vor oder waren keine zu erwarten, bitte „NA" vermerken.
E5.1	
E2.2	Falls keine Verfahrensregel vorhanden war, Frage bitte mit „N" beantworten.
E1.4	Für die Fragen E1.4 bis E5.2 bitte einmalig in der linken Spalte vermerken, ob der Patient oder seine Angehörigen befragt wurden. Frage kann umformuliert werden.
E2.3	Für den Fall, dass ein Analgetikum angeboten, die Einnahme vom Patienten jedoch nicht gewünscht wurde, gilt das Kriterium als erfüllt und es muss mit „J" geantwortet werden. In der Kommentarspalte sollte der Hinweis erfolgen, dass der Patient die medikamentöse Schmerztherapie nicht gewünscht hat.
E2.4	Die Frage bezieht sich auf die Wirkung der verabreichten Analgetika und kann erläutert werden. Als erträglich gilt ein Wert von nicht mehr als 3/10 NRS. Wurde von dem Patienten eine medikamentöse Schmerztherapie abgelehnt, bitte „NA" vermerken und im Kommentar erläutern. Bitte in der Kommentarspalte zusätzlich vermerken, ob es sich um eine Selbst- oder Fremdeinschatzung durch andere handelt.
E2.5	Frage kann durch zielgruppenspezifische Beispiele (z. B. postoperative Mobilisation, Lumbalpunktion) ergänzt werden. Wenn keine schmerzhaften Prozeduren durchgeführt wurden, bitte „NA" angeben.

Abb. 16: Hinweise zu den Fragen im Auditfragebogen 1: Patienten (Moers et al. 2005, S. 115 ff.)

E4	Frage kann durch Beispiele (Kälte-Wärmetherapien) ergänzt werden. Zur Frage nach der Wirkung der Maßnahme in der Kommentarspalte werden die Selbsteinschätzung des Patienten ggf. die Fremdeinschätzung der Angehörigen und Pflegefachkräfte erfasst.
E5.2	Gemeint sind Beratungen und Schulungen der Patienten (z. B. Selbsteinschätzung von Schmerzen mittels Skalen, Umgang mit Schmerzmedikamenten). Frage kann entsprechend umformuliert werden.

Für jeden auditierten Patienten wird ein Auditfragebogen ausgefüllt. Zur Bearbeitung des Fragebogens sind die Ausfüllhinweise äußerst hilfreich. Zu einigen Fragen existieren keine Hinweise, weil die Fragen an sich bereits selbsterklärend sind.

Struktur des Auditfragebogens 1: Patient

Der Fragebogen enthält im oberen Bereich allgemeine Angaben zur Dauer des Audits und zur Schmerzursache des Patienten.
Die nachfolgende Struktur enthält folgenden logischen Aufbau.

Quelle/Methode

In der ersten Spalte „Quelle/Methode" ist vorgegeben, wo bzw. bei wem die Antwort auf die jeweilige Frage zu finden bzw. zu erfragen ist.
Die angegebenen Quellen/Methoden sind wie vorgegeben zu nutzen. Es ist nicht zielführend, wenn die Antwort einer Frage beispielsweise nicht in der Patientendokumentation zu finden ist und man befragt stattdessen die Pflegenden. Die Qualitätsverbesserung soll sich natürlich auch in der Dokumentation widerspiegeln, ist dem nicht so, muss dies dementsprechend im Audit bewertet werden.

Code/Frage

In der zweiten Spalte „Code/Frage" sind die Fragen des Auditfragebogens abgebildet. Diese Fragen sind nummeriert und mit einem „E" gekennzeichnet. Das „E" steht für Ergebniskriterium. Das heißt, die Fragen, die im Audit aufgeführt sind, beziehen sich ausschließlich auf die fünf Ergebniskriterien des Expertenstandards, E1–E5. Mit den im Auditfragebogen aufgeführten Fragen werden diese überprüft. Einige Ergebniskriterien werden mit einer, andere mit mehreren Fragen überprüft, z. B. gibt es insgesamt vier Fragen zum 1. Ergebniskriterium (E1.1–E1.4). Ob ein Ergebniskriterium mit einer oder mehreren Fragen auditiert wird, hängt davon ab, wie das Auditinstrument entwickelt worden ist. Es gibt keine grundsätzliche Vorgabe, wie viele Fragen pro Ergebniskriterium zu stellen sind. Das Ergebniskriterium 1 bezieht sich auf die Schmerzeinschätzung. Mit den hier formulierten vier Fragen kann man sowohl aus der Dokumentation als auch aus den Antworten des Patienten selbst entnehmen, ob die Schmerzeinschätzung umgesetzt worden ist.
Es ist zu empfehlen, sich im Vorhinein die Fragen für den Patienten genau anzusehen, um sie etwas umformulieren und in ein Gespräch einbauen zu können. Das hat den Vorteil, den Patienten nicht „abzufragen", sondern mit ihm über das Schmerzmanagement zu sprechen.

Antwort

In der Spalte „Antwort" werden die Bewertungen der Fragen eingetragen. Als Bewertung gelten die Antworten „Ja" (J) und „Nein" (N). Trifft eine Frage auf einen Patienten nicht zu, wird diese Frage nicht bewertet, sondern in der Spalte ein „nicht anwendbar" (NA)

vermerkt. Dies kann z. B. vorkommen, wenn der Patient die Fragen nicht beantworten kann oder will.
Der Anteil der Ja-Antworten im Verhältnis zu allen Antworten des Audits drückt zum Abschluss den Zielerreichungsgrad für die einzelnen Punkte aus.

Kommentare

In der letzten Spalte „Kommentare" sind für drei Fragen bereits Anmerkungen aufgeführt. Diese Spalte soll dazu dienen, Kommentare zu den Fragen zu notieren, wenn „nicht anwendbar" oder „nein" dokumentiert worden ist. So kann bei der Auswertung nachvollzogen werden, warum diese Fragen nicht bewertet werden konnten. Darüber hinaus muss diese Spalte nicht unbedingt genutzt werden.

Dokumentation

Alle Antworten werden auf dem Auditfragebogen des Patienten dokumentiert. Darüber hinaus wird eine Excel-Tabelle benötigt, in die man die Ergebnisse des Audits überträgt und abschließend auswertet. Wie oben bereits erwähnt, wäre die Alternative die Nutzung des Auditprotokolls des Expertenstandards.

4.5.2 Auditfragebogen für das Pflegepersonal

Der Auditfragebogen für das Pflegepersonal ist gleichzeitig als Anschreiben formuliert. Im Gegensatz zum Auditfragebogen der Patienten füllen die Pflegenden diesen Fragebogen selbst aus. Bei dem Audit geht es nicht darum, das Wissen der Pflegenden abzufragen, sondern den Bedarf und die Teilnahme der Pflegenden an Fortbildungsveranstaltungen zur Einführung des Schmerzmanagements zu erfassen. Die Fragen des Audits sind leider relativ unpräzise. Sie beziehen sich ausschließlich auf die Strukturebene der Standardkriterien des Expertenstandards mit den Themen: Schmerzeinschätzung, medikamentöse Schmerzbehandlung, schmerzmittelbedingte Nebenwirkungen, nicht-medikamentöse Therapien sowie Beratung und Schulung von Patienten und Angehörigen zu schmerzbedingten Problemen. Zunächst sollen die Pflegenden angeben, ob sie an einer Fortbildung zu einem der Themenbereiche teilgenommen haben und ob aus ihrer Sicht noch Fortbildungsbedarf zu den Themen besteht. Diese beiden Aspekte müssen nicht zwingend übereinstimmen. Von Nachteil ist bei diesem Audit, dass bei den Antwortkategorien nur zwischen „Ja" und „Nein" unterschieden wird. Wichtig wäre zu wissen, zu welchem Bereich die betreffende Person noch Fortbildungsbedarf hat. Das gilt insbesondere, wenn diejenige bereits an einer Fortbildung zu dem Thema teilgenommen hat und weiterhin Fortbildungsbedarf zu diesem Thema sieht.
Drei Punkte werden nur einmal abgefragt und auf dem Auditprotokoll 2: Pflegepersonal dokumentiert. Das sind die Fragen,

- ob zielgruppenspezifische Schmerzeinschätzungsinstrumente zur Verfügung stehen,
- ob eine interprofessionell gültige Verfahrensregelung zur medikamentösen Schmerztherapie vorliegt, und
- ob Schulungs- und Beratungsmaterialien zur Verfügung stehen.

Auch bei der Pflegepersonalbefragung empfiehlt es sich, das Auditprotokoll direkt in eine Excel-Tabelle zu überführen. Wählt man dieses Verfahren, muss berücksichtigt werden, dass die drei Fragen aus dem Formular des Auditprotokolls in die Excel-Tabelle integriert werden, da sie nicht jeder Pflegenden, sondern nur einmal an die Pflegeeinheit gestellt werden.

Audit-Fragebogen 2: Pflegepersonal

Liebe Kollegin, lieber Kollege aus dem Pflegedienst,

in Ihrer Pflegeeinheit wurde der Expertenstandard zum Schmerzmanagement eingeführt. Sie sind unter Umständen bereits über die Qualitätsbewertung (Audit) informiert und zu von Ihnen betreuten Patienten befragt worden. Zur Auswertung des Erfolgs der Standardeinführung und -anwendung ist es wichtig, die Selbsteinschätzung des Pflegepersonals zum Wissensstand bezüglich der Standardkriterien zu erfassen. Wir bitten Sie daher, den folgenden kurzen Fragebogen auszufüllen und der Auditorin zurückzugeben.

Die Kriterien des auf Ihrer Pflegeeinheit einführten Standards zum Schmerzmanagement in der Pflege sind sehr anspruchsvoll. Daher besteht grundsätzlich Fortbildungsbedarf zur Aktualisierung von Wissen und Fähigkeiten zum Thema Schmerzmanagement. Wir möchten von Ihnen wissen, ob Sie in den vergangenen 24 Monaten an einer Schulungs- oder Fortbildungsmaßnahme teilgenommen haben. Als solche gelten auch Informationen durch Kolleginnen im Rahmen von Dienstbesprechungen oder Übergaben. Ebenso gehören praktische Übungen und Training dazu (z. B. Anwendung von Instrumenten zur Schmerzeinschätzung).

Teilnahme an Fortbildungen	Ja	Nein
Schmerzeinschätzung (S1a)	❍	❍
Medikamentöse Schmerzbehandlung (S2b)	❍	❍
Schmerzmittelbedingte Nebenwirkungen (S3)	❍	❍
Nicht-medikamentöse Therapien (S4)	❍	❍
Beratung und Schulung von Patienten und Angehörigen zu schmerzbedingten Problemen (S5a)	❍	❍

Weiterhin möchten wir wissen, zu welchen der in den Standardkriterien erwähnten Bereichen Sie Ihrer eigenen Einschätzung nach weitere Fortbildung benötigen - und zwar unabhängig davon, ob Sie in letzter Zeit an Fortbildungen zum Thema Schmerzmanagement teilgenommen haben oder nicht.

Weiterhin bestehender Fortbildungsbedarf	Ja	Nein
Schmerzeinschätzung (S1a)	❍	❍
Medikamentöse Schmerzbehandlung (S2b)	❍	❍
Schmerzmittelbedingte Nebenwirkungen (S3)	❍	❍
Nicht-medikamentöse Therapien (S4)	❍	❍
Beratung und Schulung von Patienten und Angehörigen zu schmerzbedingten Problemen (S5a)	❍	❍

Vielen Dank für Ihre Mithilfe.

Moers et al. 2005, S. 118

Abb. 17: Auditfragebogen 2: Pflegepersonal (Moers et al. 2005, S. 118)

4.5.3 Auditergebnisse Patientenfragebögen

Die Ergebnisse, die mit den Auditfragebögen ermittelt werden, müssen den Beteiligten der Pflegeeinheit zum Abschluss des Projekts präsentiert werden. Dies geschieht am besten in einer offiziellen Besprechung mit allen Beteiligten der Pflegeeinheit. Die Auditpräsentation kann gleichzeitig als offizielle Abschlussbesprechung des gesamten Projekts dienen. Dennoch ist nicht zu erwarten, dass gleichzeitig mit der Präsentation der Ergebnisse die Projektarbeit komplett abgeschlossen ist, weil sich meist aus den Ergebnissen noch weiterführende Aspekte ergeben.

Darstellung der Auditergebnisse

Die beiden Abbildungen sollen beispielhaft darstellen, wie eine Auditpräsentation aufgebaut sein kann.

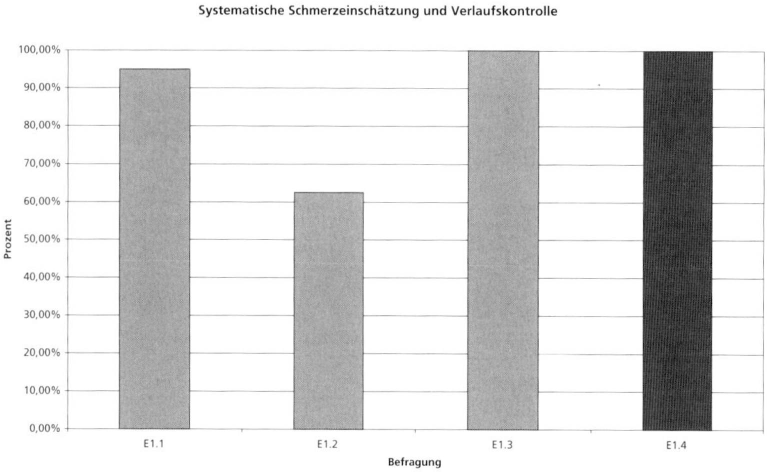

Abb. 18: Auditergebnisse[12] zum ersten Standardkriterium (Audit 2004, Klinikum Dortmund, Projektgruppe Interdisziplinäres Schmerzmanagement)

E1.1 Wurde zu Beginn der pflegerischen Versorgung erhoben, ob der Patient Schmerzen oder schmerzbedingte Probleme hat? (n=40)
E1.2 Wurde bei festgestellten Schmerzen eine systematische Schmerzersteinschätzung durchgeführt? (n=40)
E1.3 Liegt eine aktuelle und systematische Verlaufskontrolle vor? (n=39)
E1.4 Wurden Sie regelmäßig nach Schmerzen und schmerzbedingten Problemen (z. B. Bewegungseinschränkungen) gefragt? (n=40)
(grau: Dokumentationsanalyse; schwarz: Patientenbefragung)

[12] Die hier aufgeführten Auditfragen sind nicht identisch mit dem aktuellen geltenden Auditinstrument. Das liegt an der notwendig gewordenen Überarbeitung des Auditinstruments im Anschluss an die modellhafte Implementierung des Expertenstandards in den Modelleinrichtungen, die zum Zeitpunkt dieses Audits noch nicht vorlagen.

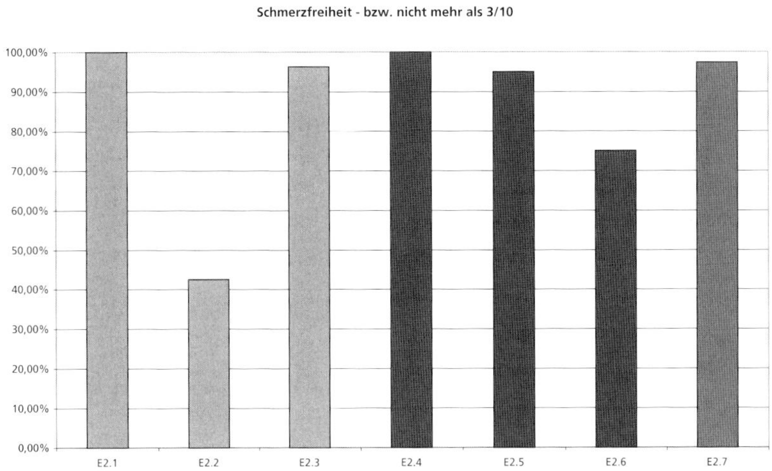

Abb. 19: Auditergebnisse zum zweiten Standardkriterium (Audit 2004, Klinikum Dortmund, Projektgruppe Interdisziplinäres Schmerzmanagement)

E2.1 Wurde spätestens bei Schmerzen von >3/10 NRS unverzüglich eine medikamentöse Schmerzbehandlung angeboten? (n=39)
E2.2 Wurde die Wirkung der medikamentösen Schmerzbehandlung in angemessenen Abständen überprüft? (n=40)
E2.3 Wurde bei zu erwartenden Schmerzen präventiv ein adäquates Analgesieverfahren eingesetzt? (n=27)
E2.4 Wurde Ihnen bei angegebenen Schmerzen unverzüglich ein Schmerzmedikament angeboten? (n=40)
E2.5 Waren Sie nach der Einnahme der Medikamente schmerzfrei oder waren die Schmerzen zumindest erträglich? (n=40)
E2.6 Sind Ihnen vor schmerzhaften Maßnahmen Schmerzmittel angeboten worden? (n=28)
E2.7 Konnten Sie die geltende Verfahrensregel zum Schmerzmanagement umsetzen? (n=39)
(hellgrau: Dokumentationsanalyse; schwarz: Patientenbefragung, dunkelgrau: Pflegepersonalbefragung)

Auf welche Art und Weise die Auditergebnisse präsentiert werden, ist im Prinzip egal, wenn man beachtet, die Diagramme mehr oder weniger selbsterklärend zu gestalten. Wenn man ein wenig mit Farben oder Schattierungen arbeitet, ist das Erkennen und Verstehen der Diagramme recht einfach. Die Erfahrung hat gezeigt, dass es leichter ist, wenn man die Auditfragen in die Ergebnisdarstellung integriert, da nicht alle immer genau wissen, welche Inhalte sich beispielsweise hinter E1.1 und E1.4 verbergen. Zusätzlich ist es sinnhaft, die Stichprobe für jede Auditfrage anzugeben. Da durchaus die Möglichkeit besteht, Fragen weder mit „Ja“ noch mit „Nein“ zu bewerten, sondern in diesen Fällen „NA“ zu dokumentieren, ist nicht bei jeder Frage automatisch die geplante Stichprobengröße Grundlage der Ergebnisse. Für die Gestaltung der Diagramme ist zu empfehlen, die Y-Achse immer in der gleichen Größenordnung zu nutzen. Das bedeutet konkret für die Darstellung in Prozent – so wie die Auditergebnisse errechnet werden – die Skalierung in allen Diagrammen bis 100 vorzunehmen. Wählt man unterschiedliche Dimensionen der Skalierung, also in einem Diagramm bis 100 und in dem anderen nur bis 50, könnten die Ergebnisse scheinbar ähnlich wirken, weil die

Balken auf den ersten Blick ähnliche Höhen erreichen. Diese letztgenannte Darstellungsform ist nicht falsch, erweckt aber mitunter Irritationen.
Die beiden Diagramme (Abb. 20 und 21) sollen den unterschiedlichen „Eindruck" der gleichen Ergebnisse verdeutlichen.

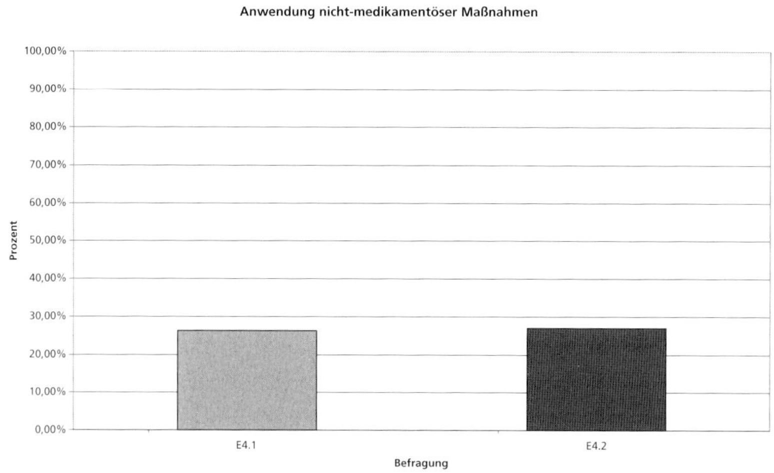

Abb. 20: Auditergebnisse „100 % Y-Achse" (Klinikum Dortmund, Projektgruppe Interdisziplinäres Schmerzmanagement)

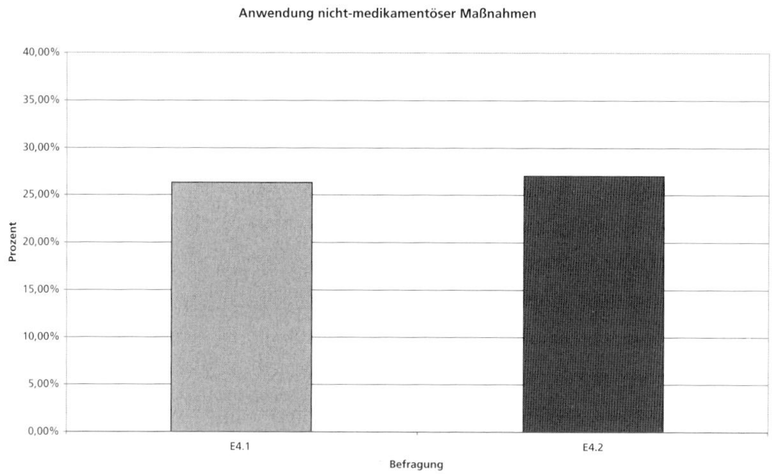

Abb. 21: Auditergebnisse „40 % Y-Achse" (Klinikum Dortmund, Projektgruppe Interdisziplinäres Schmerzmanagement)

Inhaltliche Diskussion und Interpretation der Auditergebnisse

In Abbildung 22 sind die Ergebnisse insgesamt dargestellt. Auffällig ist, dass einige Auditergebnisse sehr gut, andere wiederum tendenziell eher schlechter sind. Noch einmal zur Erinnerung: Der Zielerreichungsgrad bei der Implementierung der Standardkriterien sollte mindestens bei 70 % liegen. Beim ersten Audit wurde das weitestgehend erreicht, beim nachfolgenden Audit (bei dem weitere Pflegeeinheiten einbezogen wurden) sind Zielerreichungsgrade teilweise noch etwas schlechter ausgefallen. Andererseits gab es beim zweiten Audit[13] auch Verbesserungen bei einzelnen Ergebnissen.

[13] Audits werden im Klinikum Dortmund in der Regel nach ca. einem Jahr wiederholt.

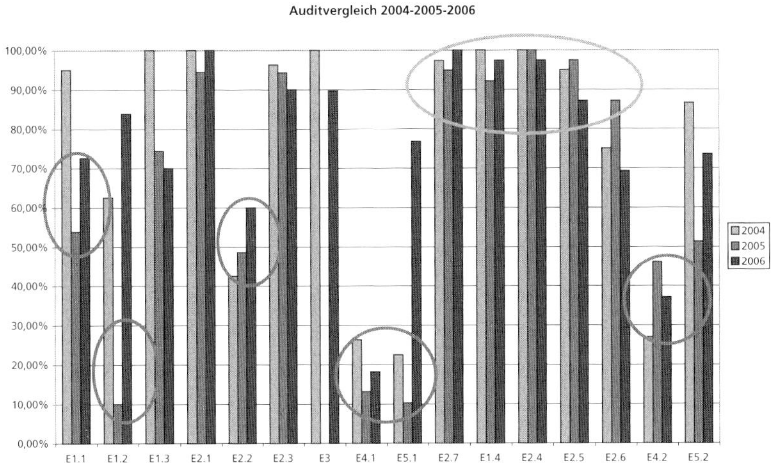

Abb. 22:
Auditergebnisse im Vergleich (Audit 2004–2006, Klinikum Dortmund, Projektgruppe Interdisziplinäres Schmerzmanagement)

E3 Wurden Maßnahmen zur Prophylaxe und/oder Behandlung von schmerzmittelbedingten Nebenwirkungen durchgeführt? (n=29)
E4.1 Wurden nicht-medikamentöse Maßnahmen zur Schmerztherapie angeboten? (n=33)
E4.2 Wurden Ihnen nicht-medikamentöse Schmerztherapien angeboten? (n=35)
E5.1 Wurden Beratung und/oder Schulung zum Umgang mit Schmerzen angeboten? (n=34)
E5.2 Sind Ihnen/Ihren Angehörigen Informationen zum Umgang mit Schmerzen angeboten worden? (n=34)

In Abbildung 23 sind die Ergebnisse des Audits der Unternehmen dargestellt, die sich an der modellhaften Implementierung des Expertenstandards beim DNQP beteiligt haben.

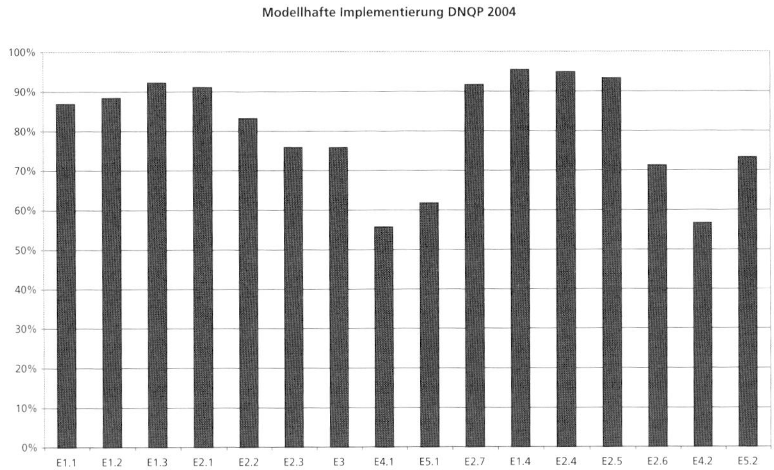

Abb. 23:
Auditergebnisse der modellhaften Implementierung des DNQP (DNQP 2006, S. 139)

Schmerzeinschätzung

Die Dokumentation der Ersteinschätzung der Schmerzintensität war nach der modellhaften Implementierung sehr gut und verlor nach

dem Projekt an Qualität. Es fällt vor allem der niedrige Zielerreichungsgrad hinsichtlich der Schmerzersteinschätzung auf (E1.2). Hierzu hat sich gezeigt, dass bei den chirurgischen Patienten die systematische Schmerzersteinschätzung nur in einem geringen Maße durchgeführt wird. Dies ist in den meisten Fällen der Tatsache geschuldet, dass die Patienten oftmals bei der Aufnahme präoperativ keine Schmerzen haben. Gerade in den operativen Fächern treten die Schmerzen erst postoperativ auf. Zu diesem Zeitpunkt wäre also theoretisch die Schmerzersteinschätzung, also die Schmerzanamnese (s. o.) zu erheben. Betrachtet man, wie genau sie zu erheben ist, wird deutlich, wie schwierig es für den Patienten ist, diese Fragen alle postoperativ zu beantworten. In der postoperativen akuten Schmerztherapie geht es maßgeblich darum, die Schmerzintensität, -qualität und -lokalisation beim Patienten zu erfragen. Zum einen sind Schmerzen postoperativ zu erwarten, zum anderen muss es darum gehen, Komplikationen frühzeitig auch anhand der Schmerzqualität zu erkennen. Eine intensive Schmerzersteinschätzung ist zu diesem Zeitpunkt im Grunde genommen unangemessen. Zu einem späteren Zeitpunkt ist eine solche Ersteinschätzung dann meist nicht mehr notwendig, weil das Schmerzmanagement greift bzw. greifen sollte und die Schmerzsituation für den Patienten erträglich ist bzw. sie schmerzfrei sind.
Dennoch konnte im nachfolgenden Audit der Zielerreichungsgrad deutlich verbessert werden. Dies kann darauf zurückzuführen sein, dass sich zu dem Zeitpunkt des Audits mehr Patienten mit chronisch-tumorbedingten Schmerzen in der Pflegeeinheit befanden und schon von Beginn an Schmerzen angegeben haben.
Die systematische Schmerzersteinschätzung hat ihre Berechtigung in der Behandlung und Betreuung von Menschen mit chronischen Schmerzen. Dort muss sie durchgeführt werden, damit man sich ein umfassendes Bild von der Situation des Menschen mit Schmerzen machen kann.
Die Erfassung der Schmerzen und schmerzbedingter Probleme wurde im zweiten Audit nur bei knapp jedem zweiten Patienten dokumentiert. Hier erfolgte nach dem zweiten Audit ein Gespräch mit allen Beteiligten, um diesen Aspekt wieder auf einen höheren Zielerreichungsgrad zu bringen, was durchaus gelungen ist, wie im nachfolgenden Jahr im Audit zu sehen.

Prophylaxe bzw. Behandlung von Nebenwirkungen

Für das Wohlbefinden des Patienten ist die Prophylaxe bzw. Behandlung von Nebenwirkungen ein wichtiger Aspekt. Die mit Hilfe der Dokumentationsanalyse erzielten Auditergebnisse zeigen gute Werte. Dieser Themenbereich war bisher – in der postoperativen akuten Schmerztherapie – unproblematisch umzusetzen. Das liegt wahrscheinlich auch an der Auswahl der Schmerzmedikamente innerhalb des Schmerzschemas und der gleichzeitigen Verabreichung von Adjuvantien, um Nebenwirkungen, wie z. B. die Obstipation, von vornherein zu vermeiden.

Nicht-medikamentöse Maßnahmen

Aus der Dokumentation sollte hervorgehen, ob dem Patienten nicht-medikamentöse Maßnahmen angeboten worden sind (E4.1). Dieses Kriterium wurde bereits vor dem ersten Audit nicht gut umgesetzt,

beim zweiten Audit verschlechterten sich die Werte noch einmal und verbesserten sich im dritten Audit nur marginal. Betrachtet man dazu die Ergebnisse, die aus der Patientenbefragung hervorgehen (E4.2: Wurden Ihnen nicht-medikamentöse Maßnahmen angeboten?), sieht man, dass dieses Ergebnis bemerkenswert besser ist. Hier gab es sogar im zweiten Audit nochmals eine Verbesserung des Zielerreichungsgrads aus Sicht der Patienten.
Hier zeigt sich eine Diskrepanz zwischen dem, was dokumentiert wird, und dem, was Patienten an nicht-medikamentösen Maßnahmen wahrnehmen. Die Ergebnisse zu diesem Kriterium sind noch nicht gut, dennoch nehmen die Patienten wahr, dass sie nicht-medikamentöse Maßnahmen erhalten. Das Problem liegt hier in der Qualität der Pflegedokumentation.
Vergleicht man diese Daten mit denen aus der modellhaften Implementierung des DNQP (2005), fällt auf, dass alle Unternehmen zu diesem Kriterium „schlechtere" Ergebnisse erzielen. Das Kriterium E4.1 wird insgesamt zu 55,7 % erreicht und das Kriterium E4.2 insgesamt zu 56,6 %.
Die nicht-medikamentösen Maßnahmen – so wichtig sie sind – haben offensichtlich im Verhältnis zur medikamentösen Schmerztherapie immer noch das „Nachsehen" und werden nicht allen Patienten als Ergänzung angeboten.

Schulung und Beratung

Beim Kriterium E5.1 zeigt sich das gleiche Phänomen. Auch zum Thema Beratung und Schulung von Patienten mit Schmerzen sind die Ergebnisse des Audits nicht gut. Zu diesem Thema zeigt sich ebenfalls eine Verschlechterung im zweiten Audit mit einer nachfolgenden Verbesserung im dritten Audit. Diese deutliche Verbesserung ist auf eine Veränderung im Dokumentationsformular zurückzuführen. Für dieses Thema wurde ein separater Bereich geschaffen, der es den Pflegenden deutlich leichter gemacht hat, Beratung und Schulung schriftlich zu fixieren. Im Gegensatz zur Dokumentation sind auch hier die Ergebnisse der Patientenbefragung wesentlich besser. Zwar gibt es einen Qualitätseinbruch im zweiten Audit, aber beim dritten Audit konnte der Zielerreichungsgrad von 70 % überschritten werden.
Im Audit des DNQP (2005) ist das Thema Schulung und Beratung besser implementiert als das Thema nicht-medikamentöse Maßnahmen, dennoch erreichen die Modelleinrichtungen auch nur gut 60 % bei der Dokumentation zur Schulung und Beratung und gut 70 % bei der Patientenbefragung zu diesem Thema.
Die Themen nicht-medikamentöse Maßnahmen sowie Schulung und Beratung müssen zum einen deutlich besser dokumentiert werden, und zum anderen stellen sie offenbar die beiden Themenbereiche dar, die im Verhältnis zu den anderen Bereichen verbesserungswürdig sind.

Die Bewertung des Schmerzmanagements aus Patientensicht

Trotz der zuvor aufgeführten Schwächen hinsichtlich der Zielerreichungsgrade sind die Bewertungen des Schmerzmanagements aus Patientensicht sehr erfreulich. Das Ziel im zweiten Ergebniskriterium ist, dass die Patienten schmerzfrei sind bzw. keine Schmerzen von mehr als 3/10 auf der numerischen Rangskala haben. Zur Ermittlung

des Zielerreichungsgrads wurden die Patienten gefragt, ob sie bei angegebenen Schmerzen unverzüglich ein Schmerzmedikament angeboten bekommen haben und ob sie nach der Einnahme der Medikamente schmerzfrei oder die Schmerzen zumindest erträglich waren. Die Ergebnisse des Audits sind zu diesen Fragen sehr gut. Gleiches gilt für die Frage, ob man den Patienten regelmäßig nach Schmerzen und schmerzbedingten Problemen gefragt hat. Zwar zeigt sich auch zu diesem Themenbereich, dass die Schmerzeinschätzung nicht immer dokumentiert wird, aber aus Patientensicht werden die Anforderungen und Aufgaben der Pflegenden sehr gut erfüllt. Man muss deutlich konstatieren, dass die Anforderungen des zweiten Ergebniskriteriums mit diesem zentralen Stellenwert des Schmerzmanagements hervorragend umgesetzt werden.
Ein geringer Einbruch der Ergebnisqualität zeigte sich bei der Frage nach der präventiven Gabe von Schmerzmitteln vor schmerzhaften Maßnahmen. Hier wird immer wieder diskutiert, ob die Patienten von den Pflegenden überhaupt darüber informiert werden, dass beispielsweise geplant wird, sie erst 30 Minuten nach der Schmerzmitteleinnahme zu mobilisieren. Wenn der pflegerische Ablauf so organisiert wird, dass erst nach der regulären Schmerzmittelgabe die schmerzhaften Maßnahmen durchgeführt werden, dann beinhaltet eine solche Planung die Prävention von Schmerzen. Wissen die Patienten dies jedoch nicht, werden sie wahrscheinlich die Frage nach einer präventiven Schmerzmittelgabe nicht mit „ja" beantworten.

4.5.4 Auditergebnisse Pflegepersonalfragebögen

Der Fragebogen für das Pflegepersonal wurde im Zusammenhang mit der modellhaften Implementierung an die beteiligten Pflegenden ausgegeben. Bei diesem Audit wird erfragt, ob die Pflegenden Fortbildungen zu den Strukturkriterien des Expertenstandards erhalten haben und ob sie darüber hinaus noch Bedarf an weiteren Fortbildungsthemen sehen.

Insgesamt haben 12 Pflegende die Fragebögen beantwortet. Die Teilnahme an den Fortbildungen konnte als sehr zufriedenstellend bewertet werden. Der weitere Bedarf an Fortbildungen bezieht sich auf die Themengebiete schmerzmittelbedingte Nebenwirkungen, nicht-medikamentöse Therapien sowie Beratung und Schulung von Patienten und deren Angehörigen. Möglicherweise ist gerade zu den beiden letztgenannten Themengebieten ein Zusammenhang zu den Auditergebnissen der Patientenfragebögen zu sehen. Sowohl die nicht-medikamentösen Maßnahmen als auch Schulung und Beratung werden möglicherweise auch aus Unsicherheit seitens der Pflegenden nicht in der erwarteten Intensität angeboten. Eine Ursache dafür kann sein, dass die Pflegenden mehr zu diesen Themengebieten wissen wollen und sich Sicherheit in der Anwendung des Erlernten aneignen müssen. Zum Vergleich sind die Auditergebnisse der Pflegepersonalfragebögen aus der modellhaften Implementierung in der nachfolgenden Abbildung zu sehen.

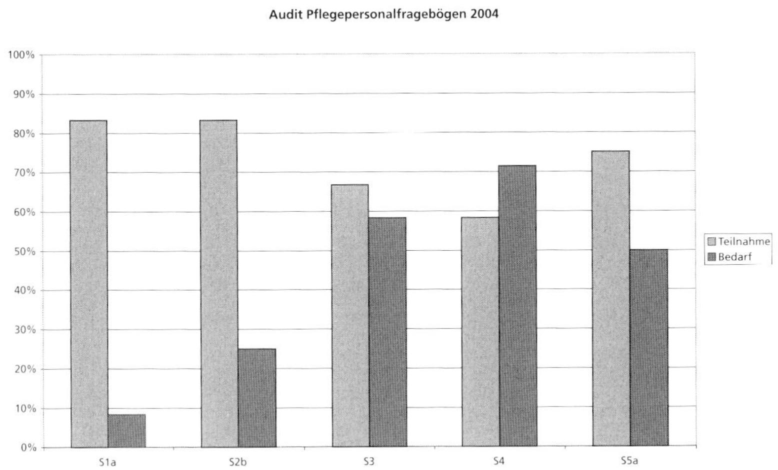

Abb. 24: Auditergebnisse Personalbefragung (Klinikum Dortmund, Projektgruppe Interdisziplinäres Schmerzmanagement)

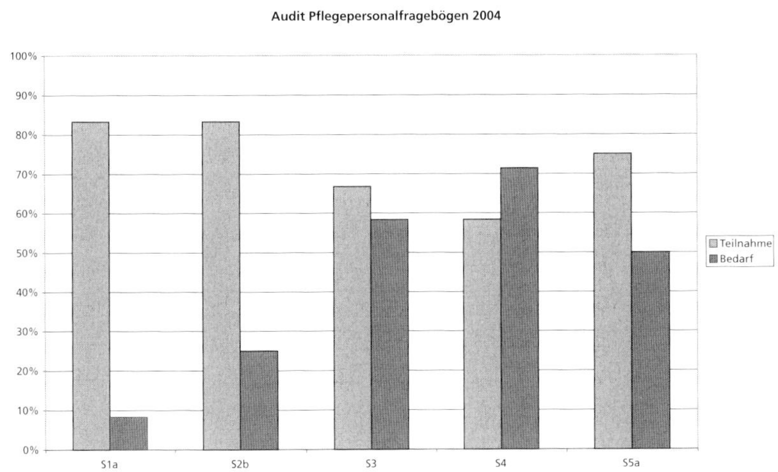

Abb. 25: Auditergebnisse Personalbefragung modellhafte Implementierung DNQP 2004 (DNQP 2006, S. 145)

Auch bei diesen Ergebnissen sieht man einen nach wie vor bestehenden Bedarf an Fortbildungen zu den Standardkriterien 3 bis 5. Aufgrund der relativ unspezifischen Fragestellungen im Auditfragebogen des Pflegepersonals sind im Klinikum Dortmund keine weiteren Audits dieser Art durchgeführt worden. Aufgrund der Struktur der innerbetrieblichen Fortbildung werden kontinuierlich Themen zu allen Expertenstandards angeboten.

Fazit: Auditergebnisse

Betrachtet man die Auditergebnisse, sieht man sehr deutlich, zu welchen Themenbereichen die Implementierungsarbeit gut vollzogen werden konnte und in welchen Bereichen noch Verbesserungsbedarf besteht.
Insgesamt hat das Audit recht gute Ergebnisse zu den drei ersten Standardkriterien erbracht. Für das vierte und fünfte Kriterium dagegen zeigt sich ein deutlicher Qualitätsentwicklungsbedarf.

Wie geht man mit diesen Ergebnissen um?
Welche Konsequenzen aus diesen Ergebnissen zu ziehen sind, hängt zum größten Teil mit den Ressourcen zusammen, die in einem Unternehmen zur Verfügung stehen. Im besten Fall verbessert man in den auditierten Pflegeeinheiten die noch nicht zufriedenstellende Umsetzung der Standardkriterien und führt gleichzeitig auf weiteren Pflegeeinheiten oder im gesamten Unternehmen den Expertenstandard Schmerzmanagement ein. Stehen die dafür notwendigen personellen Ressourcen nicht zur Verfügung, muss im Unternehmen eine Entscheidung getroffen werden, welche Prioritäten gesetzt werden. Man kann durchaus die Entscheidung fällen, trotz Verbesserungsbedarf hinsichtlich der Ergebniskriterien vier und fünf eine weitere Umsetzung des Expertenstandards Schmerzmanagement im Unternehmen aufgrund der guten Auditergebnisse zu den Ergebniskriterien eins und zwei zu forcieren und sich weniger um die offen gelegten Problemfelder zu kümmern. Eine solche Entscheidung könnte sinnvoll sein, weil die Schmerzfreiheit bzw. die erträglichen Schmerzen für die Patienten das wichtigere Ziel sind als die Anwendung nichtmedikamentöser Maßnahmen. Eine solche Entscheidung ist allerdings nur bei knappen Ressourcen in den Unternehmen notwendig.

5 Die Implementierung des Expertenstandards aus Sicht der Pflegenden

Dieses Kapitel basiert auf den Untersuchungsergebnissen von Dürdodt (2006), die die Implementierung des Expertenstandards Schmerzmanagement aus Sicht der Pflegenden in einem Krankenhaus untersucht hat. Dabei ist sie der zentralen Fragestellung nachgegangen: „Welche Phänomene sind aus Sicht der Pflegenden bedeutend für die Implementierung des Expertenstandards Schmerzmanagement in der Pflege im Krankenhaus?" (Dürdodt 2006, S. 6). Um diese Frage beantworten zu können, wurden elf Pflegende aus zwei Pflegeeinheiten mittels eines Leitfadeninterviews befragt. Beide Pflegeeinheiten gehörten allerdings zum selben Klinikbereich des Krankenhauses. Einige der interviewten Pflegenden arbeiten in einer Pflegeeinheit[14], die an der modellhaften Implementierung des DNQP beteiligt war, andere arbeiten in einer Pflegeeinheit[15], in der die Einführung des Expertenstandards nicht in Form eines Projekts durchgeführt wurde. Die Mitarbeiter der Modell-Pflegeeinheit hatten sich freiwillig gemeldet, um an der modellhaften Implementierung teilzunehmen. In der Pflegeeinheit der Nicht-Modellstation wurden die erarbeiteten Inhalte aus der vorangegangenen Projektarbeit in die Pflegeeinheit übertragen, ohne ein erneutes Projekt durchzuführen. Die erarbeiteten Inhalte wurden auf der Nicht-Modellstation vorgestellt. Es war vorgesehen, dass die Pflegenden der Modell-Station den Kollegen bei der Einführung des Schmerzmanagements helfen und ihnen beratend zur Seite stehen. Diese Art der Einführung war der weiterführende Teil der Einführung des Schmerzmanagements in dem Klinikbereich des Krankenhauses. Alle interviewten Pflegenden arbeiten in diesen Pflegeeinheiten innerhalb desselben Klinikbereichs.
Die hier dargestellten Ergebnisse aus dieser Untersuchung sind für die Implementierung des Expertenstandards hilfreich, weil die Perspektive der Pflegenden[16] im Mittelpunkt steht. Da sie diejenigen sind, die den maßgeblichen Teil der Umsetzungsarbeit leisten müssen, ist es gut zu wissen, wie sie einen solchen Implementierungsprozess sehen und erlebt haben.

Einstellung der Pflegenden zur Implementierung

Einige Pflegende waren intrinsisch motiviert, den Expertenstandard einzuführen, weil sie zuvor immer wieder festgestellt hatten, dass die Schmerzfreiheit der Patienten nicht konsequent sichergestellt war.

[14] In der Untersuchung als „Modellstation" bezeichnet.
[15] In der Untersuchung als „Nicht-Modellstation" bezeichnet
[16] Bei den diskutierten Ergebnissen handelt sich ausschließlich um die Aussagen der interviewten Pflegenden.

Sie wollten mit der Implementierung etwas für die Patienten tun. Andere Pflegende waren nur zu Beginn der Implementierung vom Schmerzmanagement überzeugt, und als diese Überzeugung im Verlauf des Prozesses aufgrund von negativen Erfahrungen nachließ, unterließen sie auch Aktivitäten im pflegerischen Handeln, die im Zusammenhang mit der Implementierung notwendig gewesen wären.

Hinweis: Laut Dürdodt (2006) stehen Akzeptanz oder Skepsis einer „Sache" gegenüber (hier: der Einführung des Expertenstandards) mit dem dafür notwendigen Wissensstand und der eigenen Erfahrung der Pflegenden im Zusammenhang. Sie können die Vorgaben zur Implementierung des Expertenstandards verändern.

Einige Pflegende wissen nicht, woher der Expertenstandard kommt, auf welcher Grundlage er basiert und wer ihn entwickelt hat. „Ich glaube das haben die Kollegen sich zusammen so ausgedacht..." (Dürdodt 2006, S. 42). Sind die Vorgaben zur Umsetzung des Schmerzmanagements für die Pflegenden nicht nachvollziehbar, werden einige der notwendigen Arbeitsinhalte von ihnen ignoriert.

Empfehlung: Die Informationen, die zu Beginn eines Projekts bzw. vor der Einführung des Schmerzmanagements vermittelt werden, sind von zentraler Bedeutung. Damit kann das entscheidende Verständnis für und die Notwendigkeit der Einführung des Expertenstandards vermittelt werden. Versäumt man einen guten Einstieg, ist die Gefahr gegeben, dass sich einzelne Pflegenden aus der Verantwortung ziehen.

Motivation durch Patientenreaktionen

Die Einführung des Expertenstandards Schmerzmanagement in einer Pflegeeinheit wird oftmals vom Pflegemanagement oder einzelnen Pflegenden der Pflegeeinheit initiiert. Die meisten Pflegenden des Teams nahmen die Einführung jedoch meist als eine Anweisung wahr, die von „anderen" kam und die umgesetzt werden musste. Der eigentliche Antrieb für die Einführung des Expertenstandards war jedoch nicht die Anweisung des Managements bzw. der Projektleitung, sondern die Reaktionen der Patienten. Das Ziel der Pflegenden bei der Einführung des Expertenstandards war „das Erreichen der Schmerzfreiheit für den Patienten" (Dürdodt 2006, S. 30). Eine Pflegende sagte in einem Interview: „...für die Patienten war (das) das Positivste, was man sich denken kann. Die waren schlagartig zufrieden. ...Sie waren nicht abgeschossen, sie waren nicht überdosiert, die waren nicht unterdosiert. Das war einfach toll. Das ist auch ein Erfolg. Das motiviert natürlich auch" (Dürdodt 2006, S. 49 f.). Insgesamt wurden die Patientenreaktionen von den Pflegenden sowohl positiv als auch negativ bewertet. Diese unterschiedlichen Bewertungen können Einfluss auf die Arbeit bei der Standardeinführung haben.

Positive Patientenreaktionen

Positiv bewertet wurde von den Pflegenden, dass die Patienten gleich zu Beginn der Implementierungsphase schmerzfrei und zufrieden waren. Manche Patienten fragten nach einer Operation, ob sie überhaupt operiert worden seien, weil sie gar keine Schmerzen hatten. Die Patienten erlebten die Pflegenden als kompetent und bauten Vertrauen zu ihnen auf. Motiviert wurden die Pflegenden auch durch Dankbarkeit und Anerkennung, die ihnen seitens der Patienten entgegen gebracht wurde.
Diese positiven Reaktionen der Patienten erleichterten den Pflegenden das „Muss" der Umsetzung des Expertenstandards und ließen die Belastung, die mit der Umsetzung verbunden war, in den Hintergrund treten.

Negative Patientenreaktionen

Bei der Wahrnehmung negativer Patientenreaktionen durch die Pflegenden fällt auf, dass manche Reaktionen der Patienten als negativ bewertet wurden, obwohl sie „objektiv" betrachtet gar keine negative Reaktion waren.

Hierzu folgendes Beispiel:
„Bei der Verabreichung von Schmerzmitteln bei kleineren Operationen, wie z. B. einer Appendektomie oder Leistenhernie, sind die Patienten sehr schnell mobil und haben nach kurzer Zeit keine Schmerzen mehr. Die Patienten lehnen ab diesem Zeitpunkt die Schmerzmitteleinnahme ab. Aus den Interviews geht hervor, dass die Pflegenden das als negative Patientenreaktion erleben. Jetzt besteht die Möglichkeit zur Schmerzlinderung und die Patienten lehnen diese Behandlung schnell ab. Das wirkt sich, laut Aussage der befragten Pflegenden, negativ auf die Bereitschaft zur Umsetzung des Schmerzstandards aus" (Dürdodt 2006, S. 33). Die Ablehnung der Medikamenteneinnahme seitens der Patienten wurde von den Pflegenden der Nicht-Modellstation als Verweigerung erlebt.
Einige Patienten berichteten von Ängsten vor einer Medikamentenabhängigkeit und wollten deswegen die Medikamente nicht einnehmen. Insgesamt war es für die Pflegenden eine Herausforderung, dem Patienten seine Selbstbestimmung zuzugestehen und ihn in das Schmerzmanagement einzubeziehen.
Das Ziel, den Expertenstandard korrekt umzusetzen, führte zu Beginn der Einführung dazu, dass die Patienten nachts zur Schmerzmitteleinnahme geweckt wurden. Die Reaktionen der Patienten darauf waren (verständlicherweise; Anm. d. Verf.) nicht positiv. Konsequenterweise wurde infolgedessen auf das nächtliche Wecken verzichtet.

Empfehlung: Aus diesen Wahrnehmungen und Handlungen kann mangelndes Wissen der Pflegenden über den Expertenstandard abgeleitet werden. Die Ausführungen im Expertenstandard zielen darauf ab, dem Patienten „Angebote" zu machen. Der Patient soll das Angebot einer Schmerztherapie bekommen, demzufolge hat jeder das Recht, dieses abzulehnen. Wenn Pflegende diese Ablehnung als negative Patientenreaktion bewerten, muss dieses Thema noch einmal ausführlich diskutiert und besprochen werden, damit

Verständnis dafür geschaffen wird, die Ablehnung von Schmerzmedikamenten durchaus als normal anzusehen.
Die Ängste der Patienten vor Abhängigkeiten können nur im gemeinsamen Gespräch mit den Pflegenden und Ärzten bearbeitet werden. Aus den Aussagen der Pflegenden ist abzuleiten, dass es ihnen nicht gelungen ist, den Patienten diese Ängste zu nehmen.

Vermehrte Kommunikation mit den Patienten

Einige der interviewten Pflegenden nahmen die verbesserte Kommunikation zwischen ihnen und den Patienten als äußerst positiv wahr. Die Pflegenden nutzten sehr oft die Abendstunden, um mit den Patienten zu sprechen und ihnen in diesen Gesprächen die Ängste zu nehmen. Dabei stand nicht so sehr die Dauer des Gesprächs im Vordergrund, sondern viel mehr die Intensität. Dadurch hatten die Pflegenden das Gefühl, dass die Gespräche ein wichtiger Teil ihres pflegerischen Handelns sind. Interessanterweise erlebten die Pflegenden im Anschluss an ihr gemeinsames Gespräch die Patienten entspannter und selbstbewusster in der Kommunikation zu ihrer eigenen Schmerztherapie mit den behandelnden Ärzten.

Akzeptanz der Schmerzeinschätzung

Auch wenn die Pflegenden rational wissen, dass Patienten Schmerzen unterschiedlich empfinden, so werden die Angaben der Patienten zur Schmerzintensität dennoch gelegentlich in Frage gestellt: „...aber manche Menschen empfinden ihren Schmerz so subjektiv – ... halt sehr stark, obwohl es nicht so sehr stark ist, das hat man dann einfach zu akzeptieren“ (Dürdodt 2006, S. 38).

Hinweis: Hier noch einmal der bereits mehrfach zitierte Satz: „Schmerz ist das, was der Betroffene über die Schmerzen mitteilt, sie sind vorhanden, wenn der Patient mit Schmerzen sagt, dass er Schmerzen hat“ (McCaffery et al. 1997, S. 12).

Ein Schwerpunkt der inhaltlichen Arbeit zum Thema Schmerzmanagement ist die Diskussion zur Haltung gegenüber dem Patienten: Die Haltung der beteiligten Berufsgruppen sollte empathisch und wertschätzend sein. Zu akzeptieren, was der Patient zu seinen Schmerzen sagt, ist für einige Professionelle im Gesundheitswesen die größte Herausforderung im Schmerzmanagement.

Verantwortung

Pflegende übernahmen für ihre eigene Arbeit im Rahmen des Schmerzmanagements Verantwortung, und das erwarteten sie auch von ihren Kollegen. Sie achteten darauf, dass die Dokumentation so geführt wurde, wie es zuvor vereinbart war. Ein zentraler Verantwortungsbereich lag darin, Schmerzfreiheit für die Patienten zu erreichen. Für dieses Ziel gingen die Pflegenden auch inhaltliche Diskussionen mit anderen Berufsgruppen ein, damit sie die Versorgung der Patienten sicherstellen konnten.
Pflegende gaben auch Verantwortung ab, insbesondere dann, wenn sie sich im Rahmen der medikamentösen Schmerztherapie nicht sicher waren. Dann übertrugen sie die Verantwortung auf die behandelnden Ärzte.

Wurden die Patienten auf eine andere Pflegeeinheit verlegt, gaben die Pflegenden die Verantwortung in die Hände der Kollegen der anderen Station, dann fühlten sie sich für den weiteren Verlauf nicht mehr zuständig, selbst wenn sie um einen qualitativen Einbruch des Schmerzmanagements auf der anderen Pflegeeinheit wussten.

Kritik

Pflegende sehen bestimmte Aspekte während der Implementierung des Expertenstandards kritisch und äußern sich dazu – mal mehr, mal weniger offen. Hatten die Pflegenden das Gefühl, ihre geäußerte Kritik wurde nicht angenommen und führte zu keiner Veränderung, dann versuchten sie auf ihre eigene Art einen Weg zu finden, wie sie mit den von ihnen empfundenen Unzulänglichkeiten umgehen konnten (z. B. veränderten sie die Art, wie dokumentiert werden sollte). Nahmen Vorgesetzte oder Projektleitung keine Kritik an, führte das zu dem Gefühl, nicht ernst genommen zu werden. Das förderte die Resignation und den Rückzug seitens der Pflegenden.

Empfehlung: Es ist wichtig, auf die Kritik der Pflegenden einzugehen und ein offenes Ohr zu haben, wenn Anmerkungen gemacht werden. Kritik entsteht meistens im Zusammenhang mit der zusätzlichen Belastung durch ein Projekt, durch die empfundene „fehlende" Zeit und durch den zunehmenden Dokumentationsaufwand. Oftmals haben die Pflegenden Ideen und Verbesserungsvorschläge, die man gut umsetzen kann. In jedem Fall sollte man die Pflegenden dabei unterstützen und sie motivieren, selbst Ideen zu entwickeln.
In regelmäßigen Abständen eine „Meckerstunde" abzuhalten oder einen „Kummerkasten" für anonyme Kritiken aufzustellen, kann sich als sehr sinnvoll erweisen.

Kontrolle oder Begleitung?

Das Gefühl der Kontrolle wurde von den von Dürdodt interviewten Pflegenden oft angesprochen. Zum einen kontrollierten sie sich in der Implementierungszeit gegenseitig, was nicht negativ empfunden wurde. Zum anderen erlebten einige Pflegende die Anwesenheit der Projektleitung zum Teil als kontrollierend oder auch Druck erzeugend. Für andere wiederum stellte die Präsenz der Projektleitung keine Kontrolle dar, sondern wurde als Begleitung und wichtige Unterstützung in der Projektarbeit gesehen. Insgesamt besaß die Projektbegleitung für die Pflegenden große Bedeutung.
Damit die Pflegenden die notwendigen Kontrollen nicht negativ bewerten, sondern als Teil der Arbeit sehen, könnte es helfen, wenn eine Vertrauensbasis zwischen den Pflegenden und der Projektleitung besteht. Vertrauen führt meist zu einer entspannten Arbeitsatmosphäre.

Modell-Station oder Nicht-Modellstation?

Die Informationen zum Schmerzmanagement wurden auf der Modell-Station deutlich ausführlicher dargestellt als auf der Nicht-Modellstation. Dies wurde von den Pflegenden der Nicht-Modellstation kritisiert, sie hätten sich eine andere Form der Wissensvermittlung zum Expertenstandard gewünscht. Es wurde angeregt, ein Rollenspiel durchzuführen, um das neue Vorgehen einzuüben und um im Aufklärungsgespräch mit dem Patienten sicherer zu werden.

Die Pflegenden der Modell-Station erlebten die Beteiligung an der Implementierung des Expertenstandards von Beginn an als positiv. Im Vergleich dazu war es für die Pflegenden der Nicht-Modellstation schwierig, das bestehende Konzept der Modell-Station in ihrer Pflegeeinheit zu integrieren. Die Pflegenden fanden es wichtig, am Projekt beteiligt zu sein und die Zusammenhänge zu erkennen, dann war es einfacher, den Expertenstandard anzunehmen und Entscheidungen bei der Behandlung des Patienten zu treffen.

Arbeitsintensität und Arbeitserleichterung

Insgesamt nahmen die Pflegenden die entstehende Arbeitsbelastung bei der Einführung des Expertenstandards hin, weil sie durch die positiven Patientenreaktionen ausgeglichen wurden.
Die vermehrte Arbeitsbelastung entsteht vor allem im Zusammenhang mit dem Aufnahmegespräch, in den veränderten Arbeitsabläufen und in der veränderten und ausführlicheren Dokumentation zum Thema Schmerz. Es wurde aber auch eine Verbesserung der Dokumentation wahrgenommen: „Die Dokumentation, die hat sich auch verändert – vorher wurds wahrscheinlich auch einfach öfter mal vergessen... alles so zeitgleich auch einzutragen“ (Dürdodt 2006, S. 64).

Hinweis: Offenbar ist es nach wie vor ein Problem, die Dokumentation zeitnah durchzuführen. Gründe dafür liegen in den Strukturen und Prozessabläufen. Die Dokumentationsmappen sind nicht zu benutzen, weil sie bei der Visite gebraucht werden oder die Computer sind nicht ausreichend verfügbar. Folglich ist eine zeitnahe Dokumentation oftmals nicht möglich.

Trotz zusätzlicher Arbeitsbelastung trat gleichzeitig eine Arbeitserleichterung bis hin zur Zeitersparnis auf, weil die Patienten weniger Schmerzen hatten. Die Zeitersparnis stand mit der Anwendung des Schmerzschemas im Zusammenhang. Durch dieses Schmerzschema hatten die Pflegenden die Möglichkeit, bereits zuvor angeordnete Bedarfsmedikamente zu verabreichen, was zu einer Zeitersparnis im Prozessablauf führte. Kein Arzt musste angerufen oder angefragt werden, um bei stärker werdenden Schmerzen ein weiteres Medikament anzuordnen.
Die Einführung des Expertenstandards geht mit einer veränderten Arbeitsorganisation einher, die belastend ist und dazu führen kann, dass andere Tätigkeiten unterbleiben. Die Personal- und Zeitressourcen wurden von den Pflegenden als limitierender Faktor gesehen.
Zum zeitlichen Rahmen der Standardimplementierung bestand keine einheitliche Meinung unter den Pflegenden. Einige empfanden den Zeitraum der Einführung als zu lang, andere als zu kurz. Teilzeitbeschäftigte Pflegende benötigten für die inhaltliche Auseinandersetzung mehr Zeit als Vollzeitbeschäftigte.

Interdisziplinäre Zusammenarbeit

Die interdisziplinäre Zusammenarbeit zwischen den verschiedenen Berufsgruppen war von entscheidender und zentraler Bedeutung. Im Akutkrankenhaus betrifft dies vor allem die Berufsgruppen der Ärzte und der Pflegenden.

Insgesamt förderte die Umsetzung des Schmerzmanagements zwar den fachlichen Diskurs zwischen den Berufsgruppen, da sie sich über die Schmerzbehandlung des Patienten ausgetauscht haben, dennoch gab es Herausforderungen, die es zu bewältigen galt.
Zu Beginn der Implementierung mussten die Ärzte an ihre Aufgabe erinnert werden, das Schmerzschema für den Patienten anzuordnen. Die Pflegenden beschrieben diese Bemühungen mit den Worten, „darauf bestehen", „den Ärzten auf die Füße treten" oder „hinterher sein" (Dürdodt 2006, S. 72). Einige Ärzte hielten die Pflegenden offenbar nicht für fähig, bestimmte Medikamente zu verabreichen. Auf der anderen Seite bekamen die Pflegenden aber auch von den Ärzten Unterstützung bei der Einführung des Schmerzschemas. Die Ärzte führten zum Teil die Fortbildungen durch und diskutierten mit den Pflegenden die Inhalte des Schmerzschemas. Die Pflegenden fanden es äußerst positiv, wenn die Ärzte das Projekt ernst nahmen und sich inhaltlich und strukturell an der Umsetzung beteiligten.

Fazit: Sicht der Pflegenden

Hier wurde ein Teil der Ergebnisse von Dürdodt (2006) vorgestellt. Die Darstellung soll aufzeigen, wie die Pflegenden die Implementierung des Expertenstandards Schmerzmanagement gesehen haben. Diese Ergebnisse können helfen, die Vorgehensweise bei der Implementierung zu verändern.

Interviewergebnisse

Selbstverständlich handelt es sich nicht um ein repräsentatives Ergebnis, aber es ist eine qualitative Analyse der elf Interviews der Pflegenden, die an der Implementierung mitgearbeitet haben. Im Zusammenhang mit qualitativen Untersuchungen entsteht immer wieder die Diskussion um die Frage, welche Bedeutung der Einzelfall für die Allgemeingültigkeit hat. Was sagen schon elf Interviews aus, besser wäre es doch, man hätte 1100 Fragebögen beantworten lassen! Letzten Endes geht es bei Forschungen oftmals um die Frage, wie denn die Wirklichkeit zu dem jeweiligen Thema ist. Man möchte wissen: Wie ist es denn wirklich für die Pflegenden den Expertenstandard Schmerzmanagement einzuführen? Um sich der Beantwortung zu nähern, braucht man zunächst Antworten von wenigen Personen. Jeder einzelne Fall ist ein Teil der allgemeinen, sozialen Wirklichkeit. Selbst wenn nur eine einzige Pflegende beschreibt, wie sie die Einführung des Expertenstandards erlebt hat und sonst keine andere Person es jemals so erlebt hat, ist diese Beschreibung ein Teil der Wirklichkeit. In jedem einzelnen Fall zeigt sich ein Teil der allgemeinen Wirklichkeit, die so erlebt werden kann. Forschungsmethodologisch kann das Thema weiter und allgemeiner erschlossen werden, in dem man auf solch eine qualitative Untersuchung weitere Untersuchungen aufbaut, die letztendlich in einer quantitativen Untersuchung mit einer größeren Stichprobe münden könnten.

Patientenreaktionen

Wie aus den Interviewergebnissen zu entnehmen ist, stellen die positiven Patientenreaktionen einen zentralen Antrieb bei der Umsetzung des Expertenstandards dar. Diese können die höhere Arbeitsintensität und -belastung, die bei der Implementierung des Expertenstandards

auftreten, in den Hintergrund drängen und die Motivation der Pflegenden erhalten.
Dieser Impuls sollte bei der Einführung eines Expertenstandards immer wieder genutzt werden. Wenn das Projekt einen „Tiefpunkt" erreicht, könnte es beispielsweise hilfreich sein, sich die positiven Reaktionen der Patienten vor Augen zu halten oder sie sogar aufzuschreiben und den Projektgruppenmitarbeitern und Mitgliedern des Teams zu präsentieren. Hier hat der Expertenstandard Schmerzmanagement übrigens einen entscheidenden Vorteil gegenüber den anderen Expertenstandards: Das Schmerzmanagement hat das Ziel, die Schmerzfreiheit bzw. eine geringe Schmerzintensität für den Patienten zu erreichen, d. h. dem Patienten ein negatives Schmerzerlebnis zu „ersparen". Ein solches Ziel haben die anderen Expertenstandards nicht, bei denen geht es primär darum, einen positiven Zustand des Patienten zu erhalten und Schaden zu vermeiden: die Prophylaxe eines Dekubitus, eines Sturzes und eines Versorgungseinbruchs nach der Entlassung aus dem Krankenhaus usw. Der Expertenstandard Pflege von Menschen mit chronischen Wunden verfolgt ebenfalls das Ziel, negative Entwicklungen der Wunde zu vermeiden und die Selbstmanagementkompetenz zu verbessern.
Positive Patientenreaktionen sind offenbar sehr wichtig, um eine Rückmeldung zur Arbeit und mitunter auch zu den Mühen zu bekommen, die sich die Pflegenden machen.

Informationen zum Expertenstandard

Die Information aller beteiligten Personen zur Implementierung des Schmerzmanagements ist neben den Patientenreaktionen das wichtigste, was bei und vor der Einführung zu gewährleisten ist. Es sollte im Unternehmen ein System etabliert werden, in das die Informationen systematisch fließen. Es gibt verschiedene Methoden und Möglichkeiten, wie Informationen weitergegeben werden können:

- Ein E-Mailverteiler, durch den alle Protokolle, schriftlichen Informationen usw. zentral verteilt werden.
- Ein Ordner, der alle wesentlichen Inhalte bereits in ausgedruckter Form enthält, die von jedem einzusehen und nachzulesen sind.
- Das Intranet, in dem ggf. zusätzliche oder weiterführende Informationen hinterlegt werden können.
- Das Internet, damit ein jeder die Möglichkeit hat, selbstständig Informationen zusammenzutragen oder weiterführend zu recherchieren.
- Ein „Schwarzes Brett", auf dem ständig alle Informationen aktualisiert werden.
- Stationsbesprechungen, bei denen die wesentlichen weiteren Schritte präsentiert werden.
- Das Gespräch zwischendurch. Details lassen sich manchmal besser im kleineren Gesprächskreis klären als in der großen Gruppe. Die Projektleitung sollte auf den Pflegeeinheiten anwesend sein, wenn der Expertenstandard eingeführt wird, um als Ansprechpartner zur Verfügung zu stehen.
- Zugängliche Literatur, Medien (Videos, DVD etc.), Bibliothek.
- Teammitglieder, die sich mit den Informationen, die ihnen zur Verfügung gestellt werden, auseinandersetzen. Selbst bei der Be-

nutzung aller zur Verfügung stehenden Medien und Systeme braucht es immer noch den Leser, der sich mit den Inhalten beschäftigt. Ansonsten stehen die Informationen zwar „irgendwo" zur Verfügung, werden aber weder wahrgenommen noch umgesetzt.

Diesen Vorschlägen lassen sich sicherlich noch weitere hinzufügen, die einen Wissenstransfer ermöglichen können.
Haben die Pflegenden nicht genügend Informationen zum Expertenstandard, probieren sie selbst Handlungen und Vorgehensweisen aus, die zum Ziel haben, die fehlenden Informationen irgendwie zu kompensieren. Aufgrund dieses „Improvisierens" treffen sie dann Entscheidungen, wie sie die pflegerischen Handlungen durchführen wollen. Dabei kommt es allerdings nicht nur zu Änderungen der Vorgaben aus dem Expertenstandard, sondern auch zur Unterlassung von Handlungen: „Das hat einfach keiner gemacht, das ist einfach so, das ist auch nie nicht so dokumentiert, also haben wir es weder gemacht noch dokumentiert" (Dürdodt 2006, S. 75). Teilbereiche des Standards werden nicht umgesetzt, diese Entscheidungen werden aber nicht „offiziell" von den Pflegenden angesprochen, und somit bleibt unklar, was gemacht wird und was nicht.
Anhand der von Dürdodt (2006) analysierten Ergebnisse werden Informationsdefizite deutlich, die eigentlich mehr oder weniger alle Inhalte des Expertenstandards und die methodischen Aufbaustrukturen der Standards allgemein betreffen. Im Verlauf des Projekts sollte immer wieder ein Feedback von den beteiligten Teammitgliedern eingefordert werden. Es ist davon auszugehen, dass nicht jede Informationslücke klar und deutlich benannt wird und auch nicht immer allen Betroffenen klar ist, welche Informationen auf der Strecke geblieben sind.
Um noch einmal auf das Beispiel der als negativ empfundenen Patientenreaktion, keine Schmerzmittel zu nehmen, wenn keine Schmerzen vorhanden sind, zurückzukommen: Eine solche Situation bekommt eine Projektleitung nur mit, wenn sie regelmäßig auf der Station ist. Im täglichen Handeln ergeben sich solche Situationen mit den hier geschilderten Reaktionen der Pflegenden. Theoretisch ist das Thema mitunter allen klar und steht nicht zur Diskussion. Selbstverständlich können Patienten das Medikament ablehnen, wichtig ist – wie oben bereits mehrfach erwähnt – den Patienten über die Gründe der regelmäßigen Einnahme zu informieren und ihm die möglichen Folgen einer Nichteinnahme zu erklären. Soweit die Theorie.
Ein Beispiel aus der Praxis: Eine hochmotivierte Pflegende geht in das Zimmer eines Patienten. Im Vorfeld hat sie von den anderen Kollegen gehört, wie zufrieden Frau Müller und Herr Schmidt mit dem Schmerzschema waren. Nun geht sie zu Frau Sommer, die zwar schmerzfrei ist, aber die jetzt fälligen Medikamente nicht einnehmen will. Vielleicht verkündet die Patientin dies in einem entschiedenen Ton und klingt nicht besonders zugewandt. Es ist durchaus vorstellbar, dass Menschen auf eine solche Patientenreaktion betroffen reagieren und ein demotivierendes Gefühl aufkommt: „Die anderen

fanden das doch auch gut, warum will sie denn jetzt nicht! Dabei habe ich mir solche Mühe gegeben.“ Welche Konsequenzen sind daraus abzuleiten? Neben den gesamten theoretischen Inhalten müssen gerade die Projektleitungen die zwischenmenschlichen Reaktionen und emotionalen Ereignisse bei der Umsetzung des Schmerzmanagements berücksichtigen und möglichst eine gewisse Sensibilität dafür entwickeln. So kann es gelingen, die Umsetzung des Schmerzmanagements erfolgreich abzuschließen.
Auch wenn man sich wünscht, alle Beteiligten sollten zur selben Zeit auf dem gleichen Wissensstand sein, so ist das dennoch unrealistisch. Es wird immer Teammitglieder geben, die sich mehr und intensiver für ein Thema interessieren als andere. Das ist auch ein Stück der Wirklichkeit, die es in jedem Unternehmen geben wird.

Modell-Station – Nicht-Modellstation

In der Struktur der Standardimplementierung gab es in der von Dürdodt (2006) durchgeführten Untersuchung den Unterschied zwischen der Modell-Station und Nicht-Modellstation.
Die Pflegenden der Nicht-Modellstation beklagten, nicht genügend Informationen zum Schmerzmanagement gehabt zu haben. Für sie war es schwierig, die fertigen Inhalte zu übernehmen und damit zu arbeiten. Am Projekt beteiligt zu sein, ist offenbar ein wichtiger Aspekt, der dazu führt, dass Informationen klarer sind und intensiver ausgetauscht werden. Aus den nicht vorhandenen Informationen können falsche Handlungen bis hin zu Resignation der Pflegenden resultieren. Das muss bei der Einführung – nicht nur der Expertenstandards – von Konzepten und Neuerungen berücksichtigt und möglichst vermieden werden.

6 Interdisziplinäres Schmerzmanagement – die Perspektive des ärztlichen Projektleiters

Josef F. Zander

Die Schmerztherapie ist heute ein zentraler Bestandteil der Therapie im Krankenhaus. Sie gehört nicht nur aus Sicht der Patienten, sondern sowohl aus der Sicht des Qualitätsmanagements als auch aus der des Risikomanagements zu den essentiellen Aufgaben der Patientenversorgung.
Um aus medizinischer, organisatorischer und ökonomischer Sicht möglichst optimale Abläufe zu gewährleisten, ist dazu ein abteilungsübergreifendes Schmerzmanagement notwendig. In früheren Jahren ist das Schmerzmanagement im Krankenhaus mehr oder weniger dem Zufall überlassen worden, d. h. es kam auf die Initiative der Leiter der verschiedenen Abteilungen bzw. einzelner Mitarbeiter an, wie das Schmerzmanagement durchgeführt wurde. Untersuchungen haben gezeigt, dass deshalb oft in ein und demselben Krankenhaus die Schmerztherapie in den verschiedenen Fachabteilungen, ja oft sogar auf verschiedenen Stationen der gleichen Fachabteilung, unterschiedlich durchgeführt wurde und von unterschiedlicher Qualität war und ist. Dies fällt den Mitarbeitern häufig nicht einmal auf. Aber für den Patienten ist es offensichtlich, vor allen Dingen dann, wenn er von einer Station auf eine andere oder in eine andere Fachabteilung oder ein anderes Krankenhaus verlegt wird und dort ein anderes Schmerzmanagement (oder gar keins!) erlebt.
Die von Patienten und Angehörigen erkannten Unterschiede in der Schmerztherapie verschiedener Krankenhäuser sind wesentlich mitbestimmend für den Ruf eines Hauses. Es spricht sich schnell herum, in welcher Abteilung offensichtlich eine effektive Schmerztherapie durchgeführt wird und wo nicht. Dies hat auch einen nicht unerheblichen Einfluss auf den Patienten in Bezug auf die Wahl des Krankenhauses.
Die Etablierung einer funktionierenden Schmerztherapie an einem Krankenhaus steht und fällt mit einer Gruppe von engagierten Mitarbeitern aus dem ärztlichen und dem pflegerischen Dienst, die das System der Schmerztherapie etablieren, überwachen und ständig verbessern.
Die Grundprinzipien eines solchen Qualitätsmanagementsystems, das ursprünglich aus der Industrie stammt, sind in den letzten Jahren an vielen Zentren entwickelt und in vielen Krankenhäusern etabliert worden. Das Prinzip heißt **PDCA: Plan – Do – Check – Act.** Dieser sogenannte „Deming-Zyklus" ist der wesentliche Prozess einer kontinuierlichen Qualitätskontrolle und -verbesserung. Es werden dabei Struktur-, Prozess- und Ergebnisqualität überprüft und kontinuierlich verbessert.

Es zeigte es sich bei der Einführung dieses Qualitätsverfahrens für die Schmerztherapie im Krankenhaus, dass trotz gleicher Prinzipien und Ziele die notwendigen Maßnahmen und die Algorithmen der Schmerztherapie in den verschiedenen Krankenhäusern unterschiedlich sein mussten. Die Bedingungen waren zu unterschiedlich, um das gleiche Vorgehen schematisch auf alle Krankenhäuser und alle Abteilungen anzuwenden.

Ursachen für Unterschiede in der Schmerztherapie in einem Krankenhaus

Die folgenden Faktoren sind in der Hauptsache verantwortlich für die Unterschiede in der Schnelligkeit und Effektivität der Etablierung einer funktionsfähigen Schmerztherapie:

- **Unterschiede in der Ausgangssituation der Schmerztherapie**
  Es gibt erhebliche Unterschiede in der Schulung sowohl bei Ärzten als auch beim Pflegedienst. Die älteren Generationen der Ärzte haben während ihres Studiums selten etwas über die Schmerztherapie erfahren. Sie war in den Ausbildungskatalogen schlicht nicht vorgesehen und wurde auch in den Examina höchstens zufällig einmal überprüft. Seit 1993 ist die Schmerztherapie Prüfungsfach für Medizinstudenten, 1996 wurde die Schmerztherapie in die Weiterbildungsordnungen der Ärztekammern übernommen. Heute gehört die Schmerztherapie auch bei den Facharztexamina zum „common trunk", das heißt zu dem Basiswissen, das von den Ärzten aller Fachrichtungen zumindest in den Grundzügen beherrscht werden muss und in den Facharztexamina geprüft werden kann.
- **Unterschiedliche Fachgebiete**
  Es ist in allen Krankenhäusern auffällig, dass in den verschiedenen Fachabteilungen eine sehr unterschiedliche Schmerztherapie durchgeführt wird. Es ist zwar notwendig, dass die Schmerztherapie den typischen Erkrankungen bzw. klinischen Bedürfnissen der Patienten angepasst wird. Aber meistens ist dies nicht der Grund für Unterschiede in der Therapie; im Laufe der Zeit haben sich vielmehr aus oft nicht mehr nachvollziehbaren Gründen „Therapieschemata" ergeben, die ohne weitere Überprüfung immer weiter so durchgeführt werden, obwohl es oft neuere Erkenntnisse und auch neue Verfahren gibt. Die gebräuchlichen „Therapieschemata" sind in vielen Fällen aber nicht schriftlich festgehalten, sodass auch diese „traditionellen Therapien" in ein und derselben Abteilung unterschiedlich durchgeführt werden, wobei die Mitarbeiter der festen Überzeugung sind, dass es die beste Methode ist und es nicht anders geht. „Bei uns wurde das schon immer so gemacht!" „Es gibt bei uns keine Probleme mit der Schmerztherapie, alle sind zufrieden!" Das Resultat ist oft eine Vielzahl verwendeter Medikamente und Methoden, die häufig nicht ausgereizt und bei „Nichtwirksamkeit" einfach gewechselt werden, oft von Schicht zu Schicht. Das ist medizinisch und ökonomisch unsinnig.
  Besonders auffällig wird dieser Umstand, wenn auf einer Station Patienten verschiedener Fachgebiete behandelt werden. Wenn die Prinzipien der Schmerztherapie für verschiedene Patientengruppen nicht klar festgelegt sind, kommt es zwangsläufig zu organi-

satorischen Problemen und zu medizinischen Unstimmigkeiten, was zu Unzufriedenheit bei Patienten und Personal führt. Hier müssen klare Regelungen geschaffen werden, die schriftlich festgehalten werden und für jeden Mitarbeiter auf der Station einsichtig sind.

- **Unterschiedliche Größenordnungen der Abteilungen und Kliniken**
  In kleineren Krankenhäusern ist oft die Etablierung eines Schmerztherapiesystems einfacher als in einem Großkrankenhaus, da die Kommunikationswege kürzer und überschaubarer sind. Die oft geäußerte Annahme, ein Großkrankenhaus habe mehr Personal, das sich um diese Aufgaben kümmern könne, trifft in der heutigen Zeit nicht mehr zu.
  An Universitätskliniken wurden in den letzten Jahren jedoch eigene Abteilungen für Schmerztherapie etabliert, in denen sich die Mitarbeiter ganztägig mit der Schmerztherapie stationärer und ambulanter Patienten beschäftigen. Häufig sind diese Abteilungen mit Hilfe von Drittmitteln finanziert, um bessere diagnostische und therapeutische Methoden zu erforschen.
- **Finanzierung der Schmerztherapie**
  Leider ist es so, dass die Bedeutung der Schmerztherapie im Krankenhaus immer noch nicht von allen erkannt ist. Hierbei spielt auch eine Rolle, dass die Schmerztherapie im Krankenhaus noch immer unterfinanziert und damit personell schlecht ausgestattet ist. Die Durchführung der komplexen Akutschmerztherapie kann zwar mit der OPS-Ziffer 8-919 codiert werden, ist aber nicht erlösrelevant. Die Schmerztherapie soll „nebenbei" erledigt werden, was de facto nicht oder nur in begrenztem Maße möglich ist. Andererseits gibt es durch die Rechtsprechung klare Vorgaben für die Behandelnden, dass eine adäquate Schmerztherapie für jeden Patienten zwingend notwendig ist und ihre Unterlassung einen Strafbestand darstellt.

Ziele der Etablierung der Schmerztherapie an einem Krankenhaus

- Grundsätzlich ist die Schmerztherapie eine **interdisziplinäre** Aufgabe unter Einbindung sowohl der Ärzte als auch des Pflegepersonals.
- Prophylaxe bzw. Therapie **akuter Schmerzen** in allen operativen und konservativen Abteilungen des Krankenhauses:
  - Information und Sensibilisierung aller Mitarbeiter für dieses Projekt,
  - Informationen für die Patienten über Möglichkeiten und Sinn der Schmerztherapie,
  - Etablierung mehrerer alternativer Methoden zur Schmerztherapie,
  - Schaffung der technischen Voraussetzungen für die Therapie,
  - Schaffung der personellen Voraussetzungen für die Therapie,
  - Schaffung von Möglichkeiten zur Qualitätskontrolle und -verbesserung.
- Versorgung von Patienten mit **chronischen Schmerzen** in der Krankenhaussituation:
  - Schaffung eines Konsildienstes für die Schmerztherapie
    - 24 Stunden rund um die Uhr,

  - Nur erfahrene Schmerztherapeuten mit entsprechender Anerkennung.
- Möglichkeiten der palliativen Therapie von Patienten,
- Kooperation mit niedergelassenen Ärzten bzw. Schmerzzentren in anderen Krankenhäusern,
- Kontinuierliche Fort- und Weiterbildung des gesamten ärztlichen und Pflegepersonals.

6.1 Einbindung aller Gruppen des Krankenhauses

Beginn der Maßnahmen

Es muss von vorne herein klar sein, dass alle verantwortlichen Stellen des Krankenhauses mit in die Schmerztherapie eingebunden werden. Dies bedeutet, dass auch die Verwaltung sicherstellen muss, dass die Schmerztherapie ausreichende Ressourcen für ihre Tätigkeiten bekommt: Finanzen, Personal, Medikamente und die Geräteausstattung sowie geeignete Räumlichkeiten. Selbstverständlich umfasst dies auch eine entsprechende Datenerfassung und -aufbereitung zum Nachweis der Tätigkeit und zur Qualitätssicherung.

6.2 Gründung einer „Schmerztherapie-Steuergruppe"

Zunächst ist es notwendig, eine Gruppe von etwa 4–6 Mitarbeitern zu bilden, die sich mit der Aufgabe beschäftigen, die Schmerztherapie am Krankenhaus zu etablieren. Diese Gruppe ist der Kern der „Task Force", die sich mit dem Problem beschäftigt. Je nach Größe des Krankenhauses muss es in den verschiedenen Fachabteilungen zusätzlich sogenannte „Schmerzbeauftragte" geben, die für die Einführung und Durchführung der Maßnahmen in dem jeweiligen Bereich zuständig und die ständigen Ansprechpartner für alle anderen Mitarbeiter in diesem Bereich sind. Zu der Gruppe gehören Mitarbeiter aus den operativen und den konservativen Abteilungen des Krankenhauses, der Anästhesieabteilung und der Krankenhausapotheke. Es müssen zudem Ansprechpartner der Medizintechnik und der Verwaltung herangezogen werden können, die bei speziellen Problemen beratend tätig werden.
Die Mitglieder dieser Gruppe müssen sich wiederholt und in regelmäßigen Abständen an bestimmten Terminen treffen. Terminverschiebungen oder Wechsel der Mitglieder müssen vermieden werden. Über jedes Treffen muss ein Protokoll angelegt werden, das allen Mitgliedern zugestellt wird. Letzteres geschieht am besten durch eine E-Mail im internen Netz, da diese Zustellung sicher und zügig bei allen ankommt. Darüber hinaus sind Stellungnahmen zu den Protokollen leicht zu erstellen und allen zuzuleiten.

6.3 Schmerzbeauftragte

In jeder Abteilung müssen „Schmerzbeauftragte" bestimmt werden. Dies sind die Kernmitarbeiter, die erste Ansprechpartner für alle Fragen und Probleme der Schmerztherapie und für die Etablierung der Schmerztherapie vor Ort verantwortlich sind. Es sollte sich immer um mindestens einen Arzt sowie eine Pflegeperson handeln.

6.4 Schulung der „Kernmitarbeiter"

Diese Mitarbeiter müssen nicht nur in den Prinzipien der Schmerztherapie, sondern auch in ihren Aufgaben als Schmerzbeauftragte geschult werden. Dazu gehören unter anderem die Organisation der Qualitätssicherung in den verschiedenen Abteilungen und die kontinuierliche Schulung aller Mitarbeiter.
Dazu sollten sowohl Frontalvorlesungen als auch Seminare zu speziellen Themen angeboten werden. Die Themenbereiche sollten dabei nach und nach die gesamte Schmerztherapie abdecken, von den physiologischen und pathophysiologischen Grundlagen, den pharmakologischen Möglichkeiten bis zur klinischen Therapie. In diese Fortbildungsveranstaltungen sollten auch die Vertreter der verschiedenen Fachgebiete eingebunden werden, außerdem Vertreter der Apotheker, der Krankengymnastik, der Ergotherapie etc. Wenn es diese Möglichkeit an einem Krankenhaus gibt, dann sollten auch die Krankenhauspsychologen zum Thema Schmerztherapie gehört werden. Zu speziellen Themen sollten darüber hinaus Referenten anderer schmerztherapeutischer Einrichtungen eingeladen werden bzw. von der Kerngruppe Fortbildungen an schmerztherapeutischen Einrichtungen und spezielle überregionale Fortbildungen besucht werden.

6.5 Erhebung des „Status quo"

Zunächst muss der „Status quo" im Krankenhaus festgestellt werden. Hierbei muss so objektiv wie möglich vorgegangen werden. Es gilt sowohl eine Befragung der Patienten als auch der Krankenhausmitarbeiter durchzuführen.
Hierzu ist eine möglichst repräsentative Befragung notwendig. Es sollten also alle Abteilungen über einen bestimmten Zeitraum erfasst werden. In diesem Zeitraum sollten möglichst alle Patienten befragt werden; „Ausschlusskriterien" gibt es nicht. Dabei sollten möglichst Interviews durchgeführt werden, da eine Befragung über einen Fragebogen, der dem Patienten am Ende des Krankenhausaufenthalts mitgegeben wird, oder eine spätere briefliche Befragung in der Regel

nur eine geringe Rückläuferquote ohne Anspruch auf ein repräsentatives Ergebnis hat.
Nach einer standardisierten Befragung der Mitarbeiter anhand eines Fragebogens sollten dann jedoch noch einmal Gespräche mit Mitarbeitern der einzelnen Fachabteilungen durchgeführt werden, um Besonderheiten zu erfassen, die nicht im Fragebogen zum Tragen kommen. Oft stellt sich dann erst heraus, wo Probleme liegen, Unterschiede zwischen dem, wie es sein soll und dem Ist-Zustand.
Auch bei Patienten führt die direkte Befragung oft zu anderen Ergebnissen als das bloße Ausfüllen eines Fragebogens. Die Fragen müssen dabei offen gestellt werden. Z. B. ist die Frage: „Hatten Sie während des Krankenhausaufenthalts Schmerzen" unsinnig, da auch bei bester Therapie fast jeder Patient wahrheitsgemäß mit „Ja" antworten wird. Solche Fragen führen nicht weiter.

6.6 Etablierung einer „Schmerz-Task Force"

Es müssen darüber hinaus ärztliche Ansprechpartner für die Schmerztherapie ausgebildet oder angeworben werden, die die Qualifikation „Spezielle Schmerztherapie" besitzen. Sie sind als Konsiliarärzte für alle Fachabteilungen des Krankenhauses zuständig. Als solche müssen sie für Problemfälle ansprechbar sein, also für die Patienten, die mit den normalen Schmerzalgorithmen nicht ausreichend therapiert werden können.
Daneben muss erwogen werden, auch sogenannte „Pain Nurses" zu etablieren, also Schwestern und Pfleger, die speziell für die Durchführung und Fortbildung in der Schmerztherapie ausgebildet wurden und mit den Ärzten zusammen für die Schmerztherapie zuständig sind. Hierzu gehören Visiten bei Problempatienten sowie bei den Patienten, bei denen kontinuierliche Verfahren über einen Katheter oder über eine PCA-Pumpe durchgeführt werden.

6.7 Festlegung der Organisation der Schmerztherapie

Dazu gibt es verschiedene Modelle. Die Schmerztherapie kann auf den Stationen durch nicht speziell ausgebildetes Personal durchgeführt werden. Hier ist lediglich eine Basistherapie möglich. Spezielle Methoden der Schmerztherapie erfordern es, dass speziell ausgebildetes Pflegepersonal zur Verfügung steht („Pain Nurses"), wobei wieder unterschieden werden muss, ob ständig ein ärztlicher Hintergrund durch speziell ausgebildete Ärzte gegeben ist oder nur sporadisch. Bestimmte Verfahren, z. B. PCA-Pumpen oder Katheterverfahren, müssen unter Umständen aus organisatorisch-personellen Gründen auf Intensivstationen bzw. Observationsstationen beschränkt bleiben.

6.8 Erstellung von Algorithmen für die Schmerztherapie

Die Algorithmen der Schmerztherapie sind die Basis für die Diagnostik und die Therapie. Man kann davon ausgehen, dass die Schmerztherapie des überwiegenden Teils der Patienten in allen Abteilungen über solche Algorithmen problemlos durchgeführt werden kann.
Die Algorithmen sollen bewirken, dass eine sichere Diagnose, Prophylaxe und Therapie von Schmerzen vorgenommen werden kann. Dies führt zu einer höheren Sicherheit des Personals und zu einer größeren Zufriedenheit der Patienten, da es die bekannten zeitlichen Lücken in der Schmerztherapie nicht mehr geben muss.
In den Algorithmen sollen auch Hinweise auf die Patienten vorhanden sein, die eine spezielle Diagnostik und Therapie erforderlich machen, z. B. chronische Schmerzpatienten. Für sie soll rechtzeitig ein Schmerzkonsil eingefordert werden.
Es ist sinnvoll, diese Maßnahmen nach und nach in den verschiedenen Fachgebieten/Stationen einzuführen, da sonst die Aufgabe kaum zu bewältigen ist.
In dem Algorithmus (Abb. 26) wird die grundsätzliche Verfahrensweise dargestellt, wie die Schmerztherapie durchzuführen ist. Dieses Beispiel gilt für Patienten, die in der Mund-, Kiefer- und Gesichtschirurgie (MKG) behandelt und gepflegt werden.

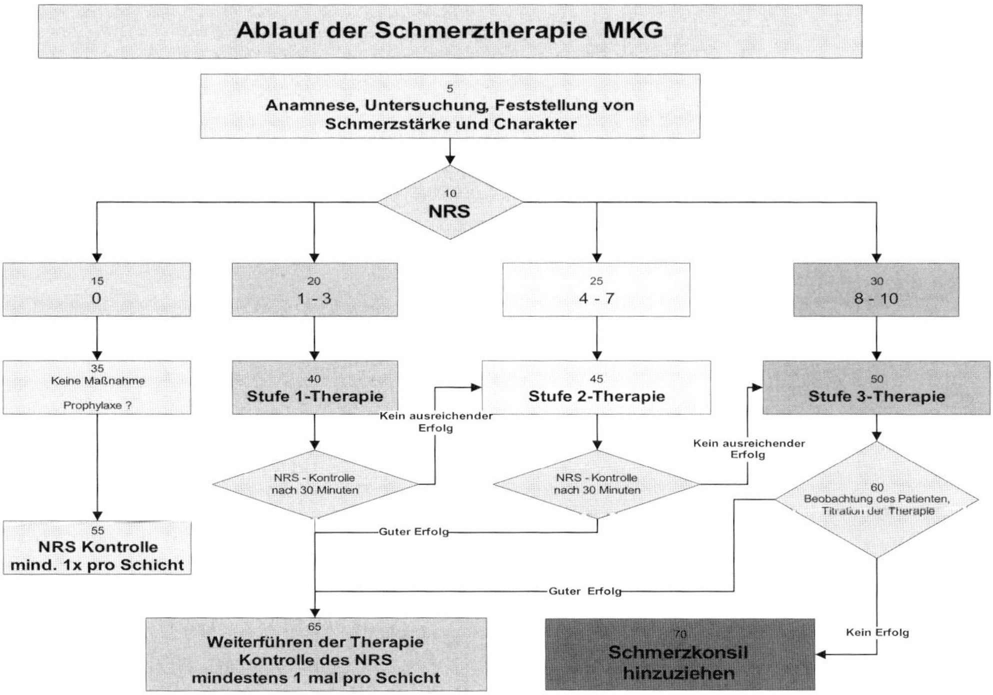

Abb. 26: Algorithmus Schmerztherapie Beispiel MKG (Klinikum Dortmund, Projektgruppe Interdisziplinäres Schmerzmanagement)

Aus Abbildung 27 ist zu ersehen, wie die Schmerztherapie konkret bei den verschiedenen Schmerzstufen anzuordnen ist. Aus den hier aufgeführten Medikamenten muss von dem behandelnden Arzt eine Anordnung für jeden Patienten erfolgen. Das Beispiel bezieht sich auf die Schmerztherapie in der Strahlenstation.

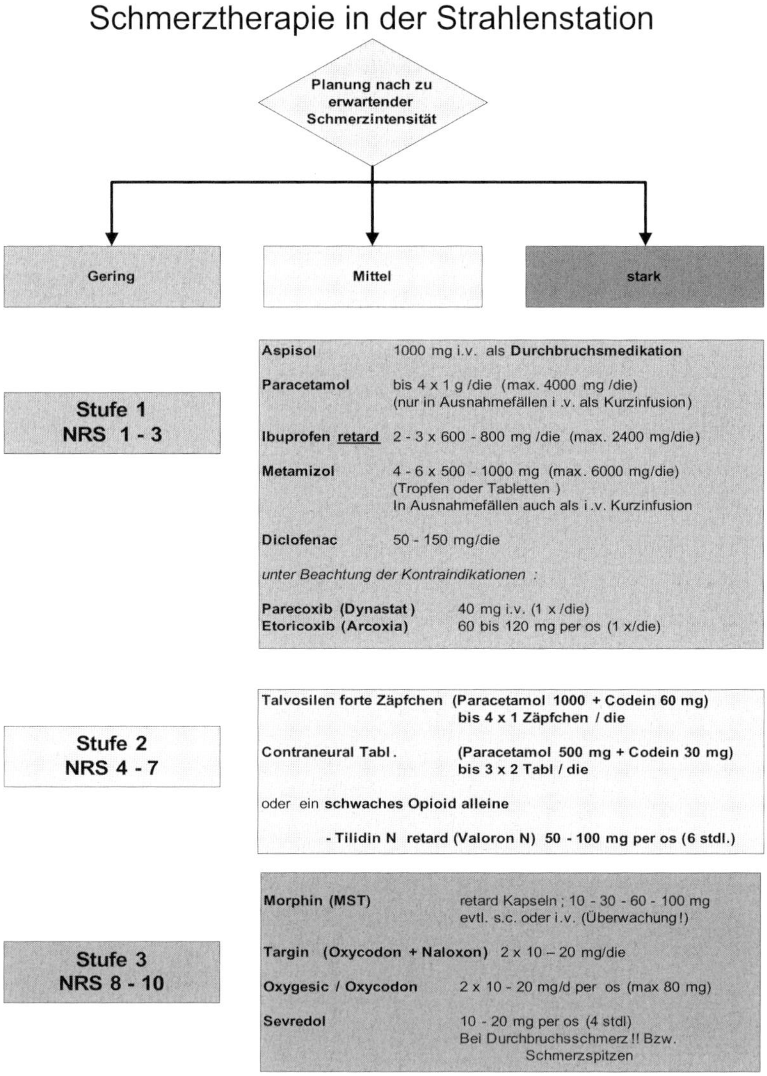

Abb. 27a: Algorithmus Schmerztherapie Beispiel Strahlentherapie, Seite 1 (Klinikum Dortmund, Projektgruppe Interdisziplinäres Schmerzmanagement)

Schmerztherapie in der Strahlenstation

Therapie immer unter Kontrolle mit der NRS - Skala!
Mindestens 1 x pro Schicht Dokumentieren!

Kontrolle: Arzt rufen, wenn:

- **Atemfrequenz < 8/min oder**
- **verminderte Vigilanz oder**
- **Bradykardie**

Bei klinischer Atemdepression

- **zum Atmen auffordern (Kommandoatmung!) und evtl.**
- **Atemunterstützende Massnahmen durchführen**

Co - Analgetika:

Dexamethason 4 mg i.v. (bereits intraoperativ)

Co - Medikation:

Magenschutz:	**Ranitidin**	150 - 300 mg per os
	Pantozol	40 mg i.v.
	Nexium	40 mg i.v.
Antiemetika:	**Vomex**	62,5 mg i.v.
	MCP	10 mg i.v (erst wenn > 14 Jahre)
	Dexamethason	4 mg i.v.
Laxantien:	**Movicol**	1 Beutel = 13 g
	Laxans ratio	10 mg Zäpfchen, Tabl. 5 mg
	Laxoberal (Lax. Pico)	7,5 mg/ml = 15 Tropfen
	Obstinol	30 ml = 10 g

Abb. 27b: Algorithmus Schmerztherapie Beispiel Strahlentherapie, Seite 2 (Klinikum Dortmund, Projektgruppe Interdisziplinäres Schmerzmanagement)

6.9 Erstellung von Dienstanweisungen für alle Verfahren der Schmerztherapie

In diesen Dienstanweisungen muss geregelt werden:

- die notwendige Ausstattung für die Schmerztherapie (Material, Medikamente),
- die genauen Zuständigkeiten,
- alle Abläufe in der Schmerztherapie,
- Visiten,
- was wird bei den Visiten kontrolliert,
- was und wie wird dokumentiert,
- Kontrolle der Schmerztherapie (NRS bei den Patienten),

- Teilnahme an Besprechungen der Fachabteilungen
  - Tumorkonferenzen,
  - Qualitätsbesprechungen,
  - Risikomanagementbesprechungen,
- Zeit und Ort von Besprechungen in jeder Abteilung,
- allgemeine Besprechungen,
- Konsultationswesen: Wer, wann, wo, wie benachrichtigt,
- Qualitätskontrolle
  - laufende Qualitätskontrolle,
  - Zertifizierung,
    - Durchführung der ersten Zertifizierung,
    - Durchführung der Rezertifizierungen.

Diese Dienstanweisungen gelten abteilungsübergreifend. Sie werden vom Arzt, der für die Schmerztherapie im Krankenhaus zuständig ist, unterschrieben und von den Schmerzbeauftragten der Abteilungen gegengezeichnet. Das Dokument wird außerdem von der Geschäftsleitung als essentielles Dokument der Patientenversorgung anerkannt.

Diese Dienstanweisungen sind als bindend für alle Abteilungen anzusehen, d. h. die Schmerztherapie muss anhand dieser Dienstanweisungen durchgeführt werden. Abweichungen sind nur in Ausnahmefällen gestattet und müssen in der Krankenakte speziell dokumentiert und begründet werden.

6.10 Koordination mit anderen diagnostischen und therapeutischen Maßnahmen

Alle Maßnahmen der Schmerztherapie müssen mit den sonstigen diagnostischen und therapeutischen Verfahren koordiniert werden. Besonders offensichtlich ist die Wahl geeigneter operativer und anästhesiologischer Maßnahmen, um die Schmerztherapie zu unterstützen. In der Anästhesie gehören dazu das präoperative Legen von Kathetern, die im postoperativen Verlauf für die Schmerztherapie genutzt werden können, sowie der bereits intraoperative Beginn der Schmerztherapie. Diese muss dann reibungslos über den Aufwachraum bzw. die Intensivtherapiestation bis auf die Normalstation fortgeführt werden. Ein Wechsel der Verfahren sollte nur in besonderen Fällen nach Absprache mit den Schmerztherapeuten erfolgen.

Besondere Aufmerksamkeit ist hier bei chronischen Schmerzpatienten erforderlich. Hier sollte bereits präoperativ das genaue Vorgehen festgelegt werden, am besten in Abstimmung mit einem der schmerztherapeutischen Konsiliarärzte.

6.11 Einführung der Maßnahmen in den verschiedenen Fachgebieten/Stationen

Die Einführung der Maßnahmen erfordert viel Zeit und Geduld. Nicht nur neue Therapieschemata und deren Sinn müssen allen vermittelt werden. Gerade bei speziellen Verfahren, z. B. PCA-Pumpen oder Katheterverfahren, müssen alle Mitarbeiter (ärztlicher Dienst und Pflegedienst) geschult und nachgeschult werden. Interessanterweise stehen der Umsetzung der Maßnahmen immer auch Widerstände gegenüber, die nicht medizinisch begründet sind. Hier ist es die Aufgabe der Kerngruppe der Schmerztherapie, über die Schmerzbeauftragten Probleme rechtzeitig zu erkennen und in direkten Gesprächen zu lösen.
Unterstützend bei der Einführung können übersichtliche Poster mit den Algorithmen sowie Handouts für das Personal und die Patienten sein. Im Intranet können begleitend Erläuterungen der Maßnahmen veröffentlicht werden, in denen auf die Grundlagen der empfohlenen Maßnahmen (Physiologie, Pharmakologie) eingegangen wird und auch mögliche Probleme und Komplikationen besprochen werden. Die Aufklärung über mögliche Komplikationen und das Verhalten in diesen Fällen ist das sine qua non für die Einführung der Schmerztherapie. Die gefürchteten Komplikationen sind typischerweise der Atemstillstand bei der Verordnung von Opioiden, schwere allergische Reaktionen oder z. B. ein Kreislaufversagen infolge der Gabe eines Schmerzmittels. Diese Möglichkeiten müssen konkret anhand der eingesetzten Medikamente dargestellt und prophylaktische und therapeutische Maßnahmen erläutert werden.

6.12 Überprüfung der Maßnahmen

In den Wochen und Monaten nach der Einführung muss die Umsetzung und die Wirksamkeit häufiger überprüft werden als im späteren Verlauf, wenn die Maßnahmen bereits Routine geworden sind. Durch eine Befragung von Patienten und Personal müssen Schwachstellen der angeordneten Maßnahmen rechtzeitig erkannt und abgestellt werden – alles im Sinne des Qualitätszirkels PDCA.

6.13 Fazit

Die Einführung eines interdisziplinären Schmerzmanagements in einem Krankenhaus ist eine Aufgabe, die erhebliche Energie und Zeit sowie das Engagement aller Mitarbeiter des Krankenhauses erfordert. Sie ist weder kosten- noch personalneutral möglich. Aber letztlich zahlt sich eine effektive Schmerztherapie nicht nur für den Ruf des Krankenhauses aus. Die Abläufe werden vereinfacht, für alle durchschaubar und machen auch ökonomisch Sinn.

Dabei sind die getroffenen Maßnahmen zu überprüfen und ggf. anzupassen. Die erstellten Algorithmen und Dienstanweisungen sind nicht unveränderlich wie die Bibel. Auf der anderen Seite muss allen Mitarbeitern klar sein, dass die Algorithmen und Dienstanweisungen die Basis für die Schmerztherapie darstellen, von der nur im Ausnahmefall abgewichen werden darf. Nur dann ist die Schmerztherapie erfolgreich.

Der Weg bis zu einer erfolgreichen Zertifizierung der Schmerztherapie ist dann nur noch kurz.

7 Schmerzmanagement in der alltäglichen Praxis – Ausblick und Empfehlungen für die Umsetzung im Gesamtunternehmen

Die Durchführung eines Projekts zur Etablierung des Schmerzmanagements in einer Pflegeeinheit wurde bis hierhin dargestellt. Innerhalb der einzelnen Kapitel wurden bereits Hinweise gegeben, was zu bedenken ist, wenn man das interdisziplinäre Schmerzmanagement nicht nur in einer Pflegeeinheit, sondern in Gänze in einem Unternehmen einführen möchte.
Angesichts der systematischen Vorgaben seitens des DNQP ist die Durchführung und Umsetzung im Rahmen eines „kleinen" Projekts in einer Pflegeeinheit gut möglich und durch die Vorgaben realisierbar.
Eine nächste, größere Herausforderung stellt sich bei der weiteren Einführung des Schmerzmanagements in einem gesamten Unternehmen. Es liegt auf der Hand, dass man in einem großen Unternehmen nicht auf allen Pflegeeinheiten die Einführung des Schmerzmanagements nach der methodischen Systematik der modellhaften Implementierung des DNQP vornehmen kann. Zur Orientierung ist die Systematik aber dennoch eine ganz wesentliche Unterstützung. Ein kleines Rechenbeispiel veranschaulicht die Herausforderung bei der Implementierung in einem großen Unternehmen:
Die Implementierungsphasen dauern – analog zu den DNQP-Vorgaben – insgesamt mindestens sechs Monate (neun Monate sollten möglichst nicht überschritten werden). Berechnet man diese Zeitspannen für ein Krankenhaus mit 60 Stationen, würde die Einführung 30 Jahre dauern, wenn eine Pflegeeinheit nach der anderen in das Schmerzmanagement eingebunden würde. Das ist natürlich absurd und völlig unrealistisch. Man muss nach Lösungen suchen, die eine schnellere Implementierung des Schmerzmanagements ermöglichen.
In diesem Kapitel werden Vorschläge gemacht, wie eine Implementierung des Schmerzmanagements in einem Gesamtunternehmen realisierbar ist. Auf diese Art und Weise wird das interdisziplinäre Schmerzmanagement im Klinikum Dortmund eingeführt.

Multiplikatoren

Nicht nur im Klinikum in Dortmund hat sich inzwischen ein System entwickelt und etabliert, indem Multiplikatoren eine zentrale Rolle bei der Implementierung von Expertenstandards spielen.
Multiplikatoren sind Pflegende der einzelnen Pflegeeinheiten des Unternehmens, die dafür verantwortlich sind, in ihrer Pflegeeinheit den Expertenstandard umzusetzen. Multiplikatoren sollten Pflegende sein, die sich für das spezielle Thema besonders interessieren und die Fähigkeiten besitzen, anderen etwas zu vermitteln und die Implementierung eines Expertenstandards verantwortlich zu übernehmen.

Die Leitungen der Pflegeeinheiten haben – gemeinsam mit den leitenden Ärzten – letztendlich die Gesamtverantwortung für die Umsetzung des Expertenstandards Schmerzmanagement, sie sind aber vor allem in der Verpflichtung, den Multiplikatoren ihrer Station alle mögliche Unterstützung zu geben. Multiplikatoren brauchen die Kompetenz und die Befugnis, z. B. Besprechungen selbstständig einzuberufen, neue Vorgehensweisen dem Team vorzustellen und deren Umsetzung zu kontrollieren, Vorgaben zu machen und Vorgehensweisen festzulegen. Je nach Größe der Pflegeeinheit ist zu empfehlen, zwei oder drei Multiplikatoren zu benennen. Die Multiplikatoren fühlen sich dadurch meist in ihrer Aufgabe gestärkt und können sich untereinander besprechen, wie sie bei der Standardimplementierung oder bei auftretenden Schwierigkeiten vorgehen werden.
Die Multiplikatoren des interdisziplinären Schmerzmanagements werden „Schmerzbeauftragte“ genannt. Es hat sich inzwischen etabliert, die Multiplikatoren je nach Thema (oder Expertenstandard) mit einem speziellen Namen zu bezeichnen. Das hat den einfachen Grund, nicht immer nur von Multiplikatoren zu sprechen, sondern das Thema mit zu benennen: Schmerzbeauftragte, Kontinenzexperten, Wundmanager etc.

„Schmerzbeauftragte“[17] für das interdisziplinäre Schmerzmanagement

Für die Umsetzung des interdisziplinären Schmerzmanagements werden Schmerzbeauftragte (Multiplikatoren) benötigt. Aufgrund der Größe des Klinikums Dortmund hat man sich entschieden, nicht für jede Station Schmerzbeauftragte zu benennen, sondern für jede einzelne Klinik. Das hatte ganz pragmatische Gründe: So konnte die Projektgruppengröße einigermaßen im arbeitsfähigen Rahmen gehalten werden.
Für jede Klinik wurden zwei Schmerzbeauftragte benannt, ein Arzt und eine Pflegende („Team Schmerzbeauftragte“). Diese beiden Personen sind für ihre Klinik verantwortlich und müssen dafür sorgen, dass das Schmerzmanagement nicht nur auf ihrer eigenen Station, sondern auch auf den übrigen Stationen ihrer Klinik eingeführt wird. Dies ist eine herausfordernde Aufgabe.
Betrachtet man diese Vorgehensweise unter dem Aspekt der Ergebnisse von Dürdodt (2006) hinsichtlich der Defizite im Informationsmanagement bei der Nicht-Modellstation, wird deutlich, dass dem Informationsfluss bei dieser Organisationsform besondere Aufmerksamkeit gewidmet werden muss. Die Schmerzbeauftragten müssen eine gute Kommunikationsstruktur zu den Stationen ihrer Klinik aufbauen, um allen die wesentlichen Informationen zur Verfügung zu stellen.

Zusammenarbeit Projektleitung und Multiplikatoren

In der Regel sind in den Unternehmen dieselben Personen für die flächendeckende Umsetzung der Expertenstandards verantwortlich, die auch für mögliche modellhafte Implementierungen gemeinsam mit dem DNQP zuständig sind. Aus diesem Grund werden sie weiter „Projektleitung“ genannt (s. Kap. 3.5), weil sie dieser „Rollenbeschreibung“ entsprechen sollten.

[17] Der Begriff ist weder festgeschrieben noch festgelegt.

Die Projektleitungen und die Multiplikatoren bilden eine Projektgruppe und müssen in dieser eng zusammenarbeiten. Zwischen diesen Personen muss ein regelmäßiger und systematischer Austausch stattfinden, damit die Kontinuität in der Umsetzung gewährleistet ist. Hier gilt es ebenfalls, ein Kommunikationssystem aufzubauen, damit die Informationen zielgerichtet fließen. Denn im Gegensatz zur Implementierung des Schmerzmanagements in einer Pflegeeinheit, wo die Projektleitung häufig Präsenz zeigen sollte, ist die Nähe zu den Mitgliedern aller Pflegeteams bei einer flächendeckenden Einführung nicht mehr möglich.

7.1 Konkrete Schritte zum interdisziplinären Schmerzmanagement

Ziel ist die klinikweite Einführung des interdisziplinären Schmerzmanagements. Theoretische Grundlage für die Pflege ist der Expertenstandard Schmerzmanagement in der Pflege und für die Medizin die Leitlinien zur Schmerztherapie der einzelnen Fachgesellschaften. Zunächst werden die wichtigsten Themen und strukturellen Voraussetzung aufgeführt, im Anschluss wird der mögliche Ablauf eines solchen Projekts[18] dargestellt.

Voraussetzung

Bevor das Schmerzmanagement im gesamten Unternehmen eingeführt wird, sollten unbedingt Projekte auf einzelnen Stationen durchgeführt werden (am besten in verschiedenen Klinikbereichen), und zwar in der Form, wie im ersten Teil des Buchs beschrieben; nach den Vorgaben des DNQP. Nur wenn man Projekte in „überschaubaren" Pflegeeinheiten durchgeführt hat, beschäftigt man sich intensiv mit den einzelnen Standardkriterien des Expertenstandards Schmerzmanagement. So sammelt man konkrete Erfahrungen und Kompetenzen, wie die Umsetzung im „Kleinen" funktioniert und kann dies auf das gesamte Unternehmen übertragen.

Zentrale Aufgaben im Schmerzmanagement

Zwei zentrale Aufgaben sind innerhalb des Projekts zu erfüllen:

1. die systematische Erhebung der Schmerzintensität mittels standardisierter Assessments inkl. der systematischen Dokumentation,
2. die Erstellung von Schmerzschemata für die primär standardisierte Behandlung der Schmerzpatienten.

Projektauftrag

Für alle Projekte benötigt man einen schriftlichen Projektauftrag des Projektauftraggebers. In einem solchen Auftrag sind das Projektziel, die formalen und strukturellen Vorgaben und die Verantwortlichkeiten festgelegt. Darüber hinaus sind in dem Projektauftrag die Projektleitungen benannt und – wenn möglich – die Kosten für das

[18] Auf die theoretischen Grundlagen und die Methoden des Projektmanagements wird in diesem Buch nicht eingegangen. Dafür empfiehlt sich die weiterführende Literatur zu diesem Thema.

Projekt beziffert. Um dem Projekt einen zeitlichen Rahmen zu geben, ist es sinnvoll, einen Abschlusszeitpunkt festzulegen. Die inhaltliche Ausgestaltung des Projekts wird innerhalb der Projektgruppe besprochen und dann schriftlich festgehalten.

Projektleitung

Im Klinikum Dortmund wurden während des Modellprojekts besonders gute Ergebnisse in der interdisziplinären Zusammenarbeit zwischen der Pflegewissenschaftlerin, den Anästhesisten und den Chirurgen erzielt. Die „Paarkombination" zwischen dem jeweiligen Facharzt (in dessen Zuständigkeitsbereich die Einführung des Standards gehörte) und dem Facharzt der Anästhesie war für die Entwicklung des Schmerzschemas sehr gelungen. Auch in einem weiteren Projekt in einem nicht-operativen Fach wie in der Onkologie hat diese Zusammenarbeit sehr gut funktioniert und war zielführend.
Aus diesen Erfahrungen heraus übertrug die Geschäftsführung die Projektleitung sowohl der Pflegewissenschaftlerin als auch dem Klinikdirektor der Anästhesie. In den jeweiligen Besprechungen zu den Schmerzschemata wurden dann die ärztliche und pflegerische Kompetenz des jeweiligen Fachbereichs hinzugezogen.
Die Projektleitung hat die Aufgabe, den Informationsfluss an alle beteiligten Führungsmitarbeiter im Unternehmen sowie an die Projektauftraggeber sicherzustellen. Alle Klinikdirektoren und Pflegedienstleitungen erhalten die Protokolle; gut wäre, wenn sie auch an den Projektgruppensitzungen teilnähmen, da strukturelle Fragen somit unmittelbar beantwortet werden könnten. Die Informationen müssen zu allen direkt und indirekt Beteiligten fließen, damit alle wissen, wieweit die Arbeit zum Schmerzmanagement im Unternehmen bereits voran geschritten ist und wer ggf. noch welche Aufgabe zu bewältigen hat.

Projektgruppe

Die Bildung der Projektgruppe ist eine der ersten Aufgaben der Projektleiter. Im Klinikum gibt es 21 verschiedene Klinikbereiche mit jeweils einer unterschiedlichen Anzahl an Stationen. Aus jedem Klinikbereich wird ein Team „Schmerzbeauftragte" benannt. Sowohl der Arzt als auch die Pflegende sollte sich möglichst mit dem Schmerzmanagement bereits ein wenig auskennen bzw. sich mindestens dafür interessieren. Zusätzlich zu den Schmerzbeauftragten sind eine Schmerztherapeutin, der Qualitätsmanager, ein Apotheker, ein Vertreter des Betriebsrats und ein medizinischer Masseur in die Projektgruppe integriert. Je nach Unternehmen ist die Einbindung von Pain Nurses, Psychologen, Seelsorgern usw. durchaus möglich.

Zeitrahmen für das Projekt

Die Erfahrung hat gezeigt, dass der minimale Zeitraum für die Umsetzung des interdisziplinären Schmerzmanagements bei zwei Jahren liegt. Verkürzen lässt sich der Zeitrahmen möglicherweise, indem beispielsweise die Projektleitungen ausschließlich für dieses Projekt zuständig sind. Oftmals ist ein solches – wenn auch großes Projekt – jedoch eine Aufgabe unter vielen anderen, die von den Projektleitungen wahrgenommen werden muss, weshalb sie sich noch mit anderen Arbeitsinhalten als nur mit dem Schmerzmanagement beschäftigen müssen. Dies hat verständlicherweise Auswirkungen auf den Zeitrahmen. Innerhalb des gesamten Zeitraums muss sich die

Projektgruppe regelmäßig treffen, hier wäre ein vierwöchiger Rhythmus zu empfehlen. Dazu müssen die Teams der „Schmerzbeauftragten" in einen regelmäßigen Austausch mit den Stationsteams ihres Klinikbereichs treten, um die Inhalte aus der Projektgruppe weiterzuleiten bzw. zu bearbeiten. Dies kann in einem identischen Zeitintervall stattfinden wie die Projektgruppensitzungen.

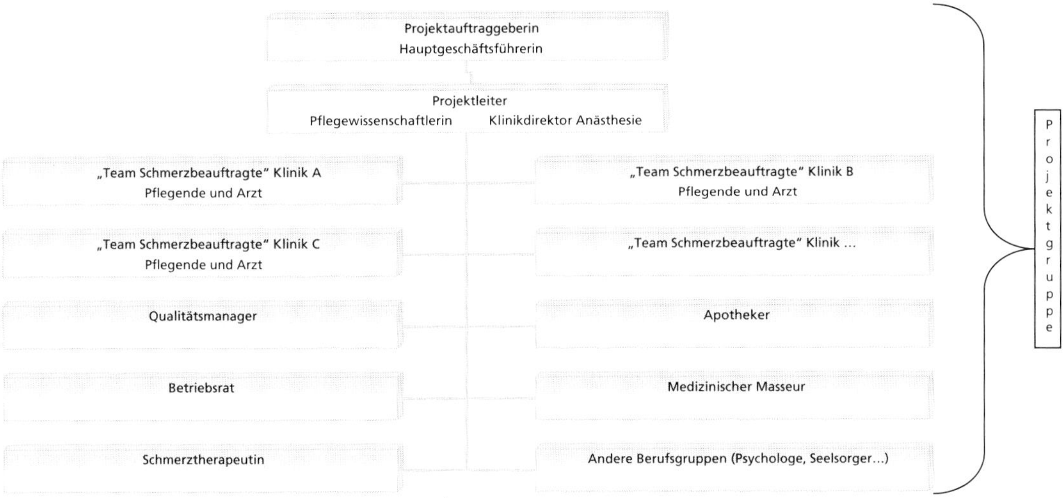

Abb. 28: Projektstruktur interdisziplinäres Schmerzmanagement (Klinikum Dortmund, Projektgruppe Interdisziplinäres Schmerzmanagement)

Zur Erarbeitung der Schmerzschemata sind separate Arbeitsgespräche einzuplanen. Es ist nicht sinnvoll, das Schmerzschema für die einzelnen Kliniken in der großen Projektgruppe zu erarbeiten. Für diese Gespräche sollte mindestens ein bis zwei Stunden veranschlagt werden. Teilnehmer dieser Besprechungen sollten sein: die Projektleitungen, der Apotheker, die Schmerztherapeutin und die Schmerzbeauftragten dieser Klinik. Je nach Thema ist es notwendig, weitere Experten hinzuzuziehen. Des Weiteren gibt es Themen, wie z. B. die Schmerztherapie für Patienten mit Wirbelsäulenerkrankungen, die eine disziplinübergreifende Festlegung des Schmerzschemas notwendig machen. Für die Behandlung dieser Patientengruppen sind nämlich nicht nur die Wirbelsäulenspezialisten, sondern auch Unfallchirurgen, Neurochirurgen und Orthopäden zuständig. Aus diesem Grund ist eine Konsentierung der Ärzte dieser beteiligten Fachdisziplinen zur Schmerztherapie notwendig.
Zusätzlich zu diesen Besprechungen muss Zeit für die Fortbildungen eingeplant werden, an denen am besten alle Beteiligten des Unternehmens teilnehmen. Dies ist zwar unrealistisch, dennoch ist das anzustrebende Ziel, dass so viele Mitarbeiter wie möglich an den Fortbildungen teilnehmen sollten.

1. Entscheidungsfindung mit Unternehmensleitung, Betriebsleitung (Medizin/Pflege) Checkliste
2. Projektauftrag durch Unternehmensleitung

3. Benennung Projektleitung: bi-professionell Pflege und Medizin (Anästhesie ist als Disziplin sehr zu empfehlen)
4. Benennung Projektgruppe: pro Klinikbereich mindestens eine Pflegende und ein Arzt, die als Team die Schmerzbeauftragten für die jeweilige Klinik sind. Hilfreich ist es, wenn sich alle Schmerzbeauftragten Kollegen suchen, die gemeinsam mit ihnen an der Umsetzung arbeiten
5. Patientenbefragung zu Beginn und zum Abschluss des Projekts
6. Sitzung der Projektgruppe parallel zu den übrigen Aktivitäten
7. Organisation von Schulungen (s. Basisseminar für alle Mitarbeiter der beteiligten Berufsgruppen: Pflegende, Ärzte, Physiotherapeuten, Masseure etc.)
8. Einführung der Assessmentinstrumente zur Messung der Schmerzintensität und Restrukturierung der Schmerzdokumentation
9. Konkretisierung und Einführung des Expertenstandards mit den pflegerischen Schmerzbeauftragten
10. Erarbeitung von Schmerzschemata für jede einzelne Klinik separat, aber für jede Station innerhalb dieser Klinik identisch, in der Projektgruppe
11. Einführung der Schmerzschemata
12. Evaluation
13. Abschluss des Projekts

Schmerzeinschätzung

In der Projektgruppe müssen Entscheidungen gefällt werden, welche Assessmentinstrumente für welche Patientengruppen genutzt werden sollen. Eine Vorauswahl wird meistens schon in den Projektgruppen der einzelnen (kleineren) Pflegeeinheiten getroffen. Diese Erfahrungen lassen sich dann gut auf das große Ganze übertragen.

Schmerzdokumentation

Aus den zuvor durchgeführten Projekten hat man ebenso die Erfahrung, wie die Dokumentation am Besten erfolgen soll. Diese Erfahrungen dienen ebenfalls als Grundlage, um sie auf die anderen Stationen zu übertragen. Möglicherweise ergeben sich aber bei der Einführung des Schmerzmanagements im gesamten Unternehmen ganz andere oder neue Ideen zur Umsetzung der Dokumentationsanforderungen, die eine erneute Überarbeitung der bisherigen Vorgehensweise notwendig machen.

Schmerzschema

Die Schmerzschemata sind zunächst für jeden Klinikbereich entsprechend der zielgruppenspezifischen Besonderheiten separat zu bearbeiten. Das Schema sollte aber möglichst in der Form ausgearbeitet werden, dass sich die Schmerzschemata für das gesamte Unternehmen nur marginal unterscheiden. Es hat vor allem auch einen ökonomischen Wert, wenn es nicht in jedem Klinikbereich unterschiedliche Schmerzmedikamente und Adjuvantien gibt. So hat der Apotheker die Möglichkeit, mit den Anbietern der Medikamente Preisvorteile für das Unternehmen auszuhandeln. Darüber hinaus ist es für die Patienten von Vorteil, wenn sie bei Verlegung innerhalb des Unternehmens auch in anderen Abteilungen die Schmerzmedikamente bekommen, die sie bereits kennen.

Der Vorteil solcher standardisierter Vorgaben liegt darin, dass zum einen eine hohe Anzahl von Patienten nach einem solchen Schema behandelt werden kann und zum anderen die Prozessabläufe deutlich klarer und einfacher sind. Das Schmerzschema wird für jeden Patienten mit Schmerzen bzw. potentiellen Schmerzen angeordnet, und die Pflegenden haben Verfahrensweisen, wie sie bei dem jeweiligen Patienten vorgehen müssen. Das erspart unnötige Telefonate, um beispielsweise von einem diensthabenden Arzt eine Anordnung zur Schmerztherapie zu bekommen. Auch die Wartezeiten bis zur Schmerzmedikation fallen für die Patienten weg, wodurch sich ihr Gesundheitszustand verbessert. Es wird kein Schmerzschema geben, das für alle Patienten gilt. Wenn das Schema qualitativ gut ist und die Systematik des WHO-Stufenschemas erfüllt, kann man ca. 80 % der Patienten damit erreichen.
Für spezielle und besondere Schmerzpatienten, Schmerzsituationen oder medikamentenabhängige Patienten muss die Problemlösung mit speziellen Schmerztherapeuten und interdisziplinären Fallbesprechungen herbeigeführt werden.

7.2 Meilensteine im interdisziplinären Schmerzmanagement

Um den Verlauf des Projekts verfolgen und letztendlich evaluieren zu können, müssen Meilensteine festgelegt werden. Nachfolgend werden zentrale Meilensteine dargestellt, die je nach Projektstruktur und Projektverlauf in den verschiedenen Unternehmen veränderbar sind. Die Meilensteine bauen inhaltlich aufeinander auf, sie können aber in der Umsetzung durchaus parallel bearbeitet werden. Verzichtete man auf diese Parallelität, würde das Projekt letztendlich weitaus mehr Zeit in Anspruch nehmen.

Start des Projekts

Ähnlich wie beim Projektstart in einer Pflegeeinheit ist bei dem großen Projekt ebenfalls eine Kick-off-Veranstaltung wichtig. Bei dieser Veranstaltung wird die große Projektgruppe über das Vorgehen im Detail informiert. Gleichzeitig werden die Meinungen und Aspekte aus dem gesamten Unternehmen zum Thema „Schmerz“ bei diesem ersten Treffen zusammengetragen.

Ausgangslage

Zunächst sollte der Status quo in kurzen Stichpunkten schriftlich festgehalten werden, um einen Überblick zu bekommen, wie die Schmerztherapie im gesamten Unternehmen durchgeführt wird. Dazu sind die Schmerzbeauftragten mit der Aufgabe zu betrauen, die derzeitig gängige Verfahrensweise zum Schmerzmanagement zusammenzutragen und allen anderen Projektgruppenmitgliedern als Diskussionsgrundlage zur Verfügung zu stellen.
Um die Sicht der Patienten zu kennen, sollte gleich zu Beginn eine Patientenbefragung erfolgen. Wichtigste Frage dabei ist, inwieweit die Patienten mit dem derzeitigen Verfahren der Schmerztherapie zufrieden sind.

Abbildung 29 zeigt die Ergebnisse der im Klinikum befragten 1.124 Patienten zu den abgebildeten Kategorien. Diese Ergebnisse sind insgesamt als positiv zu bewerten. Dennoch gibt es innerhalb der einzelnen Klinikbereiche selbstverständlich Aspekte, die verbesserungsbedürftig sind. Zeitnah zur klinikinternen Befragung erfolgte eine allgemeine Patientenbefragung im Rahmen des Klinikführers Rhein-Ruhr 2007–2008. Diese Ergebnisse waren insgesamt ebenfalls gut und eröffneten für die einzelnen Klinikbereiche die Möglichkeit, die eigenen spezifischen Ergebnisse detailliert zu betrachten und zu bewerten.

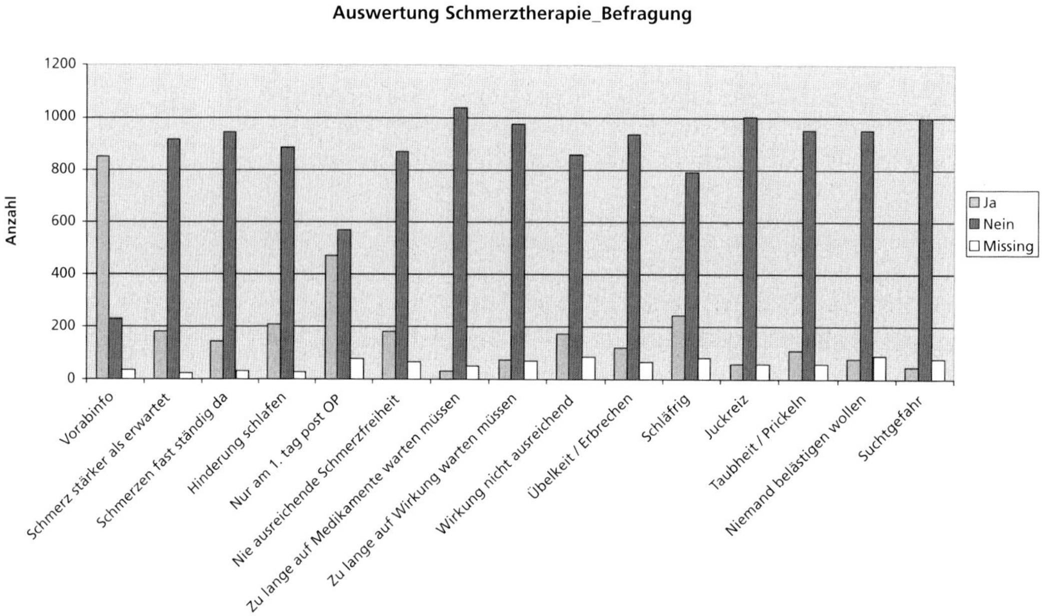

Abb. 29: Auswertung Schmerztherapiebefragung (Klinikum Dortmund, Projektgruppe Interdisziplinäres Schmerzmanagement)

Planung und Durchführung der Fortbildung

Es ist eine Herausforderung, die Fortbildungen zum Schmerzmanagement so zu planen und zu realisieren, dass sie für alle an dem Projekt Beteiligten angeboten werden können. Die Fortbildung in der Form anzubieten, wie sie bei ein oder zwei Pflegeeinheiten durchgeführt wird, ist bei der Umsetzung in einem großen Unternehmen nicht möglich. Aus diesem Grund haben die Mitglieder der Projektgruppe im Klinikum Dortmund beschlossen, ein Basisseminar für alle Mitarbeiter „verpflichtend“ anzubieten. Das Basisseminar hat den Vorteil, dass man die wesentlichen Inhalte des Schmerzmanagements in einer Veranstaltung vermitteln kann. Der Nachteil liegt hingegen in der Begrenzung der Themenwahl und des zeitlichen Rahmens. Die im Kapitel 4.2 angesprochenen Themen können in dieser Seminarform nicht alle ausführlich behandelt werden.
Ziel des zweistündigen Basisseminars soll sein, die Grundlagen zum Schmerzmanagement zu vermitteln bzw. aufzufrischen. Das Basisse-

minar richtet sich an alle Pflegende und Ärzte des Klinikums. Deshalb muss es mehrfach angeboten werden, um allen die Möglichkeit der Teilnahme zu geben. Wie oft das gleiche Basisseminar angeboten wird, hängt von der Größe des Unternehmens ab. In Dortmund wurde es innerhalb eines Jahres zehnmal angeboten. Das Seminar wurde in Dortmund von den Projektleitern durchgeführt und beinhaltete die zentralen Themen: Möglichkeiten des Schmerzassessments, Selbsteinschätzung und Fremdeinschätzung, Schmerzmessung und Schmerzdokumentation als Instrument zur Diagnostik, Therapieeinleitung und Therapiekontrolle, Anwendung verschiedener Schmerzmessinstrumente, Dokumentation, Grundprinzipien des WHO-Stufenschemas, Wirkmechanismen von peripher, zentral und lokal applizierten Medikamenten, Nichtopioide, Opioide, Koanalgetika bei tumor- und nicht-tumorbedingten Schmerzen.
Weitere spezielle Inhalte, wie z. B. die Anwendung nicht-medikamentöser Maßnahmen oder die psychologische Begleittherapie, werden in zusätzlichen Seminaren und Fortbildungsveranstaltungen vorgestellt. Dazu ist ebenfalls die Teilnahme möglichst vieler Mitarbeiter zu organisieren.
Die Teilnahme an den Fortbildungen wird dokumentiert, zum einen für die Teilnehmer, zum anderen für das Unternehmen, um Klinikbereichen eine Rückmeldung über die Teilnahme geben zu können. Dadurch besteht die Möglichkeit, konkret die Verantwortlichen anzusprechen, wenn die Teilnahme der Mitarbeiter in den jeweiligen Klinikbereichen nicht „zufriedenstellend“ ist.

Schmerzschemata

Parallel zu den Projektgruppensitzungen findet in allen Klinikbereichen die Bearbeitung der Schmerzschemata in multiprofessionellen Projektgruppen statt. Diese bestehen aus den pflegerischen und ärztlichen Schmerzbeauftragten, dem Apotheker, ggf. weiteren Ärzten und Pflegenden aus der Klinik sowie den beiden Projektleitern. In diesen Projektgruppen wird die derzeitige Schmerztherapie diskutiert und ggf. mit Wünschen, Anregungen und Optionen in ein neues, aktuelles Schmerzschema entsprechend den Patientenbedürfnissen überführt. Das Schmerzschema mündet in einen Algorithmus, der für alle Beteiligten verbindliche Anweisungen und Beschreibungen des Prozessablaufs enthält. So kann erreicht werden, dass innerhalb eines Klinikbereichs das Schmerzmanagement einheitlich, standardisiert und systematisch umgesetzt wird.
Sobald die Schmerzschemata erarbeitet sind, müssen sie in das unternehmensspezifische Layout integriert und den Schmerzbeauftragten zur Verfügung gestellt werden. Die Schmerzbeauftragten müssen für die Weiterleitung des Schmerzschemas in die übrigen Pflegeeinheiten sorgen. In den Pflegeeinheiten müssen die Schmerzschemata zunächst von allen Beteiligten ausprobiert werden. Die daraus abzuleitenden Ergebnisse fließen nach einer Zeit von ca. drei Monaten zurück an den ärztlichen Projektleiter. Sollte es notwendig sein, werden Änderungen abschließend in das Schmerzschema eingearbeitet. Diese überarbeitete Version wird dann zunächst für einen längeren Zeitraum (mindestens ein Jahr) in dem Klinikbereich angewendet und umgesetzt. Für diesen Arbeitsschritt sind in erster Linie

die ärztlichen Schmerzbeauftragten verantwortlich. Sie müssen ihren Kollegen die Inhalte und den Aufbau des Schmerzschemas erklären und ihnen deutlich machen, dass und warum die Anwendung des Schmerzschemas wichtig ist. Sonst besteht die Gefahr, dass die Standardisierung der Schmerztherapie nicht erreicht wird. Bei den Besprechungen zum Schmerzschema sollte darauf geachtet werden, alle „Wünsche" und „Vorlieben" einzelner Ärzte für bestimmte Medikamente zu besprechen, um eine Zustimmung aller behandelnden Ärzte zu erreichen. So wird die Anordnung von „Lieblingsmedikamenten" (entgegen) der Vorgaben im Schmerzschema (höchstwahrscheinlich) vermieden. Ein Garant ist dies allerdings nicht.
Langfristig können in die Schmerzschemata Veränderungen eingearbeitet werden, sei es, weil neue Medikamente eingefügt oder andere ersetzt werden sollen, oder weil sich das Patientenspektrum verändert hat und deswegen eine Anpassung an die veränderten Anforderungen notwendig ist. Dennoch ist auch darauf zu achten, dass die Schmerzschemata eine gewisse Beständigkeit haben und nicht alle zwei Monate neu überarbeitet werden müssen.

Expertenstandard Schmerzmanagement in der Pflege

Ein weiterer wichtiger Meilenstein ist die Anpassung und Konkretisierung des Expertenstandards Schmerzmanagement an die gesamte Patientengruppe des Unternehmens. Um die Anpassung des Expertenstandards durchzuführen, empfiehlt es sich, mit den pflegerischen Schmerzbeauftragten diese zentrale inhaltliche Arbeit durchzuführen und die Ergebnisse abschließend in der Projektgruppe vorzustellen. So kann die Teilprojektgruppe der pflegerischen Schmerzbeauftragten in relativ kurzer Zeit zumindest die theoretische Anpassung des Expertenstandards analog zur modellhaften Implementierung vornehmen. Die ärztlichen Schmerzbeauftragten sind eingeladen, sich an diesem Arbeitsschritt zu beteiligen.
Passt man den Expertenstandard an alle Patienten eines Unternehmens an, wird er logischerweise in der Formulierung der einzelnen Standardkriterien wieder etwas abstrakter, als wenn man die Anpassung für eine Pflegeeinheit und somit für eine spezifische Patientengruppe vornimmt. Das ist an sich unproblematisch. Ziel sollte sein, die Anpassung des Expertenstandards so vorzunehmen, dass die Mitarbeiter in jeder Pflegeeinheit verstehen, was gemeint ist.
Die Implementierung der praktischen Inhalte des Expertenstandards zieht sich über den gesamten weiteren Projektverlauf. Hierzu bedarf es eines längeren Zeitraums, weil der Informationsfluss zwischen den Beteiligten erwartungsgemäß nicht kontinuierlich besteht. Mangelnde Kontinuität kann immer wieder der Grund sein, warum die Umsetzung ins Stocken gerät und der gesamte Prozess längere Zeit in Anspruch nimmt als vorgesehen.
Für die Umsetzung des Expertenstandards sind die Pflegenden in allen Pflegeeinheiten des Unternehmens verantwortlich, deswegen ist ein enger Austausch zwischen den Schmerzbeauftragten und den anderen Pflegenden von außerordentlich großer Bedeutung. Dieser Austausch darf allerdings nicht dem Zufall überlassen werden, sondern muss systematisch nach einem zuvor gemeinsam vereinbarten Zeitschema erfolgen. Sonst besteht die Gefahr, die Informationswei-

tergabe zu vernachlässigen und in Vergessenheit geraten zu lassen. Unerlässlich ist es, auf jeder Station Pflegende zu benennen, die für die Umsetzung des Expertenstandards und die Einführung des Schmerzmanagements die Verantwortung übernehmen. Besonders hilfreich ist es, wenn diese Pflegenden bereits mit der Umsetzung anderer Expertenstandards vertraut sind.

Evaluation des interdisziplinären Schmerzmanagements

Ist man mit der Umsetzung des interdisziplinären Schmerzmanagements fertig, muss die Arbeit evaluiert werden. Hierzu empfiehlt sich zum einen, ein Audit mit dem standardisierten Auditinstrument Patientenfragebogen des DNQP durchzuführen. Zum anderen kann eine Patientenbefragung durchgeführt werden, die ähnlich bzw. gleich der Patientenbefragung ist, die man zu Beginn des Projekts durchgeführt hat. Auf diese Art hätte man vergleichbare Ergebnisse, und Veränderungen in den Ergebnissen wären erkennbar.

Nach einem großen Projekt dieser Art sollte man auch eine Befragung der beteiligten Personen durchführen. Während eines langen Projekts müssen viele Aspekte bearbeitet und Probleme gelöst werden, da ist es sinnvoll, die Meinung der Beteiligten systematisch zu erfragen und zu erfassen. Die Ergebnisse einer Befragung können wichtige Hinweise geben, um in einem nächsten Projekt auf die gut gelungenen Verfahren zurückzugreifen und ggf. Fehler nicht zu wiederholen.

Führt man ein Audit mit dem standardisierten Auditinstrument durch, empfiehlt es sich, vorher die Stichprobenbildung festzulegen und zu beschreiben (s. Kap 4.5).

Abschluss und Feier

Der Abschluss des Projekts kann dazu genutzt werden, die Ergebnisse der Evaluation darzustellen. Sollte es aufgrund der Ergebnisse noch weitere Aspekte zum Schmerzmanagement geben, die aktuell erarbeitet werden müssen, kann dies auch durchaus nach Projektabschluss erfolgen. Dennoch sollte das Projekt zum vereinbarten Termin offiziell beendet werden. Es ist empfehlenswert, alle Beteiligten und Verantwortlichen zu dieser Veranstaltung einzuladen. Es sollte ein offizieller Rahmen sein, in dem die Bedeutung der Arbeit und die erzielten Ergebnisse für alle zusammengefasst werden.

In einem solchen Rahmen kann zweifellos eine kleine Feier integriert werden, sei es in Form von Kaffee und Kuchen oder in anderer, angemessener Art und Weise. Eine Feier ist eine kleine Anerkennung für die getane Arbeit und soll eine Art Belohnung darstellen. Man sollte diesen positiven Aspekt im Sinne einer Wertschätzung nicht unterschätzen und schon gar nicht vergessen.

7.3 Abschließende Bemerkungen

Die Einführung des interdisziplinären Schmerzmanagements in die Unternehmen des Gesundheitswesens ist eine unabdingbare Aufgabe. Immer wieder wird in verschiedenen Medien die mitunter schlechte schmerztherapeutische Versorgung der Menschen mit

Schmerzen dargestellt. Alle an der Pflege und Behandlung der Menschen mit Schmerzen Beteiligten haben einen Auftrag zu erfüllen, der nicht nur auf qualitativ-inhaltlicher (Expertenstandard, Leitlinien) Ebene zu realisieren ist, sondern der sich aus dem Recht der Patienten auf eine angemessene Schmerztherapie ableiten lässt.
Nach Angaben der Deutschen Hospiz Stiftung sterben in Deutschland jedes Jahr Hunderttausende ohne eine angemessene Schmerztherapie und psychosoziale Begleitung (Hospiz Stiftung 2008).
Zum Thema Schmerz ist offensichtlich in allen Bereichen des Gesundheitssystems noch viel zu tun, und es sollten zu diesem Thema Ressourcen aufgewendet werden, um die Situation der Menschen in Deutschland dazu zu verbessern.
Hat man sich erst auf den Weg gemacht, die Schmerzsituation der Menschen zu verbessern, sieht man schnell die Erfolge der Arbeit. Die Patienten, die Angehörigen und die Akteure im Gesundheitssystem profitieren davon – jeder in unterschiedlicher Art und Weise. Für die einen ist es ein entscheidender Schritt für eine bessere Lebensqualität, für die anderen ein wichtiger Aspekt zur beruflichen Zufriedenheit und Steigerung der inhaltlichen Arbeitsqualität. Auch wenn die endgültige Umsetzung des interdisziplinären Schmerzmanagements in einem großen Unternehmen viel Zeit in Anspruch nimmt, ist der Erfolg der Arbeit schon von Beginn an zu sehen, und dies ist ein sehr hoher Motivationsfaktor.
In diesem Sinne: Auf zu einem schmerzfreien Leben!

Literatur

Abt-Zegelin, A. (2003): Patienten- und Familienedukation in der Pflege. In: Deutscher Verein für Pflegewissenschaft (Hrsg): Das Originäre in der Pflege entdecken. Pflege beschreiben, erfassen, begrenzen. Frankfurt/Main: Mabuse, S. 103–115

Arbeitsgemeinschaft der Wissenschaftlichen Medizinischen Fachgesellschaften (AWMF) (2007): Behandlung akuter perioperativer und posttraumatischer Schmerzen. Leitlinien der Deutschen Interdisziplinären Vereinigung für Schmerztherapie, AWMF Reg.-Nr. : 041/001 http://leitlinien.net/Zugriff am 15.1.2008

Arbeitsgemeinschaft der Wissenschaftlichen Medizinischen Fachgesellschaften (AWMF) (2007): Leitlinie für die Begutachtung von Schmerzen, AWMF Reg.-Nr. 030/102 http://www.uni-duesseldorf.de/awmf/ll/030-102.htm Zugriff am 6.2.2008

Arbeitsgemeinschaft der Wissenschaftlichen Medizinischen Fachgesellschaften (AWMF) (2007): Wissenschaftlich begründete Leitlinien für Diagnostik und Therapie, http://leitlinien.net/ Zugriff am 15.11.2007

Arbeitsgemeinschaft der Wissenschaftlichen Medizinischen Fachgesellschaften (AWMF) (2005): Sedierende und analgetische Therapie im Rahmen der Intensivmedizin – Langfassung – Leitlinien der Deutschen Gesellschaft für Anästhesiologie und Intensivmedizin (DGAI), AWMF Reg.-Nr. 001/012 http://leitlinien.net/ Zugriff am 15.1.2008

Basler, H.D. (2007): Beurteilung von Schmerzen bei Demenz (BESD). www.dgss.org/fileadmin/user_upload/ak_alter_2007.doc Zugriff am 14.1.2008

Besendorfer, A. (2007): Interdisziplinäres Schmerzmanagement am Klinikum Dortmund. Systematisch zum Erfolg. In: Pflegezeitschrift, 60. Jg., Heft 6, S. 314–318

Besendorfer, A. (2002): Das Erleben von Patienten auf Intensivstationen. Eine qualitative Untersuchung. In: Pflege, 15. Jg., S. 301–308

Besendorfer, A., Schmidt, B. (2005): Zum ersten Mal ohne Schmerzen: Expertenstandard Schmerzmanagement im Praxistest. In: Pflegezeitschrift, 58. Jg., Heft 2, S. 78–83

Bienstein, C, Fröhlich, A. (1993): Basale Stimulation in der Pflege. Pflegerische Möglichkeiten zur Förderung von wahrnehmungsbeeinträchtigten Menschen. 3. Aufl. Düsseldorf: Verlag selbstbestimmtes Leben

Büttner, W., Finke, W., Hilleke, M., Reckert, S., Vsianka, L., Brambrink, A. (1998): Entwicklung eines Fremdbeobachtungsbogens zur Beurteilung des postoperativen Schmerzes bei Säuglingen. In: Anästhesiologie, Intensivmedizin, Notfallmedizin, Schmerztherapie 33, S. 353–361

Büttner W. (1998): Die Erfassung des postoperativen Schmerzes beim Kleinkind. München: Arcis

Carr, E.C.J, Mann, E.M. (2002): Schmerz und Schmerzmanagement: Praxishandbuch für die Pflegeberufe. Bern/Göttingen/Toronto/Seattle: Huber

Deutsche Gesellschaft zu Studium des Schmerzes (DGSS) (2008): Curriculum Tumorschmerz für Ärzte und Pflegende: www.dgss.org/uploads/media/Curriculum_Tumorschmerz_Datensatz_20080514.pdf

Deutsches Netzwerk für Qualitätsentwicklung in der Pflege (DNQP) (2007a): Homepage des DNQP http://www.dnqp.de/ Zugriff am 7.11.2007
Deutsches Netzwerk für Qualitätsentwicklung in der Pflege (DNQP) (2007b): Methodisches Vorgehen zur Entwicklung und Einführung von Expertenstandards in der Pflege. Osnabrück
Deutsches Netzwerk für Qualitätsentwicklung in der Pflege (DNQP), (Hrsg.) (2005): Expertenstandard Schmerzmanagement in der Pflege. Entwicklung – Konsentierung – Implementierung. Osnabrück
Deutsches Netzwerk für Qualitätsentwicklung in der Pflege (DNQP), (Hrsg.) (2004): Expertenstandard Dekubitusprophylaxe in der Pflege, Entwicklung – Konsentierung – Implementierung, 2. Auflage mit aktualisierter Literaturstudie (1999–2002), Osnabrück
Dinkel, M., T. Schmidt et al. (2000): Patientenorientierte Anästhesie. In: Der Anästhesist 49: 1024–1029
Dürdodt, A. (2006): Implementierung des Expertenstandards Schmerzmanagement in der Pflege aus Sicht der Pflegenden im Krankenhaus. Bisher unveröffentlichte Masterarbeit, vorgelegt an der Universität Witten/Herdecke am Institut für Pflegewissenschaft, Witten
Fuchs-Heinritz, W., Lautmann, R., Rammstedt, O., Wienold, H. (1995): Lexikon zur Soziologie. 3. Aufl., durchges. Nachdruck, Opladen: Westdeutscher Verlag
Garten, L. (2005): QF 13 „Schmerztherapie"/Skript: Schmerztherapie in der Pädiatrie. Stand SoSe 05 http://www.charite.de/ohc-lehre/downloads/qf13_script.pdf Zugriff am 7.1.2008
Hospiz Stiftung (2008): Hunderttausende sterben unterversorgt. In: KMA Pflege 03, S. 11
Initiativkreis Ruhrgebiet (2007): http://www.i-r.de/Internet/DE/ Zugriff am 1.12.07
Klinikführer (2007): http://www.kliniken-rhein-ruhr.de/ Zugriff am 3.12.2007
Koch-Straube, U. (2003): Beratung in der Pflege. In: Deutscher Verein für Pflegewissenschaft (Hrsg.): Das Originäre in der Pflege entdecken. Pflege beschreiben, erfassen, begrenzen. Frankfurt/Main: Mabuse, S. 81–87
Kopp, I. (2005): Implementierung von Leitlinien. Regionale onkologische Qualitätskonferenz des Tumorzentrums Regensburg 29.4.05 http://www.uni-regensburg.de/Einrichtungen/Klinikum/Tumorzentrum/pdf/qualitaetskonferenz/TUZ_Rgbg_Qualkonf_Implementierung.pdf Zugriff am 17.11.07
Krieter, H., Russ, N. et al. (2003): Erwartungen und Wünsche anästhesiologischer Patienten: Welche Faktoren tragen zur Zufriedenheit bei? In: Anästhesiol Intensivmed 44, S. 43–49
Landendörfer, P., Hesselbarth, S. (2003): Schmerzbeurteilung bei „sprachlosen" Patienten. In: Der Allgemeinarzt 10, S. 822–828
McCaffery M., Beebe, A., Lathmann, J. (1997): Schmerz – Ein Handbuch für die Pflegepraxis. Wiesbaden: Ullstein Mosby
Meißner, W., Lindena, G. et al. (2007): Komplexe Akutschmerztherapie: Aufwand und Häufigkeit, Kosten und Vergütung. In: Anästh Intensivmed 48, S. 690–697
Menche, N. (2007): Pflege Heute. Lehrbuch für Pflegeberufe. 4. Aufl. München/Jena: Urban & Fischer, S. 557–571
Metzing, S. (2005): Literaturstudie. In: Deutsches Netzwerk für Qualitätsentwicklung in der Pflege (DNQP) (Hrsg.): Expertenstandard Schmerzmanagement in der Pflege. Entwicklung – Konsentierung – Implementierung. Osnabrück, S. 63–75
Meyer, G. et al. (2006): Kritische Stellungnahme zu den Expertenstandards in der Pflege: Chancen für die Qualitätsentwicklung nutzen. In: Pflegezeitschrift, 1/2006, S. 34–38
Moers, M., Schiemann, D., Scheemann, J.(2005): Das Audit-Instrument zum Expertenstandard Schmerzmanagement in der Pflege. In: Deutsches Netz-

werk für Qualitätsentwicklung in der Pflege (DNQP) (Hrsg.): Expertenstandard Schmerzmanagement in der Pflege. Entwicklung – Konsentierung – Implementierung. Osnabrück, S. 113–121

Moers, M., Schiemann, D. unter Mitarbeit von Stehling, H. (2005): Implementierung des Expertenstandards Schmerzmanagement in der Pflege. In: Deutsches Netzwerk für Qualitätsentwicklung in der Pflege (DNQP) (Hrsg.): Expertenstandard Schmerzmanagement in der Pflege. Entwicklung – Konsentierung – Implementierung, Osnabrück, S. 122–152

Müller-Mundt, G. (2008): Bewältigungsherausforderungen des Lebens mit chronischen Schmerzen – Anforderungen an die Patientenedukation. In: Pflege & Gesellschaft, Zeitschrift für Pflegewissenschaft, 13. Jg., H. 1, Februar 2008, S. 32–48

Müller-Mundt, G., Jung, B. (2005): Literaturstudie. In: Deutsches Netzwerk für Qualitätsentwicklung in der Pflege (DNQP) (Hrsg.): Expertenstandard Schmerzmanagement in der Pflege. Entwicklung – Konsentierung – Implementierung, Osnabrück, S. 55–63

Osterbrink, J. (Hrsg.) 2004: Begleitung von Schmerzpatienten. Therapiestrategien mit retardierten Opioiden. Linkenheim-Hochstetten: Aesopus

Pschyrembel® Pflege (2007): 2. Aufl. Berlin: de Gruyter

Rawal, N., Berggren I. (1994): Organization of acute pain services: a low-cost model. In: Pain 57(1), S. 117–123

Schmerzen bei Kindern: (http://www.schmerzenbeikindern.de/) Zugriff am 12.1.2008

http://www.schmerzmessen.de/schmerztherapie.html Zugriff am 14.12.2007

Selbmann, H.K., Kopp, I. (2005): Implementierung von Leitlinien in den Versorgungsalltag. In: Die Psychiatrie 2, S. 33–38

Simanski, C., Lefering R. et al. (2006): Postoperative pain relief is an important factor for the patients selection of a clinic. Results of an anonymous survey. In: Schmerz 20(4), S. 327–333

Strohbücker, B. (2005): Literaturstudie. In: Deutsches Netzwerk für Qualitätsentwicklung in der Pflege (DNQP) (Hrsg.): Expertenstandard Schmerzmanagement in der Pflege. Entwicklung – Konsentierung – Implementierung, Osnabrück, S. 39–41, 44, 76–80, 88–95

Teigeler, B. (2008): Schmerzsystem IONSYS®. PCA ohne Nadel. In: PflegenIntensiv, 1/08, S. 14–15

Ulsenheimer, K. (Hrsg.) (2008): Rechtliche Probleme der Schmerztherapie. Postoperative Schmerztherapie – Pathophysiologie, Pharmakologie und Therapie. Stuttgart: Thieme

http://wissen.de/wde/generator/wissen/ressorts/gesundheit/medizin/index,page=1041144.html Zugriff am 29.1.2008

Zernikow, B. (2005): Schmerztherapie bei Kindern, 3. Aufl. Berlin: Springer

Anhang: Beurteilung von Schmerzen bei Demenz

DEUTSCHE GESELLSCHAFT ZUM STUDIUM DES SCHMERZES e. V. (DGSS)

Sektion der International Association for the Study of Pain (IASP)
Arbeitskreis „Alter und Schmerz"
Sprecher: Prof. Dr. Dr. H.D. Basler
e-mail: basler@med.uni-marburg.de

BEurteilung von Schmerzen bei Demenz (BESD)

Gütekriterien

Die Beobachtungsskala wurde aus dem Amerikanischen übersetzt. Die Originalversion wird beschrieben in folgender Publikation: Warden, V., Hurley, A.C. Volicer, L. (2003). Development and Psychometric Evaluation of the Pain Assessment in Advanced Dementia (PAINAD) Scale. *J Am Med Dir Assoc, 4*, 9–15.

In Deutschland wurden bisher 99 demenzkranke Bewohner aus acht Pflegeeinrichtungen mit einem Durchschnittsalter von 84 Jahren (SD = 7) in die Evaluation des Beobachtungsinstrumentes einbezogen. Als Maße für die interne Konsistenz (Cronbach's Alpha) ergaben sich bei der Beobachtung durch Pflegende Werte zwischen 0,85 und 0,86. Die Inter-Rater-Reliabilität beträgt für die Pflegenden zwischen r = 0,72 und 0,82. Die Wiederholungsreliabilität mit einem Abstand von zwei bis drei Wochen beläuft sich auf Werte zwischen 0,60 und 0,76. Die Beobachtung ist zuverlässiger in Situationen, in denen die Beobachteten mobilisiert werden, als in Ruhesituationen. Als Validitätshinweis wird die Tatsache gewertet, dass sich Personen, die als akut unter Schmerzen leidend eingestuft werden, sich hinsichtlich der BESD-Werte signifikant von denen unterscheiden, denen keine Schmerzen zugeschrieben werden. Weiterhin verringert sich das Schmerzverhalten unter analgetischer Medikation. Wenngleich die Studie noch nicht abgeschlossen ist, können die bisher berechneten statistischen Kennwerte als gut eingestuft werden. Eine Publikation ist in Vorbereitung.

Beobachtungsanleitung und Auswertung

Geben Sie an, in welcher Situation die Beobachtung stattfindet (z. B. im Sitzen, im Bett liegend, während des Waschens oder Gehens). Bitte beobachten Sie die/den BewohnerIn in dieser Situation zwei Minuten lang und achten Sie darauf, ob sich die beschriebenen Verhaltensweisen zeigen. Kreuzen Sie anschließend in dem Beobachtungsbogen die zutreffenden Verhaltensweisen an (Spalte „ja"). Markieren Sie bitte zur Kontrolle auch die Spalte „nein", wenn Sie ein Verhalten nicht beobachtet haben. Zu den einzelnen Begriffen gibt es eine ausführliche Beschreibung, die Sie vor dem Ausfüllen gewissenhaft durchlesen sollten.
Die Beobachtung bezieht sich auf fünf Kategorien: Atmung, negative Lautäußerungen, Gesichtsausdruck, Körpersprache und Trost. Für jede Kategorie sind maximal 2 Punktwerte zu vergeben. Für die Auswertung addieren Sie die in der rechten Spalte angegebenen Werte über die einzelnen Kategorien, wobei Sie nur den jeweils höchsten erzielten Wert pro Kategorie berücksichtigen. Es ist ein maximaler Gesamtwert von 10 für Schmerzverhalten möglich. Ein Wert von 6 oder darüber in einer Mobilitätssituation wird von uns als behandlungsbedürftig angesehen.

Präsident: Prof. Dr. Dr. Lehmann, Köln; Vizepräsidenten: Prof. Dr. Brune, Erlangen, Prof. Dr. Kröner-Herwig, Göttingen; Schatzmeister: Dr. Radbruch, Köln
Geschäftsstelle: Frau W. Latza, Klinik für Anaesthesiologie und operative Intensivmedizin, Universität Köln, Joseph-Stelzmann-Str. 9, D-50924 Köln
Vereinsregister Amtsgericht Frankfurt: 73 VR 6851; Bankverbindung: Konto 22 22 21 78, Stadtsparkasse Köln (BLZ 370 501 98)

BEurteilung von Schmerzen bei Demenz (BESD)

Name des/der Beobachteten: ....

Beobachten Sie den Patienten/die Patientin zunächst zwei Minuten lang. Dann kreuzen Sie die beobachteten Verhaltensweisen an. Im Zweifelsfall entscheiden Sie sich für das vermeintlich beobachtete Verhalten. Setzen Sie die Kreuze in die vorgesehenen Kästchen. Mehrere positive Antworten (außer bei Trost) sind möglich.

Ruhe
Mobilisation und zwar durch folgender Tätigkeit: ....

Beobachter/in: ....

Name ....

Atmung (unabhängig von Lautäußerung)	**nein**	**ja**	**Punktwert**
normal	☐	☐	0
gelegentlich angestrengt atmen	☐	☐	1
kurze Phasen von Hyperventilation (schnelle und tiefe Atemzüge)	☐	☐	
lautstark angestrengt atmen	☐	☐	2
lange Phasen von Hyperventilation (schnelle und tiefe Atemzüge)	☐	☐	
Cheyne Stoke Atmung (tiefer werdende und wieder abflachende Atemzüge mit Atempausen)	☐	☐	
Negative Lautäußerung			
keine	☐	☐	0
gelegentlich stöhnen oder ächzen	☐	☐	1
sich leise negativ oder missbilligend äußern	☐	☐	
wiederholt beunruhigt rufen	☐	☐	2
laut stöhnen oder ächzen	☐	☐	
weinen	☐	☐	
Gesichtsausdruck			
lächelnd oder nichts sagend	☐	☐	0
trauriger Gesichtsausdruck	☐	☐	1
ängstlicher Gesichtsausdruck	☐	☐	
sorgenvoller Blick	☐	☐	
grimassieren	☐	☐	2

Körpersprache			
entspannt	□	□	0
angespannte Körperhaltung	□	□	1
nervös hin und her gehen	□	□	
nesteln	□	□	
Körpersprache starr	□	□	2
geballte Fäuste	□	□	
angezogene Knie	□	□	
sich entziehen oder wegstoßen	□	□	
schlagen	□	□	
Trost			
trösten nicht notwendig	□	□	0
Stimmt es, dass bei oben genanntem Verhalten ablenken oder beruhigen durch Stimme oder Berührung **möglich ist**?	□	□	1
Stimmt es, dass bei oben genanntem Verhalten trösten, ablenken, beruhigen **nicht** möglich ist?	□	□	2
TOTAL **/von max.**			__/10

Andere Auffälligkeiten:

....

....

....

BEurteilung von Schmerzen bei Demenz (BESD)

Definitionen

Atmung

1. Normal
Als „normal“ wird ein geräuschloses, gleichmäßiges Ein- und Ausatmen ohne Anstrengung bezeichnet.

2. Gelegentlich angestrengt atmen
„Gelegentlich angestrengtes Atmen“ ist charakterisiert durch gelegentliches Auftreten von anstrengenden, ermüdenden oder schweren Atemzügen.

3. Kurze Phasen von Hyperventilation
„Kurze Phasen von Hyperventilation“ sind schnelle und tiefe Atemzügen von insgesamt kurzer Dauer.

4. Lautstarkes, angestrengtes Atmen
„Lautstarkes, angestrengtes Atmen“ ist gekennzeichnet durch Geräusche beim Ein- oder Ausatmen, die laut, gluckernd oder pfeifend sein können und anstrengend zu sein scheinen.

5. Lange Phasen von Hyperventilation
„Lange Phasen von Hyperventilation“ sind übermäßig schnelle und tiefe Atemzüge. Die Phasen dauern recht lange.

6. Cheyne Stoke Atmung
„Cheyne Stoke Atmung“ ist gekennzeichnet durch immer tiefer werdende und wieder abflachende Atemzügen mit Atempausen.

Negative Lautäußerungen

1. Keine
Die Kategorie „keine“ bezeichnet Sprache oder Lautäußerungen mit angenehmem oder neutralem Klang.

2. Gelegentlich stöhnen oder ächzen
Unter „stöhnen“ ist jammern oder vor sich hinmurmeln wie auch klagen oder schreien zu verstehen. „Ächzen“ ist definiert durch unverständliche und unbeabsichtigte Geräusche, die lauter als üblich sind und oft plötzlich beginnen und enden. Beides sollte nur gelegentlich auftreten.

3. Sich leise negativ oder missbilligend äußern
„Sich leise negativ oder missbilligend äußern“ ist gekennzeichnet durch leises Murren, Jammern, Fluchen oder Schimpfen mit einem klagenden, sarkastischen oder bissigen Unterton.

4. Wiederholt beunruhigt rufen
Die Kategorie „Wiederholt beunruhigt rufen“ bezeichnet Phrasen oder Worte, die wiederholt in einer Art geäußert werden, die Angst, Unbehagen oder Verzweiflung vermuten lässt.

5. Laut stöhnen oder ächzen
Unter „stöhnen" ist jammern oder murmeln wie auch klagen oder schreien deutlich lauter als üblicherweise zu verstehen. „Ächzen" ist definiert durch unverständliche und unbeabsichtigte Geräusche, die lauter als üblich sind und oft plötzlich beginnen und enden.

6. Weinen
Unter „Weinen" wird eine emotionale Ausdrucksform verstanden, die mit Tränen einhergeht. Der Betroffene kann schluchzen oder weinerlich wirken.

Gesichtsausdruck

1. Lächelnd oder nichts sagend
„Lächelnd" ist gekennzeichnet durch nach oben gerichtete Mundwinkel, leuchtende Augen und einen Ausdruck von Zufriedenheit. „Nichts sagend" bedeutet ein neutraler, ruhiger, entspannter oder leerer Gesichtsausdruck.

2. Traurig
„Traurig" ist gekennzeichnet durch einen unglücklichen, einsamen, niedergeschlagenen oder deprimierten Ausdruck. Tränen in den Augen können zusätzlich auftreten.

3. Ängstlich
Unter „ängstlich" versteht man einen Ausdruck von Furcht, Schreck oder Besorgnis. Die Augen sind weit geöffnet.

4. Sorgenvoller Blick
Ein „sorgenvoller Blick" ist gekennzeichnet durch nach unten gerichtete Mundwinkel. Falten auf der Stirn und um den Mund können sich stärker als üblich zeigen.

5. Grimassieren
„Grimassieren" ist gekennzeichnet durch einen verzerrten und verzweifelten Gesichtsausdruck. Die Stirn weist stärkere Falten auf als die Mundpartie. Die Augen können fest zugekniffen sein.

Körpersprache

1. Entspannt
„Entspannt" meint eine ruhige und gelassene Körperhaltung. Die Person wirkt sorgenfrei.

2. Angespannt
„Angespannt" beschreibt eine angestrengte, verkrampfte oder besorgte Körperhaltung. Das Gebiss kann fest zusammengebissen sein. (Kontrakturen sind auszuschließen)

3. Nervös hin und her gehen
„Nervös hin und her gehen" meint eine ruhelose Aktivität. Sie kann mit ängstlichem, besorgtem oder beunruhigtem Ausdruck einhergehen. Die Gehgeschwindigkeit kann langsam oder schnell sein.

4. Nesteln
„Nesteln" meint, sich ruhelos bewegen. Wälzen im Stuhl oder das Rücken eines Stuhls durch das Zimmer sowie wiederholtes Berühren, Ziehen oder Reiben von Körperteilen können beobachtet werden.

5. Starr
„Starr" meint eine steife Körperhaltung. Die Arme und/oder Beine sind angespannt und unbeweglich. Der Rumpf imponiert gestreckt und unbeugsam. (Kontrakturen sind auszuschließen)

6. Geballte Fäuste
„Geballte Fäuste" sind fest geschlossene Hände. Die Hände können sich allerdings auch wiederholt öffnen und schließen oder fest geschlossen bleiben.

7. Angezogene Knie
„Angezogene Knie" bedeuten in Richtung Brust gezogene Knie. Die Person wirkt insgesamt aufgewühlt. (Kontrakturen sind auszuschließen)

8. Sich entziehen, wegstoßen
Personen wehren Annäherung oder Fürsorge ab. Sie versuchen, der Annäherung zu entkommen, sich zu entwinden oder zu entreißen bis dahin, dass sie andere wegstoßen.

9. Schlagen
Unter „Schlagen" werden alle Formen der körperlichen Auseinandersetzung verstanden: u. a. schlagen, hauen, treten, zupacken, beißen.

Trost

1. Trösten nicht notwendig
Die Person scheint sich wohl zu fühlen und zufrieden zu sein.

2. Ablenken oder beruhigen durch Stimme oder Berührung möglich
Ein auffälliges Verhalten kann unterbrochen werden, indem die Person angesprochen oder berührt wird. Die Unterbrechung des auffälligen Verhaltens dauert über die gesamte Phase der Zuwendung an. Die Person wirkt dabei sorglos.

3. Trösten, ablenken oder berühren nicht möglich
Die Person kann nicht beruhigt werden. Das auffällige Verhalten kann durch Ansprache oder Berührung nicht unterbrochen werden. Es ist jedoch möglich, dass das auffällige Verhalten durch Ansprache oder Berührung abgeschwächt wird. Das auffällige Verhalten ist zumindest zeitweise auch während der Zuwendung noch zu erkennen.

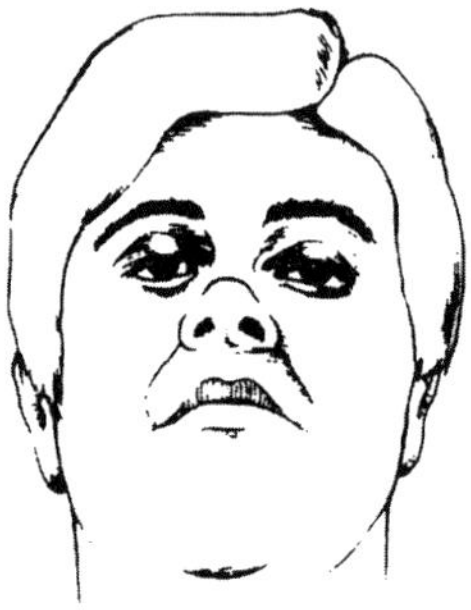

Baseline

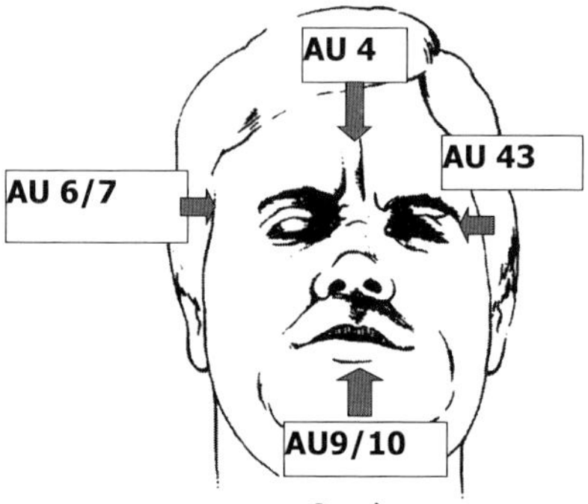

Genuine

Mimische Schmerzreaktion „grimassieren“

- Kontraktion der Augenbrauen (AU4)
- Kontraktion der Muskelgruppen um die Augen herum (AU 6/7)
- Levatorkontraktion/Rümpfen der Nase (AU 9/10)
- Schließen der Augen für mindestens ½ Sekunde (AU 43)

Weiterführende Literatur zur BESD-Skala

Basler, HD./Hüger, D./Kunz, R./Luckmann, J./Lukas, A./Nikolaus, T./Schuler, MS. (2006): Beurteilung von Schmerz bei Demenz (BESD) – Untersuchung zur Validität eines Verfahrens zur Beobachtung des Schmerzverhaltens. In: Schmerz 20, S. 519–526

Schuler, M./Becker, S./Kaspar, R./Nikolaus, Th./Kruse, A./Basler, HD. (2007): Psychometric properties of the German „Pain Assessment in Advanced Dementia Scale“ (PAINAD-G) in nursing home residents. In: Journal of the American Medical Directors Association 8, S. 388–395

Stichwortverzeichnis

L

M

N

P

Q

R

S

V

W

Z

Heike A. Kahla-Witzsch/Olga Platzer

Risikomanagement für die Pflege

Ein praktischer Leitfaden

2007. 192 Seiten, 40 Abb., 6 Tab. Kart.
€ 24,80
ISBN 978-3-17-019400-7

Dieser Leitfaden bietet Hinweise und Hilfen zur Einführung, Umsetzung und Weiterentwicklung eines Risikomanagement-Systems für Pflegende in Krankenhäusern, (teil)stationären und ambulanten Pflegeeinrichtungen. Ein besonderes Anliegen der Autorinnen ist es, neben der Darstellung allgemeiner theoretischer Grundlagen zum Thema (z. B. Risikomanagementprozess, Instrumente des Risikomanagements sowie juristische Gegebenheiten) die Pflegenden für die zentralen Risikobereiche im Pflegealltag zu sensibilisieren. Praxisnahe Informationen zu den Themengebieten Dekubitus, Sturz, Ernährung und Delegation von Tätigkeiten bieten eine Hilfestellung zum Verständnis der gesetzlichen, fachlichen und organisatorischen Zusammenhänge.

Dr. med. Heike A. Kahla-Witzsch, MBA, Fachärztin für Urologie, QM-Auditorin, freie Beraterin. 2004 Gründung der Dr. Kahla-Witzsch Beratung im Gesundheitswesen, eines auf Qualitäts- und Risikomanagement spezialisierten Beratungsunternehmens.

Olga Platzer, Krankenschwester, Diplom-Pflegewirtin (FH), seit 2002 im Qualitätsmanagement (Krankenhaus) tätig. Qualitätsbeauftragte und interne Auditorin (DGQ) sowie Mitglied im Bundesverband Deutscher Sachverständiger und Fachgutachter e.V. (BDSF).

www.kohlhammer.de

W. Kohlhammer GmbH · Verlag für Medizin, Psychologie, Pflege und Krankenhaus
70549 Stuttgart · Tel. 0711/7863 - 7280 · Fax 0711/7863 - 8430